초일류 과학기술 국가를 생각한다

4차 산업혁명을 준비하는 초학제 간 교육

4차 산업혁명을 준비하는
초학제 간 교육

초일류 과학기술
국가를 생각한다

김대만 지음

동아시아

차례

3부 4차 산업혁명과 미래 지향적인 초학제 간 교육

맺는말   335

머리말

현재 대학 캠퍼스의 화두는 '초학제 간 교육'이다. 학제 교육에서 다학제 간 교육으로 급기야 초학제 간 교육으로 융합의 범위가 넓어지고 있다. 창업 지향적 교육과 평생교육 또한 화두로 떠올랐다. 하지만 우리나라는 이들 교육에 대한 원론적 필요성과 당위성을 강조하는 단계에 머물러 있는 것이 현실이다. 보다 구체화된 교과 내용이 정립·시행되려면 시간이 걸릴 것으로 보인다.

창업 지향적 교육의 일환으로 추진되는 초학제 간 교육

초학제라는 용어에 대한 견해도 분분하다. 초학제는 자연계와 인문계 나아가 예술 분야를 아우르는 르네상스식 전인교육으로 간주되곤 한다. 반면 첨단 과학과 공학 기술에 필요한 인문 분야들을 포괄하는 현대판 과학 교육으로 풀이되기도 한다. 이런 사실은 초학제가 기술 집약적 기업을 창업해 이끄는 과학과 공학 엘리트를 키워내는 새로운 패러다임의 교육 형태임을 말해준다.

　분분한 해석에도 불구하고 초학제 간 교육을 실제로 구현하는 데 많은 어려움이 따른다는 것은 누구나 인정하는 사실이다. 오랜 기간에 걸쳐 전문화돼온 특수 분야의 지식을 한정된 시간 내에 습득하는 것 또한 벅찬 일이다. 하물며 다양한 분야의 지식을 동시에 터득하기란 어려운 도전이 아닐 수 없다. 이처럼 초학제 간 교육에 임하는 과학도와 공학도들은 새로운 교육이란 높은 장벽에 직면해 있다.

　동시에 졸업 후 진로에 예기치 못한 변수가 발생할 가능성이 커지면서 불투명한 미래라는 위험마저 안게 됐다. 졸업 후 취업이 힘들어지는 것은 물론, 취업의 관문을 통과한다 해도 종신 고용의 혜택을 누릴 수 있는 가능성도 점차 낮아지고 있다. 종신 고용 제도가 자취를 감추는 것은 시간문제라는 전망마저 제기되는 실정이다. 4차 산업혁명의 거센 물결이 산업계 전반으로 빠르게 침투하고 있기 때문이다. 그 결과 45퍼센트의 일자리가 자동화로 대체되고 미래 직업의 70퍼센트가 새로 생겨날 것으로 예측되고 있다. 이 같은 통계 지수를 그대로 받아들일 순 없겠지만 일자리 전망에 큰 변수가 발생하리라는 것은 기정사실로 보인다.

　특히 산업용 로봇 밀도에서 우리나라가 세계 1위를 점하는 현실은 일자리 전망을 보다 어둡게 만든다. 기술의 비약적 발전으로 기업의 수명이 줄어드는 문제도 간과할 수 없다. 발표된 통계 지수에 의하면 기업의 수명은 평균 60년에서 20년 아래로 줄어드는 반면, 개인의 평균 수명은 60세에서 100세로 급격히 치솟고 있다. 이런 현실에 비춰 볼 때 머지않아 평생 고용의 개념이 자취를 감추게 될 것은 충분히 예상할 수 있다.

현재의 불투명한 여건은 역동적으로 변화하는 환경에 대비해 과학기술 교육을 면밀하고 신축성 있게 재편성해야 하는 필요성을 말해준다. 대학 졸업생들에게 급변하는 환경에 유연하게 대응할 수 있는 능력을 부여하는 것이 시대적 과제임도 전해준다. 졸업생들이 역경을 기회로 삼아 <u>스스로</u> 활로를 개척할 수 있도록, 각자의 능력과 재능을 최적으로 발휘하는 저력을 키워주는 것은 현 시대의 필수 과제다.

무엇보다도 졸업 후 국가의 경제 발전에 가시적으로 기여할 수 있는 정예 인력을 육성하는 교육 문화와 틀을 갖추는 것이 필요하다. 초학제 간 교육은 이런 시대정신에 초점을 맞춰 창업 지향적 교육의 일환으로 추진되고 있다. 4차 산업혁명의 문턱에 들어선 현 시점에서 국가 경쟁력이 과학과 공학 분야의 정예 인력이 지닌 능력과 업적에 따라 결정될 것임은 틀림없는 사실이다. 그러므로 과학과 공학 엘리트를 배출하는 교육의 틀이 미진할 경우 우리 사회에 미치는 여파는 매우 심각할 것으로 보인다.

베를린대학과 케임브리지대학의 선진 과학 교육

살펴본 것처럼 초학제 간 교육의 중요성은 자명하다. 이를 제대로 이해하기 위해서는 원론적 고찰은 잠시 뒤로 미루고, 그동안 진행돼온 초학제 간 교육의 면모와 효능을 검증할 필요가 있다. 첫 단계로서 해외로 시선을 돌려 독일과 영국 등 과학 선진국의 교육과 연구 문화를 알아보려 한다. 특히 선진국 대학들이 배출한 정예 인력이 졸업 후 가시적인 업적을 이뤄내며 사회에 적극 기여하는 모습을 살펴볼 것이다. 이들이 성취한 업적의 폭과 깊이, 파급 효과를 초학제 간 교육의 관점에서 짚어보는 것은 현대판 과학 교육의 의의를 고찰하는 일과 다르지 않다. 4차 산업혁명 시대를 맞이해 대학의 속성과 사명이 전 세계적으로 빠르게 혁신되고 있는 현시점에서, 초학제 간 교육의 참된 면모와 효능을 창업 현장 속에서 검증할 필요가 있음을 다시 한 번 강조하고 싶다.

먼저 살펴볼 대학은 현대판 연구 중심 대학의 효시로 알려진 독일 베를린대학이다. 베를린대학이 최초의 연구 중심 대학으로 등장하게 된 배경과 전성기 시절 활동했던 교수들의 업적을 알아보려 한다. 이를 통해 독일이 초일류 과학기술 강국으로 빠르게 부상할 수 있었던 것은 과학 교육을 새롭게 혁신하고 참신한 과학 정책을 도입한 덕분이었음을 확인하게 될 것이다.

이어 과학사 전반에 걸쳐 기초과학의 독보적 요람 역할을 한 케임브리지대학을 살펴보려 한다. 케임브리지대학 내에서 이뤄진 과학 발전의 이정표적 업적들을 고찰하는 과정에서, 이 대학이 오랜 기간 보존해온 전통에서 과감히 탈피해 시대정신에 걸맞은 새로운 사명을 선도하며 거듭나는 모습을 볼 수 있을 것이다. 새로운 사명이란 한마디로 일자리를 창출해 더불어 사는 삶을 선도하는 것을 뜻한다. 아울러 서구권이 세계사와 과학사를 석권하는 데 핵심 동력을 제공한 서구 열강들의 과학 문화와 진흥 정책을 고찰해볼 것이다. 과학 강국이 되기 위해서는 탁월한 과학자와 공학자들의 활동과 함께 국가 차원의 과학기술 정책이 필수적이다.

　서구 열강들 외에 동양 국가인 일본과 중국의 사례도 중요하다. 먼저 19세기 중반에 '탈아 입구脫亞 入歐'과정을 어느 동양권 국가보다도 먼저 성취한 일본의 과학기술 문화를 알아보려 한다. 제2차 대전의 폐허에서 빠르게 선진국 반열에 오르며 제2의 경제 대국이 될 수 있었던 저력을 그들의 과학 문화에 비춰 고찰해볼 것이다. 가깝게 위치한 이웃 국가의 과학기술 현황을 선입관 없이 상세히 파악하는 일은 매우 중요하다. 구한말에 당했던 역사적 수모와 멸시를 거듭 당해선 안 된다는 이유에서다. 같은 맥락에서 현재 제2의 경제 대국으로 급부상 중인 중국의 '과학 굴기科學 倔起'의 역동적인 현황 또한 알아볼 필요가 있다. 특히 중국이 최신예 기술에 빠르게 접근하는 과정과 창업 굴기로 빠른 약진을 거듭하는 역동적인 현황을 짚어보려 한다.

과학 중심권의 이동과 트랜지스터의 발명

　2차 대전을 계기로 과학의 중심권은 유럽을 떠나 북미 대륙으로 이동했다. 특히 미국의 실용적 철학관과 밀착되면서 과학은 한 차원 높은 수준으로 진화·발전했다. 이후 공산 진영과 민주 진영 간 냉전의 긴장 속에서 과학기술의 발전은 국가 차원에서 경쟁적으로 촉진됐다. 그 결과로 형성된 과학기술의 위력과 파급을 현재 우리는 온몸으로 체험하고 있는 중이다.

　과학 중심권의 이동과 그에 따른 과학기술의 약진을 추적해보는 것 또한 필자의 관심사 중 하나다. 특히 인터넷 구축을 주도한 정예 인력의 활약상을 통해 초학제 간 교육의 진가를 파악하는 것이 주된 의도라 할 수 있다. 이는 산업 현장에서 발생한 기술적 문제들이 창의적으로 해결되면서 새로운 산업의 창출로 이어지는 역동적인 과정을 살펴보는 일과 다르지 않다. 아울러 정예 인력을 배출한 미국의 연구와 교육 문화를 통해 현대판 과학과 공학 엘리트가 지녀야 하는 창의적이고 미래 지향적인 자질을 점검해보려 한다. 이는 우리나라의 미래를 이끌 과학도와 공학도들을 위한 귀중한 자료가 될 수 있을 것으로 생각된다.

기술의 측면에서 인터넷은 디지털혁명과 정보혁명의 결정체다. 그리고 디지털 기술과 정보기술information technology, IT의 모체가 되는 하드웨어 기술은 바로 '트랜지스터transistor'다. 인터넷 구축과 더불어 트랜지스터의 발명 동기와 그 과정을 조명하는 과정에서 기초과학의 위력이 산업 현장에서 거침없이 발휘된 돋보이는 사례를 확인할 수 있다. 트랜지스터가 세기적 발명품으로 등장하게 된 배경에는 그것을 집적회로 기술로 연결한 창의적 발상이 자리해 있다. 집적회로의 이른바 노다지 활용, 즉 킬러 앱Killer App은 바로 '마이크로프로세서Microprocessor'다. 창의적 활용 정신과 초학제 간 교육의 정수를 파악하려면 집적회로와 마이크로프로세서가 등장하게 된 과정을 점검해봐야 한다.

마이크로프로세서를 주력 제품으로 개발한 인텔Intel사는 성공적인 벤처기업의 대명사다. 인텔을 함께 창업해 성공으로 이끈 과학과 공학계의 삼총사를 조명하는 일도 필자의 주된 관심사다. 삼총사란 노이스B. Noyce, 무어G. Moore, 그로브A.

Grove를 가리킨다. 이들의 활약상을 통해, 새로운 기술 개발의 관건인 수평적 경영 문화의 정수와 함께 초학제 간 교육의 참된 면모와 효능을 산업 현장에서 직접 확인할 수 있다.

인텔은 과학자와 공학자의 메카인 실리콘 밸리에서 창업돼 끊임없이 발전해온 초일류 기업이다. 현재 미국의 긍지로 자리매김한 실리콘 밸리는 정부가 주도적으로 관여해 만들어낸 결과물이 아니라는 점에서 흥미를 끈다. 즉 그것은 스탠퍼드대학과 평생을 함께한 터만F. Terman 교수가 품었던 꿈이 현실 속에 구현된 결과물이다. 터만 교수가 지녔던 교육 철학과 그가 거쳐 간 교육 과정은 현재 초학제 간 교육의 근간을 이룬다. 이런 측면에서 실리콘 밸리의 대부 격인 터만 교수의 면모와 활약상에 주목하는 것도 의의가 있을 것이다.

산학 간 소통을 중시하는 미국의 실사구시 교육 문화

영국에서 촉발된 1차 산업혁명은 영국 대학들의 높은 상아탑을 비켜갔다. 반면 IT의 약진으로 촉발된 4차 산업혁명은 미국 대학의 낮은 벽을 넘어 산학이 유기적으로 소통·협조해 공동으로 이뤄낸 기술의 결정체다. 산학 간 유기적 소통과 협동을 실사구시 교육 문화와 연구 풍토의 관점에서 살펴보는 것은 현대판 과학기술 교육의 정수를 접하는 지름길이 될 수 있다. 새로운 지식을 창출하는 능력 못지않게 중요한 것은 창출된 지식을 활용하는 능력이다. 지식의 활용 능력은 국가의 경쟁력을 가늠하는 핵심 요소일 뿐만 아니라 순수 기초과학의 발전을 촉진하고 그 지평을 확장하는 역할을 한다. 이런 맥락에서 트랜지스터의 발명과 활용의 성공담을 조명해보려 한다.

트랜지스터의 등장으로 비약적으로 발전한 디지털 기술과 컴퓨터는 정보혁명과 인터넷 형성을 이끌었다. 형성된 인터넷은 곧이어 사물 인터넷internet of Things, IoT으로 확장됨으로써, 4차 산업혁명을 촉발하는 한편 새로운 기술의 활기찬 각축장을 제공해주고 있다. 아울러 문명사적 혁신을 촉발하는 매개로도 작용하고 있다. 혁신의 중심에는 다름 아닌 대학교육의 새로운 패러다임이 놓여 있다. 초학제 간 교육 역시 혁신되는 과학 교육의 일환이 될 수 있다는 뜻이다.

한편 4차 산업혁명으로 인해 기존 일자리의 소멸과 새로운 일자리의 창출이 뜨거운 쟁점으로 떠올랐다. 이는 대학을 졸업하는 젊은 인력들의 앞길에 많은 변수가 발생할 수 있음을 뜻한다. 그들이 거쳐 가야 할 진로를 예측하기가 어려워지면서 불투명한 진로에 대한 준비 태세를 갖추는 것이 중요해졌다. 이런 맥락에서 4차 산업혁명으로 이어지는 과학기술의 진화·발전 과정을 살펴보는 일은 무엇보다도 중요하다 하겠다. 덧붙여 기술의 발전을 활기차게 이끌어온 현대판 과학자와 공학자들의 면모와 활약상을 조명하는 것도 필요하다.

우리에게는 또 다른 성장의 기적이 필요하다

우리나라는 지난 반세기 동안 압축 성장을 거듭해왔다. 그 결과 미세한 나노 구조에서 초대형 선박까지 선진 기술을 빠르게 추격하며 기술의 첨단화를 이뤄냈다. 여기에는 이공계열 졸업생들이 산업 현장에서 묵묵히 행한 각고의 노력이 깔려 있다. 과학과 공학 인력을 국제적 경쟁력을 갖춘 정예 엘리트로 키워내는 것은 우리나라 교육이 지닌 시대적 사명이자 본연의 임무다. 안타깝게도 우리나라의 융합 교육 체제는 추종 단계에 머물러 있다. 하지만 지난 반세기 동안 이뤄낸 실적을 감안할 때, 선진국들의 교육 문화를 빠르게 추격해 초학제 간 교육 문화를 구축할 수 있다는 것이 필자의 소신이자 바람이다.

이는 국가 차원에서 제도를 도입하거나 개선하는 것만으로 해결하기 어렵다. 대학 서열을 평가하는 각종 통계 지수에 매달려서는 더더욱 어렵다. 그보다는 투철한 시대정신에 입각한 실사구시 교육 철학과 연구 문화를 구축하는 일이 필요하다. 이는 객관적이고 합리적인 평가 문화를 정립할 때 가능해질 수 있다. 무엇보다도 분야와 분야를 연결해 가시적 업적을 성취할 수 있는 참된 정예 인력을 육성하는 일이 시급하다. 이를 위해서는 특히 산업 현장에서 해외의 정예 과학자와 공학자들이 보여주는 모범 사례를 교육과 연구 문화의 관점에서 살펴볼 필요가 있다. 한 번 보는 것이 열 번 듣는 것보다 더 효과적이기 때문이다.

앞서 말했듯 우리나라의 과학과 공학 엘리트들은 우리나라를 선진국 반열에 진입시키는 데 주역 역할을 톡톡히 했다. 앞으로도 우리나라의 미래를 적극 선도해갈 것으로 생각된다. 이런 의미에서 우리나라의 미래는 밝다고 할 수 있다. 더 밝은 미래를 맞이하기 위해서는 과학과 공학 엘리트들이 자신들의 자질과 능력을 마음껏 발휘할 수 있는 인프라가 구축돼야 한다. 즉 유연한 교육 문화와 실용에 역점을 둔 연구 문화가 정립될 필요가 있다.

아울러 이들이 교육에 임하는 자세가 도전적이고 적극적이며 긍정적으로 바뀌어야 한다는 것도 자명하다. 특히 수업에서 습득한 지식과 기술을 취업에 요구되는 스펙 획득의 수단으로 보는 자세에서 벗어나야 한다. 초학제 간 교육을 맞춤형 형식으로 자발적으로 습득하는 긍정적 배움의 자세가 중요하다는 뜻이다. 이를 위해서는 관심의 시선을 해외로 넓게 펼쳐 선진 열강 엘리트들의 활기찬 모습을 면밀히 주시할 필요가 있다. 시대적 추세를 감지해 가시적인 업적을 성취하는 동시에 우리나라를 과학 강국으로 이끄는 참된 엘리트로 거듭나야 함도 물론이다.

1

과학 선진국의
교육과 연구 문화

기초와 응용의 균형, 산학 연계의 모범을 제시한 독일 과학

IT의 약진에 따라 사물 인터넷에 기반한 4차 산업혁명이 활발히 진행되고 있다. 이에 발맞춰 기업들은 새로운 활로를 적극 모색하면서 사업의 구조 개편을 서둘러 단행하고 있다. 그 결과 이공 계열 졸업생들의 진로가 불투명해지면서 안정된 미래에서 갈수록 멀어지는 것이 현실이다.

평생 고용의 의미가 사라지는 현실 앞에서

유수 기업체에 영입된 뒤에도 평생 고용의 의미가 날로 모호해지고 있는 현실을 피하기 어렵다. 특히 기술 개발의 향방에 기업의 존폐가 좌우되는 현실을 감안하면, 이미 산업 현장에 종사하고 있는 과학자와 공학자의 진로에 예기치 못한 변수가 발생할 가능성을 배제할 수 없다. 하지만 동시에 암울한 현실을 기회로 삼아 약진하는 기술을 포착·활용해 진로의 폭과 활동의 지평을 넓힐 수 있는 가능성도 존재한다. 이처럼 역경에 유연하게 대응하며 활기찬 업적을 창출하는 능력을 갖추는 것이 미래 우리나라를 이끌 젊은 엘리트들의 필수적인 의무이자 초미의 관심사라 할 것이다.

이를 위해서는 다가오는 미래를 전망하는 시야를 갖출 필요가 있다. 사실 미래를 전망하는 것은 쉽지 않은 일이다. 산업계 전반에 걸쳐 스마트화 추세가 가속화되면서 새로운 산업이 연이어 등장하는 상황에서는 특히 그렇다. 기업체의 위상과 활동의 폭이 극단적인 양상을 보이는 현 시점에서는 말할 것도 없다. 여기에 다수의 일자리가 자동화 기술과 로봇 기술로 대체될 가능성을 감안하면, 미래를 전망하기란 결코 쉽지 않은 일임을 알 수 있다.

제대로 된 전망을 위해서는 과거를 돌아보는 일이 선행돼야 한다. 지금의 환경을 과학기술이 발전해온 역사적 배경 속에서 파악할 필요가 있다는 뜻이다. 미래란 과거와 현재의 연장선상에 놓여 있기 때문이다. 이런 점에서 과학사는 우리에게 풍부한 자료와 시사점을 제공해준다. 과학기술의 발전은 문화사적 변혁을 초래하며 세계 역사를 이끌어왔다. 앞으로도 한층 높은 차원에서 문화사적 변혁을 일으킬 것임은 분명한 사실이다.

과거를 돌아보는 첫 단계로 근세에 이르러 역동적인 발전을 거듭해온 해외 유수 대학의 면모를 알아보려 한다. 이는 과학기술이 발전·진화해온 과정을 고증하는 일이면서, 대학과 산업이 유기적으로 얽혀 선순환적인 발전을 거듭해온 과정을 살펴보는 일이기도 하다. 잘 알려진 대로 대학의 역사는 1,000년 전 중세 초기로 거슬러 올라간다. 역사의 무대에 잠시 등장했다 뒤안길로 사라져간 제국들의 운명과 달리, 대학은 흥망성쇠의 사슬에 얽매이지 않고 오늘날까지 면면히 유지돼왔다. 앞으로도 시대적 사명을 끊임없이 수행하며 사명의 지평을 넓혀갈 것으로 생각된다. 그동안 대학이 사회에 기여한 콘텐츠와 파급 효과는 대학이 속한 국가의 여건과 풍토에 따라 상이하게 표출돼왔다. 특히 기여의 폭과 파급의 깊이에서 큰 격차를 보여주고 있다.

양자 개념을 물리학사에 도입한 플랑크

가장 먼저 살펴볼 대학은 독일의 베를린대학이다. 베를린의 명소이자 통일 독일의 상징인 브란덴부르크 관문을 지나 동쪽으로 시원하게 뻗은 보리수 길을 잠시 따라가면, 왼쪽에 단아한 베를린대학 교정이 나타난다. 폴크만E. Volkman이 쓴 『전쟁에 가담하는 과학Science Goes to War』에서 잘 보여주듯 베를린대학은 현대판 연구 중심 대학으로 설립됐다. 세미나와 초청 강연 제도를 정례화했고 특화 연구 센터를 통해 조직적으로 연구를 진행했다. 또한 박사 학위 제도를 최초로 도입해 최첨단 과학기술로 연마된 정예 인력의 육성을 체계화했다. 이 같은 참신하고 미래 지향적인 교육과 연구 제도를 기반으로 베를린대학은 다른 대학들의 훌륭한 본보기가 될 수 있었다. 이 대학의 설립을 주도한 프러시아의 고등 공무원이었던 훔볼트W. Humboldt를 기려 훔볼트대학이라고도 부른다.

양자quantum 개념을 도입해 양자역학의 초석을 마련한 플랑크Max Planck 교수가 강단에 섰던 곳 역시 베를린대학이다. 양자는 더 이상 쪼갤 수 없는 에너지의 기본 단위, 즉 'quantum of energy'를 지칭하는 과학 용어다. 양자 개념은 과학사에 새로운 이정표를 제시함으로써 유럽 과학의 찬란한 르네상스를 꽃피웠다. 이는 먼 과거의 역사가 아닌 20세기 초반 현대사에서 이뤄진 일이다. 기초과학의 지평을 한 차원 끌어올린 양자 개념은 흥미롭게도 독일의 조광 산업과 깊은 관련이 있다. 독일은 영국이 개발해 발전시킨 기초 전자기학을 도입해 전력 기반의 2차 산업혁명을 주도했다. 그 일환으로 조광 기술을 체계적으로 파악하고자 독일 정부는 국립물리연구소에 연구 과제를 의탁했다. 연구 과제란 높은 온도의 발광체에서 발생하는 빛의 특성을 조사하는 것이었다.

연구 결과 측정된 흑사체의 발광 특성이 기존의 고전적 이론과 일치하지 않는다는 사실이 밝혀졌다. 특히 초단파장 영역에서 이론과 데이터 간 불일치가 엄청났다. 초단파장 영역에서 발광도는 무한대로 커져야 한다는 것이 고전 이론의 기본 내용이다. 그런데 측정된 데이터가 발광의 흔적을 찾아볼 수 없을 만큼 감소하는 양상이 나타난 것이다. 이 문제를 해결하고자 플랑크 교수는 최초로 양자 가설을 도입해 흑사체의 발광 특성을 간결하고 정확하게 기술하는 업적을 성취했다. 더불어 유럽 과학의 새로운 르네상스를 불러일으키는 활력소를 제공했다.

과학사에서는 이처럼 산업과 연계돼 실제로 발생한 문제를 과학적 방법으로 해결함으로써, 과학의 혁신적 발전을 촉발한 사례가 적지 않다. 특히 문제가 구체성을 띨수록 해결책의 파급 효과가 크게 나타나는 경향이 있다. 주목할 것은 양자 개념의 도입으로 자연현상이 디지털 양식으로 표출된다는 사실이 처음으로 알려졌다는 점이다. 이러한 사실의 과학사적 의의는 매우 크다. 플랑크 교수의 이름을 딴 막스플랑크연구소가 독일 전역에 설립돼 독일 과학의 긍지로 자리매김하고 있을 정도다.

파동방정식으로 양자역학을 정립한 슈뢰딩거

양자 개념을 파동역학으로 집대성한 슈뢰딩거E. Schroedinger 역시 베를린대학 교수였다. 슈뢰딩거의 파동방정식은 뉴턴의 운동방정식과 함께 기초과학의 대명제이자 물리학의 금자탑으로 인정받고 있다. 뉴턴은 과학의 새로운 패러다임을 제시한 불멸의 과학자로 유명하다. 특히 미적분학을 고안함으로써 자연현상을 수학의 정교한 공통 용어로 정량적으로 기술하는 업적을 보여줬다. 그 시발점이 바로 운동방정식이었다.

뉴턴과 달리 슈뢰딩거는 원자와 분자 영역의 미시적 자연현상을 확률론적 관점에서 정량적으로 파악하는 틀을 제시했다. 이를 파동방정식이라고 부른다. 파동방정식을 기반으로, 그는 한 개의 양성자proton와 한 개의 전자electron로 이뤄진 우주에서 가장 간단한 구조를 지닌 수소hydrogen 원자를 이론적으로 분석했다. 그 결과 수소 원자 내에 존재하는 정교한 자연현상을 일목요연하게 기술해낼 수 있었다. 슈뢰딩거가 규명한 수소 원자의 구조는 우주에 존재하는 다양한 형태의 원자와 분자 구조를 밝혀내는 주춧돌이 돼주고 있다.

수소 원자의 중심에 놓여 있는 핵의 관망대에서 전자를 바라보면 태양계를 연상시키는 작은 우주를 만날 수 있다. 핵의 반경보다 50만 배나 멀리 떨어져 있는 전자는 원형의 궤적을 지닌 전하 분포의 산맥을 방불케 하는 형태로 존재한다. 핵과 전자 사이의 공간은 진공 자체로서 전자가 구름처럼 분포돼 있을 뿐이다. 핵에서 가장 가까운 전하 분포의 산맥을 넘어서면 전자의 궤도는 그보다 더 멀리 질서 정연하게 펼쳐져 있다. 최단 거리의 4배, 9배 등과 같은 정교한 수학 법칙에 따라 펼쳐지면서 아득한 파노라마가 형성되는 것이다.

전자는 전하 분포 산맥들의 궤도를 바꿔가면서 에너지 보존 법칙에 따라 빛을 흡수하거나 방출한다. 이 같은 전자의 역동성이 자연현상의 핵심인, 빛과 물체 간 상호작용의 본질을 이룬다. 이처럼 수천 년 동안 결코 나뉘지 않는 존재로 간주돼온 원자, 그중에서도 가장 작은 수소 원자의 기본 골격은 슈뢰딩거의 파동방정식을 매개 삼아 수학의 정교한 공통 용어로 조명될 수 있었다.

양자역학, 생명현상의 본질을 규명하는 틀로 거듭나다

슈뢰딩거는 양자역학의 날개를 신비스런 생명현상에까지 펼쳐냈다. 명저 『생명이란 무엇인가?What is Life?』에 따르면, 생명의 신비스런 현상은 보편적인 분자물리의 법칙에 따라 전개된다. 즉 생명체는 엄청난 수의 원자와 분자로 구성돼 있으며, 이 입자들은 개별적으로 무질서한 카오스적 운동을 전개하고 있다는 것이다. 아울러 그는 천문학적인 수의 원자와 분자가 집단적으로 행동할 경우, 통계역학의 법칙에 따라 신비롭고도 질서 정연한 생명현상으로 표출된다는 사실도 간파했다. 이 같은 통찰은 양자역학의 이론을 신비한 생명현상으로 확장한 과감한 발상이었다.

나아가 슈뢰딩거는 생명체가 물리학과 유전학의 접점에

서 이뤄진 결정체임을 주창했다. 더불어 생명현상의 기본 속성인 재현 현상을 지배하는 유전자gene가 단백질 속에 존재한다고 했다. 이후 왓슨J. Watson과 크릭F. Crick에 의해 유전체genome가 이중 나선체로 구성된 DNA로 이뤄져 있음이 밝혀졌다. 유전자가 정교하게 형성된 물리화학적 물체란 사실이 확인된 것은 20세기 과학의 백미이자 쾌거다. 생명현상에 대한 슈뢰딩거의 관점에 깊은 감명을 받은 왓슨과 크릭은 분자물리학적 관점에서 유전자 규명 작업에 임했다.

현재 생물학은 물리학, 화학과 융합돼 생명과학life science으로 거듭나는 중이다. 생명과학은 다양한 공학 분야와 접목을 이뤄 생명공학biotechnology으로 확장되면서, 21세기의 주류 과학으로 부상하고 있다. 오랜 전통을 지닌 의학 또한 분자 의학Molecular Medicine으로 탈바꿈하면서 삶의 질과 양상을 혁신할 것으로 기대를 모은다. 생물학의 눈부신 발전은 슈뢰딩거가 보여준 혜안의 연장선상에서 이뤄지고 있다. 거의 100년이나 앞서서 생명과학의 진로와 향방을 전망한 그의 비범한 안목은 경탄을 불러일으킨다. 기초과학은 높이 날아올라 먼 곳을 주시하는 새에 비유되곤 한다. 이런 점에서 슈뢰딩거는 기초과학자의 참 면모를 보여준 뛰어난 학자로 기억될 것이다.

광전자 효과로 뉴턴의 가설을 복원한 아인슈타인

베를린대학 교수진은 플랑크와 슈뢰딩거에서 그치지 않았다. 수세기에 걸쳐 풍미한 뉴턴의 절대적 시공간에 상대적 개념을 과감히 도입한 아인슈타인 역시 이 대학의 물리학 교수를 지냈다. 베를린 소재 빌헬름물리학연구소의 소장직도 겸했다. 우주의 기본 속성인 시간과 공간을 근원적으로 파헤친 아인슈타인은 '광전자 효과photoelectric effect'를 간결하게 해석한 업적으로 1921년 노벨 물리학상을 받았다.

광전자 효과란 간편한 도구로 늘 이용되는 진공관에 광이 입사될 때, 전자가 음극에서 방출돼 양극으로 이동하면서 전류를 발생시키는 현상을 말한다. 이런 방식으로 발생하는 전류의 특성은 기존의 고전적 이론으로 해석하기가 불가능하다고 판명됐다. 광전자 효과를 간결하고 명확하게 해석한 주인공은 3급 특허 심사관이었던 젊은 과학자 아인슈타인이었다. 그는 관측된 전류의 특성을 짧은 수식 하나만으로 명쾌하게 기술해냈다.

아인슈타인이 이용한 짧은 수식의 콘텐츠는 잘 알려진 '에너지 보존 법칙'이었다. 노벨상 수상 논문에서 이보다 더 짧고 간결한 수식은 거의 찾아보기 어렵다. 이 짧은 수식은 과학사에 새로운 이정표를 제시할 만큼 중요한 의의를 지닌다. 아인슈타인 이론의 핵심은 플랑크의 기본 가설을 빛의 본질에 연결한 데 있다. 즉 아인슈타인은 빛의 본질을 더 이상 쪼갤 수 없는 기본 에너지 양을 지니고 광속으로 전파되는 입자형 광자photon들의 집합체로 간주했다. 또한 광자가 지닌 에너지 양을 플랑크의 가설을 따라 광의 주파수로 간결하게 정해줬다.

아인슈타인이 도입한 광에 관한 가설은 수세기 동안 수면 아래 깊이 가라앉아 있던 입자로서의 빛에 관한 뉴턴의 가설을 복원했다. 이로 인해 오랫동안 과학사에 깊이 뿌리내린 빛의 파동성이 빛의 입자성과 융합되는 계기가 마련되면서, 빛의 신비스런 이중성이 확립될 수 있었다. 즉, 빛이 때론 입자성으로 때론 파동성으로 표출되는 자연의 신비가 드러났다는 뜻이다.

아인슈타인을 비롯한 베를린대학의 물리학 거성들 덕분에 베를린은 20세기 초반 과학의 중심지로 부상할 수 있었다. 이들 외에 질소 비료를 공기에서 추출해 농업 혁명을 촉발한 화학의 거장 하버F. Haber도 빼놓을 수 없다. 1918년 합성 암모니아법을 개발한 공로로 노벨 화학상을 받은 하버는 베를린 소재 물리화학연구소 소장을 지냈다.

물론 교수 1인당 연간 발표되는 논문 수와 피인용 지수 같은 통계 지수로 베를린대학의 위상을 가늠할 수도 있겠다. 지금까지 양산돼온 논문들은 아인슈타인의 지적처럼 고속으로 달리는 열차의 창밖으로 빠르게 스쳐 지나가는 전신주에 비유할 수 있다. 반면 플랑크와 슈뢰딩거, 아인슈타인의 눈부신 성취는 양산되는 논문들과는 차원을 달리한다. 즉 창밖 저 멀리 펼쳐진 과학사의 산맥을 면면히 이어가는 높은 산봉우리와도 같다. 특히 과학의 거성 3인방이 베를린대학의 교수를 지낸 사실은 과학사에서 유례를 찾아보기 어렵다.

베를린대학은 뛰어난 교수진과 참신한 운영 방식으로 현대판 대학 브랜드 자체로 인식돼왔다. 이런 점에서 지식의 창출과 정예 인력의 육성을 지향하는 대학들이 베를린대학을 벤치마킹하는 것은 쉽게 이해할 수 있다. 베를린대학은 어떤 동기에서 설립됐을까? 아래에서는 베를린대학이 전통적인 학문의 상아탑을 지향해 설립·운영됐는지 아니면 또 다른 동기가 있었는지 알아보려 한다. 아울러 『전쟁에 가담하는 과학』을 따라가며 유럽 대륙에서 촉진된 과학의 발전 양상과 지향 목표를 고찰해볼 것이다.

독일, 산학 연계를 통해 과학기술 강국으로 급부상하다

베를린대학은 1809년 프러시아의 왕립 대학으로 창립됐다. 1809년은 프러시아의 정예군이 나폴레옹에게 참패를 당한 국가적 수모를 겪은 지 4년밖에 안 된 시점이었다. 패전의 근본 원인을 낙후된 과학기술에서 찾은 프러시아 정부는 이를 빠르게 극복하는 수단으로 베를린대학을 설립했다. 과학 선진국이 되기 위해서는 정예 인력의 육성이 필수적이다. 베를린대학이 최정예 연구 중심 대학으로 설립된 것은 이런 이유에서였다.

과학 선진국이란 첨단 과학 지식을 창출하고 활용해 최첨단 무기를 제작함으로써 국력을 증강할 수 있는 능력을 갖춘 국가를 말한다. 베를린대학이 지향한 목표는 '물리력에 의해 상실된 국가 위상을 지적 우수성으로 채우자'고 강조한 초대 총장의 취임사에서 잘 드러난다. 즉 최신예 과학기술을 지닌 정예 인력을 첨단 지식의 창출과 활용에 직결해 육성함으로써, 군사 강국과 과학 선진국 반열에 진입하는 것이 주요 설립 목적이었다. 프러시아 정부의 과학관은 모든 장교들에게 신예 과학기술에 능통해야 할 의무를 부과한 사실에서도 잘 알 수 있다. 독일은 이처럼 구체적이고 명확한 목표를 설정해 그에 걸맞은 참신한 대학 교육 제도를 수립하고 체계적으로 운영하는 방식으로, 인접한 과학 선진국들을 따라잡기에 적극 나섰다.

우선 공과대학에 비견되는 기술전문학교Technische Hochschule를 설립해 인재 육성의 폭과 질을 넓히는 동시에 과학 지식의 활용을 체계화했다. 그에 힘입어 독일은 과학기술 열강의 반열에 빠르게 진입할 수 있었다. 19세기 초에 시행된 독일의 과학 진흥 정책은 순수과학과 응용과학을 균형 있게 운영한 사례로 높은 평가를 받고 있다.

특히 바이어Bayer사가 1876년 사내에 R&DResearch and Development 센터를 처음으로 설치·운영한 사실은 주목을 요한다. R&D 연구소를 산업 현장에 설치한 것은 중요한 의미를 띤다. 산업 R&D 센터의 사명은 새로운 기술을 먼저 개발해 선도자first mover의 위치를 차지하는 데 있다. 산업 현장에서 야기되는 기술적 문제점을 파악하고 과학적 방법으로 해결하는 것 또한 중요한 사명이다. 문제 해결 능력의 배양이 과학기술 교육의 관건임을 고려하면, 산업 R&D 센터가 대학 교육에 미치는 긍정적 파급 효과를 충분히 이해할 수 있다.

주목할 것은 연구의 지향 목표가 구체적으로 설정될 때 연구의 효율성이 높아진다는 사실이다. 산업체에서 진행되는 연구 개발은 임무 지향적이고 구체적인 내용을 담고 있어서 높은 효율성이 따르는 장점이 있다. 연구 성과가 객관적으로 투명하게 평가될 수 있다는 장점도 중요하다. 연구 성과의 객관적 평가는 실패를 성공으로 전환하는 동력으로 작용한다. 실패의 원인을 정확하게 규명하는 것이 성공의 비결이란 뜻이다. 이런 점에서 독일이 산업체 내에 연구 센터를 설립한 동기와 파급 효과는 '최상의 연구 개발은 산업 연구 개발The best R&D is business R&D'이라는 경영학의 구루 드러커P. Drucker의 명언과 일맥상통한다.

혁신적인 교육 제도와 활용 지향적인 연구 문화를 발판으로 독일은 20세기 초에 이미 과학기술 강국으로 급부상할 수 있었다. 또한 영국에서 개발된 기초 전자기학을 도입해 적극 활용함으로써 전력 기반의 2차 산업혁명을 주도했다. 그로부터 파생된 기술의 우수성은 물리, 화학, 전기공학, 금속공학, 초정밀 광학, 기계공학 등 다양한 분야에 반영돼 독일 과학의 브랜드를 확립하는 데 핵심 역할을 했다. 나아가 지금까지도 면면히 유지돼온 결과 독일은 변함없이 과학기술 강국의 위상을 차지하고 있다. 특히 독일의 강소 기업들은 핵심 요소 기술을 석권하며 숨은 승자로서 독일 경제의 강력한 버팀목이 돼주고 있다. 2차 대전 중에 개발된 탁월한 성능의 제트 엔진, 로켓포 등 최첨단 무기는 독일 기술의 우수성을 보여주는 대표적인 사례다.

군사 강국을 견인하는 핵심 기술인 제트 엔진은 교통수단을 2차원에서 3차원으로 확장한 모체 기술이다. 그리고 로켓포의 발사 기술은 인공위성이나 대륙 간 탄도 미사일ICBM의 추진력으로 이어진 군사 핵심 기술로 볼 수 있다. 대기권 너머에 천체 망원경을 설치하는 동력을 제공하는 등 우주 관측의 지평을 넓혀주는 수단으로도 활용되고 있다. 무기 제조를 위해 개발된 기술이 기초과학의 지평을 넓히는 데도 크게 기여하고 있음을 증명하는 대목이다. 그뿐 아니라 로켓 발사 기술은 인류의 활동 영역을 대기권 밖으로 진출시키는 동력이 돼주고 있다. 현재 활발히 진행되고 있는 우주 지향 산업 활동은 로켓 발사 기술의 역사적 의의를 여실히 드러낸다. 역설적이게도 전쟁과 과학은 이처럼 선순환적으로 얽히며 오늘에 이르고 있다.

학문 간 융합의 중요성을 간파한 클라인의 안목

독일 과학의 위상은 괴팅겐대학이 양자역학을 정립하는데 구심점을 제공한 시점에서 정점에 올랐다. 1734년에 설립된 오랜 전통의 괴팅겐대학은 수학의 천재 가우스F. Gauss를 교수로 영입하면서 수학의 찬란한 전통을 수립했다. 이런 전통은 드리클레P. Dirichlet, 리만G. Riemann, 클라인F. Klein, 힐베르트D. Hilbert, 민코프스키H. Minkovsky, 바일H. Weyle 같은 수학계의 세기적 석학들에 의해 면면히 이어졌다.

이들 가운데 클라인은 미래 지향적인 안목과 지도력을 발휘해 괴팅겐대학을 초일류 연구 중심 대학으로 발전시켰다. 그는 순수수학과 응용수학의 융합은 물론 물리와 공학의 융합이 막중함을 간파한 비범한 수학자였다. 특히 융합에 기술이 수반되는 군사적·산업적 효과를 간파하는 시야를 갖추고 있었다. 이는 드러커의 혜안과 통하는 부분이다. 드러커는 분야와 분야를 잇는 능력ability to connect을 기반으로 시너지 효과를 만들어내는 것이 창의성의 핵심임을 역설했다. 순수수학자였던 클라인이 융합의 중요성을 이미 150년 전에 간파했다는 사실은 그의 뛰어난 안목을 입증해준다.

수학자 외에 물리학자와 공학자들도 활기찬 활약을 펼쳤다. 보른M. Born, 프랑크J. Frank, 텔러E. Teller, 노르드하임

L. Nordheim, 하이틀러W. Heitler, 노이만V. Neumann, 폰 카르만V. Karman 등등. 모두 이름만 들어도 학문적 업적이 뚜렷한 세계적 석학들이다.

독일 과학이 빠른 발전을 이룬 데는 당시 프러시아의 고등 공무원이었던 알트호프F. Althoff의 공적이 컸다. 알트호프는 막강한 전통과 세력을 지닌 인문 계열의 장벽을 극복하고 과학 교육의 입지를 넓히는 역할을 했다. 독일 과학 교육의 제도와 행정에 혁신을 가하는 성과도 올렸다. 특히 공학박사 제도를 도입해 기초과학과 응용과학의 균형을 갖추도록 함으로써 독일 과학의 비약적 발전을 견인해냈다. 알트호프의 활약상은 참신하고 건전한 교육 정책을 수립하고 설립 목표를 성공적으로 구현한 고등 공무원의 빛나는 행적이다. 대학 입시 제도나 사교육 규제에 매달리는 차원을 넘어, 알트호프처럼 시대정신에 걸맞은 교육 문화와 환경을 조성해주는 고등교육 공무원이 우리나라에도 나타나기를 바란다.

살펴본 것처럼 활용 위주의 연구와 교육 문화 속에서 독일 과학은 활짝 꽃피웠다. 많은 젊은 과학과 공학 인재들이 독일 대학으로 모여들어 첨단 과학기술을 습득하면서, 독일은 20세기 들어 최첨단 과학기술 강국으로 급부상했다. 흥미로운 것은 미국의 젊은 과학도들이 독일로 유학해 첨단 과학 지식을 접한 뒤 귀국해, 미국을 초일류 과학기술 강국으로 발전시키는 데 큰 기여를 했다는 사실이다. 오펜하이머R. Oppenheimer가 대표적인 예다.

오펜하이머는 하버드대학을 최우수 성적으로 졸업한 물리학자였다. 전공 분야인 물리학은 물론 다양한 인문 분야에 박식한 지식을 터득한 수재 중의 수재였다. 졸업 후에는 독일로 유학해 최첨단 물리학 지식을 습득하며 박사 학위를 받았다. 이로 인해 정예급 물리학자로서의 명성이 귀국하기도 전에 널리 알려지면서 다수 대학의 초빙을 받았다. 그가 캘리포니아주립대학 버클리분교의 물리학 교수직을 택하자 수많은 젊은 과학도들이 그의 지도를 받기 위해 이 대학으로 몰려들었다. 한편 오펜하이머가 원자탄 개발을 위해 발족된 '맨해튼 프로젝트'의 총괄 책임자로 사상 초유의 거대 사업을 성공시킨 것은 잘 알려진 역사적 사실이다.

체계화된 과학기술의 활용 문화, 강대국 독일의 비결

독일은 비교적 짧은 기간 동안 경이적인 과학 발전을 이룩하며 과학의 중심권으로 급부상했다. 하지만 불행히도 독일 과학은 양자역학을 주도적으로 정립한 시점을 분수령으로 급격히 추락하는 비운을 맞이한다. 널리 알려진 대로 히틀러의 등장으로 국수주의가 팽배해지면서 초일류급 유대인 과학자들이 추방되기에 이른다. 그 결과 만개하던 독일 과학은 급격히 활력을 잃으며 쇠락의 길로 접어들었다.

특히 아인슈타인, 텔러, 노이만, 보른, 위그너E. Wigner, 베테H. Bethe 등 세기적 석학들을 한꺼번에 잃은 것은 치명적 타격이었다. 독일 과학사는 미숙한 정치가 과학 발전에 미치는 폐단을 여실히 보여준다. 역설적으로 미래 지향적이고 참신한 과학 정책이 경이로운 효력을 발휘할 수 있음도 말해준다. 그 효력이 지금까지도 독일이 지닌 과학기술의 우수성과 경제 강국으로서의 위치를 견인해주고 있다.

특히 기초과학의 발전을 위해 공고히 구축된 과학 교육의 혁신은 독일의 기초과학이 빠르게 성장하는 동력으로 작용했다. 또한 공과대학 창설 같은 활용 지향적 과학 정책은 과학 지식이 체계적으로 활용될 수 있는 기반이 돼줬다. 기초과학과 응용과학 간에 이뤄진 균형은 오늘날까지 면면히 이어져오는 독일 과학의 자랑스러운 전통이다. 전국적으로 50여 개의 연구소로 구성돼 활발한 연구 활동을 펼치고 있는 막스플랑크연구소는 독일 기초과학의 긍지이자 본산지 역할을 담당하고 있다. 이에 비견되는 규모로 운영되는 프라운호퍼Fraunhofer연구소는 국가 차원에서 과학과 산업 간 교량 역할을 하고 있다. 두 연구소의 활동은 기초과학과 응용과학의 균형이 국가 차원에서 꾸준히 지속되고 있음을 보여준다.

체계화된 과학기술의 활용 문화는 독일을 경제 강국으로 견인하는 동력이 돼왔다. 면면히 축적돼온 독일의 과학기술 지식은 독일의 강점인 중소기업들이 지닌 요소 기술의 기반을 제공해주고 있다. 축적된 기술과 이를 운영·관리하는 경험은 앞으로 더 큰 파급을 가져올 것으로 기대를 모은다. 특히 4차 산업혁명을 선도할 동력이 됨으로써 독일을 보다 공고한 제조 강국으로 만드는 데 기여할 것으로 보인다. 4차 산업혁명의 문턱에 들어선 현 시점에서 독일이 주목받는 이유는 다름 아닌 축적된 지식과 그 활용 능력에 있다. 독일 과학이 빠르게 부상할 수 있었던 배경에는 과학기술의 위력을 직시한 정부의 혁신적인 과학 정책이 깔려 있다. 특히 과학 교육의 새로운 패러다임을 도입해 정예 인력을 체계적으로 육성한 것이 주효했다.

군산 복합체를 운영한 나폴레옹과
지식의 창출·활용을 선도한 과학의 성현들

군인 나폴레옹을 모르는 사람은 거의 없을 것이다. 나폴레옹이 과학 발전에 크게 기여한 사실을 아는 사람 또한 거의 없을 것이다. 아래에서는 나폴레옹과 과학의 관계를 통해 과학 발전이 과학자의 업적으로만 이뤄지지 않는다는 것을 고찰해보려 한다. 아울러 유럽 대륙이 배출한 과학의 성현들을 선별해 지식의 창출과 활용의 균형을 제시한 과학자의 참된 면모도 알아보려 한다.

나폴레옹, 탁월한 군인이자 군산 복합체의 기술 경영인

나폴레옹은 프랑스 육군사관학교를 졸업한 뒤 포병 장교로 경력을 시작했다. 대포에 관한 체계적이고 박식한 조예를 터득해 수많은 전쟁을 승리로 이끌었다. 『전쟁에 가담하는 과학』에서 알 수 있듯, 대포는 원래 그리스나 로마 시절 성곽 요새를 공격할 목적으로 제작된 투석기가 진화한 무기다. 그리스인들은 투석기를 '엔지네스engines'로 불렀다. 공학자

engineer라는 용어는 engines에서 유래했다. 이는 과학과 군사력이 용어에서부터 깊이 관련돼 있음을 말해준다. 대포는 계속해서 진화해 대륙 간 다탄두 탄도 미사일과 다양한 크루즈 미사일로 탈바꿈했다. 즉 군사 강국을 견인하는 핵심 무기로 부상한 것이다.

나폴레옹은 과학을 '전쟁의 으뜸가는 수호신first god of war'이라고 불렀다. 최첨단 대포를 양산하려면 종합적이고 포괄적인 과학기술이 필수적이기 때문이었다. 먼저 폭발물의 성능을 향상하기 위해서는 물질의 화학적 특성을 분석·조절할 수 있는 능력이 요구된다. 정제된 실험을 수행할 수 있는 능력과 시설 또한 중요해서 이를 위해 화학의 발전이 촉진됐다. 그뿐 아니라 포탄을 표적에 적중시키려면 탄도를 정확하게 계산하는 능력이 필요했다. 이를 위해 기하학, 해석학, 통계학 등 수학과 물리학의 발전이 촉진됐다. 공격형 또는 방어용 미사일을 운용하는 데도 관련 기술 개발이 필수적이다. 그 결과 전자공학, 전산공학, 반도체공학 등 관련된 과학과 공학 분야의 발전이 촉진됐다. 지금도 관련 산업이 활기차게 발전하고 있는 사실은 현재 진행 중인 과학사의 일부분에 속한다.

나폴레옹이 집권 뒤 처음 착수한 사업은 고등기술학교Ecole Polytechnique, EP의 설립이었다. EP는 프랑스의 과학과 공학을 상징하는 학문의 전당이다. 나폴레옹이 EP를 설립한 것은 포병 장교와 군사 엔지니어가 최첨단 과학기술을 습득할 수 있는 교육 환경을 마련하기 위해서였다. 나폴레옹은 또한 화학 발전을 국가 차원에서 주관·장려해 화약 산업의 첨단화를 도모했고, 천문학자들을 동원해 항해술을 발전시켰다. 그뿐 아니라 산업촉진회를 창립해 과학에 관한 국민적 의식을 고취했다. 한마디로 나폴레옹은 탁월한 군인인 동시에 군산 복합 체제를 관장하는 기술 경영인technocrat이었다.

프랑스 사례에서 볼 수 있듯, 유럽 열강들은 과학기술의 위력을 일찍이 간파해 체계적으로 그 발전을 촉진했다. 과학기술은 끊임없이 벌어지는 인접 국가들과의 전쟁에서 살아남기 위한 수단으로 이용돼왔다. 이는 유럽 역사에서 과학이 전쟁과 쌍두마차를 이뤄왔음을 뜻한다. 과학기술은 산업 발전의 동력으로 이어져 국가 경제력을 키우는 데도 큰 몫을 했다. 유럽 열강들이 세계를 제패할 수 있었던 배경에는 이처럼 과학 발전을 지향하는 국가의 과학 정책이 자리해 있다.

덧붙여 첨단 과학 지식을 창출하는 능력과 창출된 지식을 체계적으로 활용하는 능력도 주효했다. '지식은 힘'이라는 베이컨F. Bacon의 짧막한 경구는 대학을 대학답게 안착시키면서 문화와 문명의 발전을 선도한 유럽 대륙의 과학관을 대변해준다. 화학의 거장 하버는 과학의 사명을 또 다른 측면에서 함축성 있게 표현했다. "평화로운 시기에 과학은 전 인류에 속하지만 전시에는 조국에 예속된다." 과학과 전쟁의 밀접한 관계를 단적으로 설명해주는 문장이다.

갈릴레오,
국가 안보와 천체 관측에 과학 지식을 활용하다

유럽 과학의 발전 과정을 나폴레옹의 행적과 연계해 알아본 것은 과학이 전쟁과 쌍두마차를 이루며 발전해온 역사적 사실을 예찬하기 위해서가 아니다. 그보다는 과학 발전이 순수 학문적인 지적 호기심을 바탕으로 배움의 상아탑 속에서 이뤄진 산물만이 아닐 수 있음을 강조하기 위해서다. 이런 맥락에서 아래에서는 유럽 과학의 거성들이 과학 발전에 어떤 기여를 했는지 짚어보려 한다.

먼저 물리학사에 '가속' 개념을 도입한 과학의 거성 갈릴레오의 생애를 간략히 고찰해볼 것이다. 갈릴레오는 물리학 발전에 크게 기여한 과학의 거성이면서 국가 안보에 과학 지식을 활용한 기술의 달인이었다. 이탈리아의 파도바대학과 피사대학 교수였던 그는 교수직의 박봉을 보완하고자 군사 건축학 강좌를 개설했다. 탄두의 궤적을 계산할 수 있는 군사용 컴퍼스도 고안했다.

갈릴레오 업적의 정점은 고성능 망원경을 제작한 데서 찾을 수 있다. 그는 먼 곳을 볼 수 있다 해서 '스파이 경Spyglass'으로 알려진 안보용 정찰 망원경을 개량해 그 성능을 향상했다. 동시에 스파이 경이 순수과학의 발전을 촉진하는 기구로 사용될 수 있음을 몸소 실천으로 보여줬다. 정찰용 무기의 창의적 활용이 천문학의 혁신적 발전으로 이어진 대표적인 사례라 하겠다. 덕분에 당시 해안가 도시국가들을 자주 침범하며 약탈을 일삼던 해적 선단의 접근 상황을 몇 시간 앞당겨 파악할 수 있게 됐다.

주목할 것은 국가 안보용으로 개발된 망원경을 갈릴레오가 천체 관측에도 적극 활용했다는 사실이다. 갈릴레오는 목성 주위를 맴도는 위성들을 최초로 목격했다. 이로 인해 수천 년 동안 풍미해온 지구 중심의 천동설이 과학사의 뒤안길로 사라지는 동시에, 코페르니쿠스N. Copernicus의 지동설이 과학적으로 입증될 수 있었다. 여기서 그치지 않고 그는 거친 굴곡으로 점철된 달의 표면을 최초로 관측하기까지 했다. 이로써 모든 천체들이 이상적인 평탄한 표면으로 형성됐다는 아리스토텔레스의 자연철학적 관점이 사실과 다르다는 점이 입증될 수 있었다. 한마디로 갈릴레오는 추상적이며 관념적인 자연철학에서 탈피해 자연현상을 있는 그대로 관측·탐구하는 새로운 과학의 패러다임을 제시한 뛰어난 물리학자였다.

페르미, 이론과 실험 능력을 겸비한 20세기의 마지막 물리학 거장

이탈리아가 낳은 또 하나의 거성인 페르미E. Fermi 역시 유럽 과학사에 큰 기여를 했다. 제자였던 세그레E. Segre 교수는 그를 가리켜 "이론과 실험의 쌍두 봉에 올라 물리학 전역을 석권한 20세기의 마지막 거장"이라며 존경심을 표현했다. 세그레 자신도 노벨 물리학상을 받은 걸출한 물리학자였음을 생각해보면, 페르미의 재능과 업적이 얼마나 뛰어났는지 짐작할 수 있다. 당시 과학의 변방 국가에 불과했던 이탈리아의 열악한 환경 속에서 독자적 노력으로 물리학의 거성이 된 그의 천부적 재능은 경탄을 불러일으킨다.

페르미는 추상적이고 관념적인 문제에는 별 흥미를 느끼지 못했다. 반면 실용적이고 구체적인 문제를 즐겨 다루면서 주옥같은 법칙을 전 생애에 걸쳐 끊임없이 만들어냈다. '양자 복사 이론'이 대표적이다. 빛의 양자 특성을 다루는 초석인 복사 이론은 그가 1930년도 미시간대학의 하계 강좌를 위해 준비한 강의록에 명쾌하게 개진돼 있다. 이 강의록은 저명한 물리학 논문집에 그대로 게재된 것은 물론 고전적 논문으로도 자리매김했다. 학생들을 위해 마련한 강의 콘텐츠가 고전적 논문으로 애독되는 사례는 거의 찾아보기 어렵다. 교수로서의 페르미의 비범성을 가늠해볼 수 있는 대목이다.

그런가 하면 '페르미의 황금 법칙Fermi's golden rule'은 빛과 물질의 상호작용을 다루는 기본 법칙이다. 레이저 작동의 기반을 제공하는 등 오늘날에도 널리 애용되고 있다. 자연에 존재하는 입자는 페르미온fermion과 보존boson으로 양분된다. 이런 구분은 두 종류의 입자가 따르는 통계 법칙에 의해 이뤄진다. 특히 우주에 존재하는 입자들 가운데 가장 유용하게 사용되는 전자는 페르미-디랙 통계Fermi-Dirac statistics 법칙을 따르는 전형적인 페르미온이다. 전자는 또한 반도체소자의 작동을 비롯해 IT, 생명공학, 나노공학nanotechnology의 핵심 요소를 이룬다. 이런 점에서 페르미의 양자 통계 이론이 지닌 과학사적 의의는 자명하다.

페르미라는 이름이 붙은 또 다른 과학 용어로 '페르미 준위Fermi level'가 있다. 페르미 통계 법칙에 개입되는 핵심 파라미터parameter인 페르미 준위는 20세기의 획기적 발명품인 트랜지스터의 작동에 필수적으로 개입되는 핵심 개념을 제공해줬다. 한편 페르미는 저속 중성자를 이용해 방사성 물질의 특성을 연구한 업적으로 노벨 물리학상을 받았다. 그로부터 터득한 전문 지식을 기반으로, 2차 대전 중 사상 최대 규모의 맨해튼 프로젝트에 참여해 핵분열 연쇄반응을 실험적으로 입증해냈다. 역사적인 거대 과제를 성공으로 이끈 대표적인 사례다.

핵분열의 연쇄반응을 제어하는 기술이 원자로 작동으로 이어질 수 있는 가능성을 간파한 페르미는 동료들과 함께 관련 원천 기술 특허를 10여 건이나 획득했다. 특허에 수반되는 지적 재산권을 조건 없이 국가에 헌납한 사실은 그의 소박한 학자적 면모를 보여준다. 페르미는 기초과학 지식을 독창적으로 창출하고 창의적으로 활용하는 능력을 지닌 이론 물리학의 거장이자 뛰어난 실험물리학자로 과학사에 남을 것이다. 아울러 교수의 전형적 규범을 보여준 물리학의 거성으로 기억될 것이다.

2차 대전이 종전되자 페르미는 시카고대학 물리학 교수로 부임해 연구와 후학 육성에 전념했다. 그의 영입으로 시카고대학 물리학과의 위상은 최정상급 수준에 올랐다. 세계 도처에서 몰려든 젊은 수재들은 그의 간결하고도 명료한 물리적 사고방식과 심오한 지식에 큰 감명을 받았다. 특히 그의 '저녁 강의'는 명 강의의 표본이었다. 이 강의는 정해진 교과 내용을 따라가며 진행되기보다는, 학생들이 수강하기를 원하는 논제를 받아 원초적 원리에서부터 명쾌하게 개진하는 강의로 유명했다.

저녁 강의를 들은 후학들 가운데는 나중에 시카고대학 교수가 된 젠닝 양C. N. Yang이 있었다. 그는 중국계 아시아인으로는 처음으로 노벨 물리학상을 받았다. 다음은 양 교수가 스승의 충고를 수십 년 동안 간직했다가 진술한 내용이다. "젊어서는 깊고 근본적인 문제보다는 간단하면서도 실용적인 문제들을 공격적으로 다뤄야 합니다." 이 말처럼 페르미는 구체적인 문제에 천착해 심오한 물리학의 기반 법칙을 다수 창출해냈다. 이론과 실험, 기초과학과 기술 사이를 자유로이 오가며 새로운 지식을 창의적으로 활용하는 규범 또한 보여줬다. 그뿐 아니라 상아탑의 높은 벽을 넘나들며 과학자의 시대적 책무를 적극 이행하는 동시에 연구와 후학 육성에 열정을 쏟음으로써, 과학자와 교육자의 규범을 몸소 실천했다.

'피상성의 유혹'을 넘어
지식의 창출과 활용에 매진한 아인슈타인

아인슈타인이 20세기를 대표하는 과학의 성현이란 것은 누구나 알고 있는 사실이다. 젊은 아인슈타인에게 1905년은 창의적 발상의 해였다. 우선 그의 노벨상 수상 업적인 광전자 효과 이론이 발표됐다. 앞서 말했듯 그는 단 한 개의 짧은 수식으로 광전자 효과를 명확히 기술하는 동시에 광의 본질을 규명하는 과학사적 이정표를 세웠다. 같은 해 너무도 유명한 '특수상대성이론'이 발표됐다. 질량과 에너지를 광속의 제곱을 매개로 묶어 통합한 짧은 수식은 일반 대중에게도 널리 알려져 있다. 이에 기반해 개발된 원자탄은 2차 대전을 조속히 종결하는 데 큰 역할을 했다. 덧붙여 위의 수식이 지구에 원초적 에너지를 제공하는 태양열의 발생 과정을 이해하는 핵심 관건이란 사실을 강조하고 싶다.

아인슈타인의 이정표적 업적들은 그가 월요일에서 토요일까지 3급 특허 심사관으로 근무하는 틈틈이 이뤄졌다. 2급 심사관으로 승진하려 응시한 시험에서 탈락하는 수모를 당하기도 했다. 기계공학에 대한 기반 지식을 충분히 갖추지 못했다는 것이 탈락의 주된 사유였다. 이런 불리한 여건 속에서도 과학사에 길이 남는 뛰어난 업적을 성취한 아인슈타인이 새삼 위대하게 느껴진다. 사실 아인슈타인이 발표한 논문 수는 몇 편 되지 않는다. 그는 절제 없이 발표하는 논문 활동을 '피상성의 유혹temptation for superficiality'이라고 불렀다. 오직 강직한 성품만이 그 유혹을 극복할 수 있으며, 논문은 각고의 노력을 기울여 적정 수준의 콘텐츠를 담아야 한다는 것이 그의 생각이었다.

다수의 논문 발표는 과학자의 생존 경쟁에 요구되는 필수 사항이다. 매년 게재되는 논문 수와 피인용 지수는 교수와 연구원의 연봉과 승진을 결정짓는 주요 관건이다. 또한 대학 등급과 서열을 가늠하는 기본 자료이면서 국가의 과학 수준을 판별하는 통계 지표로 이용된다는 점에서, 논문 양산에 모든 연구 역량이 집중되는 것은 충분히 이해할 수 있다. 논문을 양산하는 추세는 우리나라의 과학 풍토에도 깊이 뿌리내려 막강한 영향력을 행사하고 있다. 그 결과 많은 과학자와 공학자들이 일주일에 한 편 이상의 논문을 발표할 수 있는 시설과 환경을 갖추고자 심혈을 기울이고 있다.

이런 상황에서 아인슈타인이 피력한 피상성의 유혹의 의미는 음미할 가치가 있다. 아인슈타인은 제자 실라르드L. Szilárd와 공동으로 냉동 기술을 비롯해 특허를 17건이나 획득했다. 흥미롭게도 이때는 그가 베를린대학 교수로서 이론물리학은 물론 자연철학의 정상을 차지하던 시점이었다. 이 일화는 과학의 기본 특성인 지식의 창출과 활용이 동일한 차원에서 얽히며 함께 존재하고 있음을 보여주는 사례라 하겠다.

영국 과학의 저력, 과학의 요람에서
창업의 산실로 진화하는 케임브리지 대학

살펴본 것처럼 독일은 참신한 대학 교육 제도와 연구 문화를 기반으로 기술 강국의 반열에 빠르게 올라섰다. 과학사에서 독일 못지않게 독보적 위치를 차지하는 나라는 바로 영국이다. 영국 과학의 우수성은 19세기를 제패한 대영제국의 해군력이 대변해준다. 당시 영국 인구는 세계 총 인구의 2퍼센트 미만에 그친 반면 세계 육지 면적의 25퍼센트를 차지하고 있었다.

영국이 팍스 브리타니카를 구가할 수 있었던 이유

영국이 팍스 브리타니카Pax Britannica의 세기를 주도할 수 있었던 원동력은 무엇이었을까? 바로 새로운 기술을 창출하고 활용할 수 있는 능력 즉 과학 굴기의 능력이었다. 영국 과학은 오랫동안 뿌리내린 중상주의와 유기적으로 얽히며 선순환적인 성장을 거듭했다. 새로운 과학기술의 창출은 산업혁신으로, 혁신된 산업은 다시 과학기술의 발전으로 선순환했다. 이는 1차 산업혁명이 영국에서 촉발된 이유를 설명해준다. 요컨대 1차 산업혁명은 기계화된 노동력이 생산성의 제고로 이어지며 촉발된 산업혁명이었다.

기초과학의 관점에서 1차 산업혁명은 뉴턴의 고전역학에 기반했다고 보는 것이 정설이다. 흥미로운 것은 산업혁명이 기초과학의 본산인 대학과는 거의 무관하게 진행됐다는 사실이다. 발명가 대부분은 정규교육을 받지 못했거나 받았다 해도 미흡한 수준에 머물렀다. 증기기관을 발명한 와트J. Watt 역시 대학 연구 조원 수준의 교육을 받았지만, 생산 현장에서 절실하게 요구되는 기구들을 슬기롭게 만들어냈다. '천식한 두뇌, 슬기로운 손가락'이라는 짧은 문구는 발명가 집단의 특성을 재미있게 표현해준다.

대학들의 수동적 자세와는 달리 발명을 촉진하는 사회적 풍토와 발명의 유연한 활용 정신은 주목할 만하다. 본래 증기기관은 광구에 스며드는 물을 제거하는 수단으로 발명됐다. 그러다 섬유 산업과 접점을 이뤄 활용의 지평이 넓어지면서 1차 산업혁명이 본격 가동되기 시작했다. 이처럼 기술의 활용이 발명을 촉발한 본래의 목적을 넘어 한층 높은 차원에서 창의적으로 이뤄질 때, 파급 효과는 어마어마하게 커질 수 있다. 이는 활용의 유연성과 순발력이 발명만큼 중요할 뿐만 아니라 국력을 결정짓는 핵심 요소가 될 수 있음을 나타낸다.

영국 대학들이 1차 산업혁명의 촉발 과정에서 수동적인 자세를 취했다면, 산업혁명의 주역들은 반대로 대학의 발전과 팽창에 크게 기여했다. 산업혁명에 힘입어 영국은 19세기 초에 이미 최대 공업국으로 성장해 세계 생산고의 25퍼센트, 세계 무역의 40퍼센트를 차지했다. 그에 따라 축적된 부는 기초과학을 발전시키고 새로운 대학들을 설립하는 데 할애됐다. 명문 대학으로 널리 알려진 런던대학이 대표적이다. 산업계 스스로가 과학 발전을 선도하고 정예 인력의 육성에 크게 기여한 것은 이채로운 전통이 아닐 수 없다. 영국 과학의 전통은 대서양 건너 미국으로 이어져 대학의 혁신과 발전에 새 지평을 열었다. 현재 미국의 명문 사립대학들이 세계적인 초일류급 대학의 반열에 오른 사실이 그 증거다.

영국 과학을 고찰할 때 왕립학술원Royal Society of London의 역할을 빼놓을 수 없다. 1622년 창립된 왕립학술원은 뉴턴을 비롯한 과학의 거성들이 회원으로 활약한 최정예급 과학자 집단이다. 즉 오랜 전통을 지닌 권위와 명예의 전당이라 하겠다. 주목할 것은 헌장에 명시돼 있듯, 왕립학술원의 주 임무가 새로운 지식을 창출하기 위한 국가의 과학 인프라 구축에 기여하는 데 있다는 사실이다. 국가의 생산력을 향상하는 데 구체적으로 일조하는 것 역시 중요한 임무라 할 수 있다.

학술원 회원들은 엘리트로서의 자긍심을 갖고 특히 시장성을 지닌 품목들을 창출하는 데 연구의 초점을 맞췄다. 또한 과학 지식의 구체적 실용성을 입증하는 것이 과학 진흥의 지름길임을 굳게 믿었다. 왕립학술원은 대영제국의 영향권이 전 세계적으로 팽창해가는 단계마다 자문 역할을 성실히 이행해왔다.

뉴턴, 스스로 창안한 미적분으로 고전역학을 집대성하다

왕립학술원 외에 케임브리지대학의 위상과 업적 또한 살펴볼 가치가 있다. 케임브리지대학은 진정한 의미에서 과학발전의 온상이다. 특히 산하에 예속된 트리니티칼리지Trinity College는 기초과학의 요람 자체다. 과학사 전반에 걸쳐 새로운 이정표적 업적을 끊임없이 만들어낸 찬란한 전통 덕분이다.

케임브리지대학은 뉴턴의 모교다. 뉴턴은 무려 35년 동안 트리니티칼리지에 칩거하며 과학의 초석을 마련했다. 1670년에는 27세의 젊은 나이로 루커스수학석좌교수 Luccasian Chair of Mathematics로 지명됐다. 이는 루커스 국회의원이 사재를 기탁해 마련한 석좌로, 얼마 전 세상을 떠난 우주론의 거성 호킹S. Hawking 같은 석학들이 수세기 동안 차지해온 것으로 유명하다. 오래전에 한 개인이 자발적으로 성금을 희사해 석좌를 마련한 사실은 영국의 독특한 과학 문화와 전통을 보여준다. 이처럼 자발적으로 마련된 제도를 통해 과학의 거성들은 자유로운 환경 속에서 지식 창출에 전념할 수 있었다. 현재 석좌교수 제도는 세계 모든 대학이 즐겨 채택하고 있을 만큼 가치를 인정받고 있다.

뉴턴은 스스로 창안한 미적분을 기반으로 고전역학을 집대성했다. 뉴턴역학은 지극히 간결한 기본 가설에서 출발한다. 기본 가설이란 별도의 범주에 속한 질량과 가속이 곱해지면 또 하나의 별도 개념인 힘으로 묶여진다는 대명제를 말한다. 이를 기반으로 뉴턴은 정교하게 관측된 행성과 위성의 궤적을 미적분을 활용한 수학의 공통 용어를 통해 정량적으로 기술해낼 수 있었다. 코페르니쿠스의 지동설을 정량적으로 확립하는 역할을 한 것은 물론이었다.

그뿐 아니라 자연 법칙이 지구 밖에서도 동일하게 적용되는 사실을 입증했다. 아울러 절대적 시공간을 기반으로 원인과 결과를 이어주는 결정론적 관점에서 자연현상을 파악하는 자연과학의 기본 틀을 제시했다. 물론 물체의 움직이는 속도가 빛의 속도에 비견되는 수준으로 빨라질 경우 뉴턴역학은 상대성원리로 수정돼야 한다. 물체 크기가 원자와 분자, 즉 나노 영역으로 축소될 경우에는 양자역학으로 보완돼야 한다. 그럼에도 불구하고 자연현상이 존속하는 한 뉴턴역학은 자신만의 고유 영역에서 불멸의 이론으로 살아남을 것으로 보인다. 아인슈타인은 뉴턴을 일컬어 "우리 앞에 굳건히, 확고히, 그리고 저 홀로 우뚝 서 있는" 거인이라고 칭송했다. 과학의 한 거봉이 자신보다 수세기나 앞선 거봉에게 바치는 진술한 감동의 표현이다.

맥스웰, 통신과 IT의 초석을 다진 선구자

뉴턴이 역동적인 자연현상을 수학의 공통 용어로 기술하는 기본 틀을 제시했다면, 맥스웰J. Maxwell은 통신과 IT의 초석을 다졌다. 맥스웰 역시 뉴턴과 마찬가지로 트리니티칼리지 교수를 지내며 불멸의 업적을 남긴 과학계 거성이다. 그는 과학의 핵심 영역인 전자기학을 집대성했다. 특히 전자파를 과학의 핵심 콘텐츠로 새로이 도입함으로써 과학사에 불멸의 이정표를 남겼다. 전기 현상과 자기 현상은 오랫동안서로 독립된 현상으로 간주돼왔다. 18세기 중반 패러데이M. Faraday와 앙페르A. Ampere는 관측을 통해 전기장과 자기장이 전류와 함께 유기적으로 얽혀 있음을 입증했다. 독일은 그에 수반돼 발생하는 전력을 활용함으로써 전력 기반의 2차 산업혁명을 선도할 수 있었다.

맥스웰은 패러데이와 암페어가 발견한 전기장과 자기장의 현상론적 자연 법칙들을 수학의 공통 용어에 기반해 '맥스웰 방정식Maxwell equation'으로 기술해 전자기학을 집대성했다. 다시 말해 전기장과 자기장의 파동방정식을 이끌어냄으로써 자연의 핵심 요소인 전자파의 존재를 최초로 증명해냈다. 맥스웰 방정식은 한 치의 수정이나 보완을 필요로 하지 않는다. 본래 자연현상은 시간을 초월해 영구적으로 존속하기 때문이다. 더불어 맥스웰 방정식이 자연현상을 있는 그대로 수학의 정교한 공통 용어로 표시해주기 때문이다.

맥스웰은 공간을 형성하는 모든 기하학적 점을, 수동적으로 존재하는 자연의 객체에서 전기장과 자기장의 역동적 현상을 지탱해주는 매체로 격상했다. 넓은 주파수 폭으로 작동하는 전자파는 전기장과 자기장이 불가분하게 얽혀 광속으로 흐르는 에너지로 표출된다. 이 같은 에너지의 역동적인 물결을 지탱해주는 것은 다름 아닌 자연 공간이다. 전자파는 인류 역사에 엄청난 파급을 가져왔다. 2차 대전이 전자파를 발신/수신함으로 작동되는 레이더 전의 무대였던 사실이 그 증거다. 히틀러의 막강한 군사력 앞에서 수세에 처해 있던 영국의 상공을 지켜낸 힘은 레이더로 무장한 전투기 조종사들이었다. 처칠w. Churchill 경이 '선택된 소수'라고 불렀던 이 전사들은 독일 폭격기가 접근하는 진로를 레이더로 미리 탐지해 적기 적소에서 공중전을 벌였다. 그 결과 자신들의 조국을 안전하게 지켜낼 수 있었다.

　전자파의 위력과 유용성은 전쟁에 국한되지 않는다. 오히려 전쟁과 무관한 분야에서 그 진가가 한층 발휘됐다. 전자파는 시각 기능의 매체가 되는 한편 통신의 연결 고리를 형성한다. 또한 미세한 광섬유 속으로 전송되는 것은 물론 무선의 자유 공간으로 전파됨으로써 정보혁명의 주역을 담당한다. 전자파가 인터넷의 핵심 요소를 이루는 것은 이 때문이다. 전자파는 날아오는 유도탄을 격추할 만큼 강력한 레이저 빔으로 작동되기도 한다. 그뿐 아니라 1,000조 분의 1초 단위의 짧은 폭의 레이저 펄스로 발진돼 초고속 자연현상을 탐구하는 첨단 도구로도 활용된다. 레이저는 이처럼 전자파를 발생시키고 제어·관리·활용하는 발명품으로 각광받고 있다.

　전자파는 좀 더 근원적인 차원에서 중요한 역할을 한다. 태양광을 형성하는 것이 바로 전자파인 까닭이다. 태양광 에너지가 인류의 삶과 역사를 주관하는 한 전자파의 파급력은 영구히 지속될 것으로 보인다. 현재 인류의 삶은 석탄, 오일, 천연가스 등 화석 에너지에 상당 부분 의존하고 있다. 이 에너지 자원들은 광합성 과정을 매개로 지하에 매장된 태양광 에너지로 볼 수 있다. 최근 들어 큰 관심을 모으고 있는 푸른 무공해 에너지 역시 전력 에너지로 직접 전환되는 태양광 에너지가 주류를 이루고 있다.

　전자파는 앞으로도 인류 역사에 핵심적인 역할을 담당할 것으로 생각된다. 이처럼 막중한 역할을 하는 전자파의 존재는 맥스웰 방정식이 수립되는 과정에서 처음으로 드러나면서, 그 본질적 특성이 정량적으로 파악될 수 있었다. 전자파는 기초과학의 신비스런 위력을 보여주는 전형적인 사례다. 전자파가 자연현상의 핵심 요소로 인식되고 막강하게 활용될 수 있는 지평이 열렸다는 것은 대학이 과학 발전에 커다란 기여를 했음을 입증해준다.

끊임없이 발전·진화하는 빛과 물질의 제어 기술은 미세한 광의 발진기인 레이저 다이오드laser diode, LD와 발광 다이오드light-emitting diode, LED의 발명으로 이어졌다. 빛과 물질의 얽힘 현상은 나노 영역으로 압축되면서 활용의 지평이 날로 확장되고 있다. 광범위하게 이뤄지는 전자파의 제어 기술은 전자파와 전자의 상호작용에 기반한다. 흥미로운 것은 전자파와 전자를 발견한 맥스웰과 톰슨J. Thomson이 케임브리지대학 교수였다는 사실이다. 이는 IT의 초석이 대학의 핵심 역작인 사실을 말해준다.

전자의 발견은 기초과학 발전의 이정표적 쾌거

다양한 종류의 원자들 가운데 질량이 가장 가벼운 수소 원자보다 약 2,000배 더 가벼운 전자가 발견된 사실을 강조하고 싶다. 전자의 발견은 과학사 전반에 걸쳐 획기적인 이정표를 이룬다. 자연에 존재하는 입자들 가운데 전자만큼 막중한 기능과 큰 파급을 지닌 입자는 찾아보기 어렵기 때문이다. 전자는 우주의 역작인 원자를 형성하는 동시에 원자와 원자가 얽혀 분자를 형성하는 연결 고리 역할을 한다. 유전자를 비롯한 신체 전부가 천문학적 숫자의 생체 분자로 구성된 사실은 전자의 막중한 역할을 증명해준다. 나노과학의 핵심 분야로 빠른 발전을 거듭하고 있는 분자 의학molecular medicine과 정밀 의학precision medicine에 비추어 볼 때, 전자의 역할은 앞으로도 계속 확대될 전망이다.

전자의 역할은 여기서 그치지 않는다. 20세기 과학사에 르네상스를 불러일으킨 디지털혁명은 트랜지스터의 등장에 힘입어 촉발됐다. 트랜지스터를 발명한 쇼클리W. Shockley가 지칭한 것처럼 트랜지스터는 IT의 '신경세포'라 할 수 있다. 트랜지스터 내 전류가 흐르는 상태와 차단된 상태는 디지털 기술의 기본 비트인 1과 0을 결정짓는 중요한 역할을 한다. 전류는 전자의 움직임에 전적으로 의존한다. 아니 전자의 흐름 자체다. 트랜지스터 작동의 핵심 관건은 전자의 개수와 흐름을 조절하는 데 있다. 전자가 디지털혁명의 핵심적 역군이 될 수 있는 것은 바로 이 때문이다. 아울러 전자는 IT는 물론 생명공학과 나노공학의 주역을 맡고 있기도 하다.

흥미로운 것은 전자 역시 산업 현장에서 발생한 실제적인 문제를 해결하는 과정에서 발견됐다는 사실이다. 기초과학 발전의 이정표적 쾌거라 할 수 있는 전자의 발견은 이른바 '에디슨 효과'를 규명하는 과정에서 이뤄졌다. 공교롭게도 에디슨은 산업 현장과 격리된 채 대학의 상아탑 속에서 이뤄지는 연구 활동에 별 관심을 보이지 않은 발명가였다. 에디슨이 발명한 1,100여 개의 발명품들 가운데 백열전등은 단연 일품에 속한다. 백열전등의 역사적 의의를 역사학자 루트비히는 이렇게 갈파했다. "프로메테우스가 불을 발견한 이후 인류는 두 번째 불을 발견했다. 인류는 이제 어둠에서 벗어났다."

밤에도 낮과 같이 활동할 수 있도록 함으로써 삶의 시간을 연장해주는 백열전등은 진공관에 금속 필라멘트를 삽입해 제작된 발명품이다. 필라멘트에 전류를 흘려주면 필라멘트는 고열화돼 빛을 발산하는데, 그 빛을 이용하는 것이 백열전등의 작동 방식이다. 따라서 고열화로 인해 필라멘트가 빠르게 타버리는 것을 방지해 전구의 수명을 늘리는 것이 백열전등 기술의 핵심 관건이었다.

에디슨은 전구의 수명을 개선하고자 다양한 소재로 필라멘트를 제작해 각각의 수명을 조사했다. 이 과정에서 열화된 필라멘트에서 방출되는 것으로 추정되는 신비로운 물체가 전구 내면에 희미한 흔적을 남기는 현상을 관측할 수 있었다. 그 흔적을 야기한 물체를 규명하고자 에디슨은 필라멘트와 전구 내면 사이에 금속판을 삽입해 전압을 인가했다. 그때 뜻밖의 신기한 현상이 발견됐다. 금속판에 양전압을 가하면 전류가 발생하지만 음전압을 가하면 전류가 흐르지 않는 사실이 관측된 것이다. 에디슨은 필라멘트와 금속판을 연결해 전류를 출력하는 신비스런 물체를 규명하고자 백방으로 노력했지만 성공을 거두지 못했다.

트랜지스터 발명으로 이어진 에디슨 효과

신비스런 물체의 본질은 케임브리지대학의 톰슨 교수가 고안한 간단하고도 정교한 실험을 통해 규명됐다. 톰슨 교수는 진공관에 두 개의 극을 삽입해 전압을 인가했다. 그 결과 음극에서 방출되는 신비스런 물체에 양극을 향한 인력을 가하는 동시에 자장을 걸어둠으로써, 인력 방향과 수직으로 힘을 실어줄 수 있었다. 이렇게 부가된 두 개의 힘에 의해 움직이는 신비스런 물체의 궤적을 관측한 다음, 그 궤적을 뉴턴의 운동방정식을 이용해 정량적으로 해석해냈다. 이를 통해 지극히 작은 질량과 전하를 지닌 전자의 존재를 처음으로 확인할 수 있었다.

그동안 신비에 싸여 있던 전자의 모습이 과학사에 최초로 등장하는 순간이었다. 톰슨의 실험은 물리학과 초년생들이 실험실에서 시행하는 학습 실험 목록에 포함돼 있을 정도로 정교하고 간결하다는 이점이 있다. 이후 음극과 양극 즉 필라멘트와 금속판을 이어주는 전자의 흐름은 음극선이라 명명됐다. 에디슨이 관측한 신비스런 현상은 에디슨 효과라는 명칭을 부여받았다.

역설적이게도 발명왕 에디슨은 에디슨 효과에 내재된 엄청난 응용의 폭을 간과했다. 에디슨 효과는 이후 2극관과 3극관으로 이어져 통신 산업의 모체 기술로 거듭났다. 이 기술에서 진화·발전한 것이 다름 아닌 20세기의 세기적 발명품인 트랜지스터다. 디지털혁명을 촉발한 트랜지스터 발명의 의의는 설명이 필요 없을 만큼 크다. 위의 흥미로운 일화는 기초과학 발전에 돋보이는 이정표를 제시한 전자 역시 산업 현장에서 발생한 구체적 문제를 해결하는 과정에서 발견됐음을 말해준다. 이처럼 구체적 문제를 해결하는 과정에서 이뤄진 이정표적 업적이 적지 않다는 사실을 과학사는 거듭 보여주고 있다.

케임브리지대학에서 이뤄진 놀라운 업적은 이뿐만이 아니다. 20세기 과학의 백미로 각광받고 있는 DNA 구조의 발견 역시 케임브리지대학의 캐번디시Cavendish 연구소에서 이뤄진 걸작이다. 생명과학의 새로운 지평을 열어준 DNA 구조의 발견은 생물학을 전공한 왓슨과 물리학을 전공한 크릭의 공동 업적이다. 즉 DNA 구조의 발견은 상이한 분야의 전문 인력이 동일한 문제를 바라보는 특이한 안목을 통해 유기적으로 얽히며 이뤄낸 역사적 산물이었다. 알려진 대로 왓슨과 크릭은 생명현상을 분자물리 현상의 관점에서 바라본 슈뢰딩거의 혜안에 영감을 받아 DNA 구조의 규명 작업에 임했다.

생물학은 생물과학bioscience과 생명공학으로 진화·발전하면서 21세기의 주류 과학으로 빠르게 자리 잡아가고 있다. 생물과학과 생물공학은 분자 의학과 정밀 의학의 발전을 주도해 삶의 질을 향상할 것으로 기대를 모은다. 여기에 생명의 핵심 요소인 유전자가 DNA 구조를 지닌 물리적 실체라는 사실이 규명되면서, 염기쌍의 배열 양상이 생명체의 재생과 직결돼 있는 신비스런 현상 또한 간파될 수 있었다. 이에 따라 염기쌍의 배열을 검출해 생명현상의 정량적 정보를 획득하는 바이오 정보학bioinformatics과 유전체학genomics이 새롭게 등장했다. 그 결과 생명체를 조절·관리하는 능력이 창출되면서 생명 산업에 새로운 물꼬가 크게 트이고 있다.

생물과학의 빠른 발전과 바이오산업의 급격한 대두는 DNA 발견에 따른 파급 효과를 유감없이 보여준다. 신속하고 자연스럽게 이뤄지는 기술의 컨버전스convergence 현상과 그에 따르는 방대한 파급 효과 또한 거침없이 드러나고 있다. DNA 구조의 발견은 2,000개에도 미치지 못하는 단어로 《네이처Nature》 지에 짤막하게 발표됐지만 그 파급 효과는 상상을 초월한다. 덧붙여 말하자면 DNA 구조의 조명은 크릭의 박사 논문 주제이기도 했다.

기초과학의 종주국인 영국이
선진국 반열에 뒤늦게 진입한 까닭은?

케임브리지대학의 이정표적 업적들은 이 대학이 진정한 의미에서 기초과학의 요람이었음을 입증해준다. 아울러 기초과학의 강국인 영국이 과학사에서 차지하는 위상을 보여준다. 역설적인 것은 우수한 전통을 지닌 영국의 기초과학이 자국의 경제 발전에 이바지한 파급 효과는 상대적으로 저조했다는 사실이다. 영국은 자연현상을 수학의 정교한 공통 용어로 정량적으로 기술하는 기초과학을 정립한 과학의 요람이었다. IT의 초석인 전자기학은 물론 생명공학의 동력을 제공한 DNA 구조의 발견 역시 영국 과학의 산물이었다. 그뿐 아니라 과학과 산업이 유기적으로 얽혀 1차 산업혁명을 촉발한 국가 역시 다름 아닌 영국이었다.

그럼에도 불구하고 영국은 1987년에서야 국민 1인당 '1만 불' 소득이란 선진국 기준을 가까스로 넘을 수 있었다. 이는 일본보다 6년이나 뒤진 시점이면서 1차 산업혁명이 촉발된 뒤 무려 2세기가 지난 시점이었다. 그사이 일본은 영국과 독일의 선진 과학기술을 집중 습득해 근대화를 달성했다. 이 같은 역사적 사실에 비추어 보면 기초과학의 파급 효과가 영국에서 상대적으로 부진했던 것은 문제라 할 수 있다. 이는 기초과학의 눈부신 발전이 경제 발전의 활력소로 곧바로 이어지지 않을 수 있음을 보여준다. 기초과학 지식을 활용으로 이끄는 창의적 발상이 국가의 경제 발전에 핵심 관건이라는 사실도 말해준다.

영국 과학의 부진한 파급에 대해 윤종용은 그의 저서 『초일류로 가는 생각』에서 다음과 같이 분석했다. 우선 그는 기업가 정신의 쇠퇴를 들었다. 팽배했던 기업가 정신이 쇠락의 길로 접어들면서 소극적 기업 문화의 풍토로 바뀌었다는 것이다. 과학기술 교육 제도의 미비도 지적했다. 교양 위주의 전 인간적 교육 이념이 지나치게 확장되면서, 기술의 혁신과 활용을 주도할 과학기술 전문인의 육성이 상대적으로 등한시됐다는 것이 그의 생각이다. 그는 정부의 자유방임 정책 역시 중요한 원인으로 지목했다. 자유방임주의는 기술 혁신과 생산성 향상에 주효해서 자본주의 발전을 주도할 수 있는 이점이 있다. 하지만 기술 집약적 산업이 규모의 경제로 확장되면서 그 주효성이 한계에 이르렀고, 과학 정책과 인재 육성 정책이 민간 차원에 방치되면서 산업 발전에 차질이 빚어졌다는 것이다.

필자는 학문의 상아탑에 설치된 높은 장벽이야말로 영국 경제가 면치 못한 상대적 부진의 원인으로 보고 있다. 즉 활용 정신이 배제된 순수 학문적 과학 문화가 근본 문제라는 것이 필자의 견해다. 상아탑의 높은 장벽은 연구자들로 하여금 자연현상의 탐구에만 집중하고 연구를 위한 연구에 집착하도록 만들었다. 이에 따라 활용의 측면이 등한시되면서 연구와 산업의 유기적 얽힘은 결여될 수밖에 없었다. 그 결과 대학과 산업계가 선순환적인 발전을 이룰 수 있는 동력이 사라지고 말았다.

영국 대학에 풍미했던 순수 학문적 과학관은 인문학의 석학 스노A. Snow의 회고록에서도 찾아볼 수 있다. 스노는 과학과 인문학이라는 두 문화권을 나누는 깊은 계곡에 교량을 구축하는 데 크게 기여했다. 케임브리지대학 출신이었던 그는 학창 시절의 학내 분위기를 이렇게 술회했다. "우리는 우리가 탐구하는 과학이 어떤 환경에서도 활용과 무관하다는 자체에서 자긍심을 키웠다. 활용과 무관함을 좀 더 단호하고 확고하게 주창할 수 있을수록 우리의 자긍심과 우월감은 도를 더해갔다."

살펴본 것처럼 영국 산업이 상대적으로 부진했던 원인으로 영국의 교육 제도가 기술 전문인 육성에 효과적이지 못했다는 점을 배제하기 어렵다. 하지만 영국 교육 시스템의 장점을 간과해선 안 된다. 특히 학문의 전수를 강의실에서 생활권 전반으로 확장한 입주형 대학 시스템residential college은 주목할 만하다. 입주형 전인교육 시스템은 현재 유수 대학 대부분이 시행하고 있는 제도다. 영국의 교육 철학이 지향하는 전인교육은 초학제 간 교육이 새롭게 대두되고 있는 현 시점에서 진지하게 재검토할 필요가 있다.

2차 대전 이후 강대국 구소련이 쇠퇴의 길로 접어든 이유

앞서 말했듯 자유방임주의가 국가 차원에서 과학 발전을 촉진하고 국가 경제를 성장시키는 데 크게 주효하지 못했음은 부인할 수 없다. 반대로 국가 주도로 과학 정책을 수립·시행하는 것이 더 좋은 성과로 이어질 수 있다고 보기도 어렵다. 이는 2차 대전 후 구소련의 역사에서 확인할 수 있다.

2차 대전 후 막강한 위력을 과시했던 구소련이 급격히 와해된 원인들 가운데엔 과학 지식의 미약한 활용 문화가 있었다. 구소련은 중앙 집권적 과학 정책을 기반으로 국가 발전을 이루고자 막대한 노력을 기울였다. 그 배경에는 기초과학이 지닌 무한한 가능성을 신봉하는 과학 문화가 깔려 있었다. 구소련은 과학을 이상향을 구현하는 수단으로 굳게 믿었던 칼 마르크스K. Marx의 신념에 동조했다. 결과적으로 구소련의 쇠퇴는 정부 주도로 과학 정책이 수립·시행될 경우 상대적 부진을 넘어 총체적 부진에 이를 수 있음을 보여준다.

구소련이 초강대국으로 군림하던 1977년 필자는 시베리아 한복판에 자리한 노보시비르스크에서 열린 물리학회에 참석한 적이 있었다. 광활한 시베리아 벌판에 새롭게 조성된 과학 도시에 세워진 정부 출연 연구소들의 방대한 규모를 둘러보며 깊은 감명을 받았다. 구소련 정부가 과학에 거는 기대와 의지도 읽을 수 있었다. 당시 구소련의 국가 연구소들이 발표한 논문 수는 제목만 읽기에도 벅찬 수준이었다. 그처럼 방대했던 규모의 국가 연구소들이 이뤄낸 연구 성과와 양산된 논문 수에도 불구하고, 구소련은 기술 기반 산업의 경쟁에서 낙오되고 말았다.

구소련의 예는 기초과학 지식이 일단 창출되면 원천 기술로 자연스럽게 거듭나고, 결국엔 산업화로 이어진다는 일차원적인 과학관이 꼭 주효하지만은 않음을 말해준다. 바꿔 말하면 기초과학 지식을 유용한 기술로 연결하는 창의적 활용 능력이 과학의 위력을 발휘하는 핵심 관건이라는 뜻이다. 여기서 지식 창출과 더불어 지식의 창의적 활용이 국가 경쟁력을 가늠하는 핵심임을 알 수 있다.

정부가 과학 정책을 수립하고 주도적으로 시행하는 제도는 국가의 총 역량을 결집해 설정된 목적을 달성할 수 있는 장점이 있다. 지금까지도 유지되고 있는 러시아의 막강한 군사력과 대기권 밖으로 향한 활기찬 활약상이 그 증거다. 하지만 국가의 경제력을 키우고 경쟁력을 확보하기 위해서는 한 차원 높은 수준의 활력소가 요구되는 것도 사실이다. 기초과학 지식을 산업 발전의 동력에 직결하는 창의적 발상 못지않게 창의적 발상을 촉발할 수 있는 기업 문화와 사회적 환경이 필요하다는 뜻이다.

그뿐 아니라 과학기술이 지닌 산업 전망을 예리하게 직시해 이에 부응하는 미래 지향적 과학 정책을 수립할 수 있는 정부의 안목과 능력도 중요하다. 무엇보다도 국가의 과학 정책을 가시적 업적으로 이어줄 수 있는 창업 지향적인 과학과 공학 엘리트를 육성하는 일이 절실히 요구된다.

CMI, 거듭난 영국의 연구·교육 문화를 대표하는 핵심 기관

이상의 쟁점을 염두에 두고 현재 영국이 적극 추진 중인 연구와 교육 문화의 혁신 부분을 고찰해보려 한다. 21세기 들어 영국이 지향한 혁신의 방향은 이미 가시적인 성과로 나타나기 시작했다. 혁신의 시발점은 CMICambridge-MIT Institute 설립에서 찾아볼 수 있다. 자국인 영국이 기초과학의 요람이었지만 그에 따른 경제적 파급이 상대적으로 부진했음을 통찰한 것이 CMI 창설의 직접적 동기였다. 영국 정부는 MIT

와 학생 교류를 비롯해 교육과 연구를 공동 진행하는 프로그램을 추진할 것을 케임브리지대학에 적극 권유했다. MIT의 연구와 교육 문화를 본받아 국가의 경제 발전에 이바지할 수 있는 저력을 축적하기 위함이었다. CMI는 그 저력의 핵심을 이루는 정예 인력의 육성을 위해 설립됐다.

영국 정부가 MIT를 파트너로 선정한 것은 MIT 졸업생들의 업적에 매료됐기 때문이다. 1997년 보스턴은행이 조사·발표한 이른바 'MIT 효과'는 다음과 같이 요약될 수 있다. 조사 시점까지 졸업생과 교수진이 설립한 회사 수가 4,000개에 달하면서 110만 개 이상의 일자리가 창출됐다. 이는 당시 전 세계에서 24위의 국가 경제력에 맞먹는 통계 수치였다. 특히 30퍼센트의 졸업생들이 졸업 후 25년 내에 창업한다는 사실은 MIT의 실용적인 과학 문화와 전통을 잘 보여준다.

CMI는 MIT의 업적에 필적하는 성과를 성취하고자 2000년에 창설된 이후 지금까지 눈부신 활약을 이어가고 있다. 이미 100여 개 대학과 공동으로 연구와 교육 사업을 추진하고 있는 사실이 그 증거다. 특히 케임브리지대학과의 공동 연구에 적극 임하는 기업 수가 1,000여 개에 달한다는 것은 CMI의 활약이 정상 궤도에 진입했음을 말해준다. 활기차게 진행되고 있는 CMI 프로그램의 중심에는 교육 굴기를 지향하는 창업 위주의 '교육 사업'이 자리해 있다. 석사 학위 과정을 주축으로 융합 교육에 초점을 맞추면서도 각 전공 분야의 전문 지식을 심도 있게 심어주는 교육 사업이 그것이다. 이것은 실질적인 경험hands on experience을 강조하는 맞춤형 교육이라는 특징이 있다.

주목할 것은 교육 사업을 성공적으로 이끌고자 CMI가 강의 내용 자체에 대한 연구를 집중 지원하고 있다는 사실이다. 새로운 과목을 개설해 과목의 콘텐츠를 면밀하고도 치밀하게 점검하는 점이 눈길을 끈다. 새로운 교재 내용의 수요 전망, 그에 개입되는 융합 기술들의 적합성과 당위성, 이를 계기로 기업체로부터 제공받을 수 있는 기회 등을 신설 과목의 선정 지침으로 삼고 있는 점 또한 주목 대상이다.

새롭게 개설된 과목으로는 바이오 공학Biological Engineering과 계산생물학을 들 수 있다. 이 과목들은 21세기의 학문으로 부각되고 있는 생명과학과 생명공학이 지닌 막강한 산업적 파급 효과를 고려해 신설됐다. 특히 정밀 의학과 분자 의학에 직결될 수 있는 가능성과 함께, 거대 데이터의 처리 능력을 통해 생명현상을 정량적으로 파악할 수 있는 가능성이 집중 고려 대상이었다. MOTIManagement of Technology Innovation 역시 간과할 수 없는 신설 과목이다. 명칭에서 볼 수 있듯 MOTI는 기업 운영에 꼭 필요한 기술 관리와 혁신 방안을 다룬다. 즉 창업과 운영에 관련된 실질적 감각과 자신감을 심어주는 것이 기본 취지다.

CMI는 여기서 그치지 않고 혁신적인 연구 문화를 수립해 적극 시행하고 있다. 특히 산업 현장의 실질적 감각을 연구 콘텐츠에 초기부터 주입하는 데 초점을 맞춘 연구 목표가 눈길을 끈다. 상품이나 서비스 창출에 전념하는 기업체가 연구 내용의 유용성을 간파하지 못할 경우 연구 과제의 당위성은 미흡한 수준으로 처리되고 있다. 여기서 연구 과제를 선정하는 초기 단계부터 산업 현장과 사회가 요구하는 필요성을 적극 고려하는 연구 문화가 수립돼 있음을 알 수 있다. 혁신적으로 쇄신된 연구 목적의 설정은 영국의 전통적 연구 문화에 실용을 중시하는 새로운 풍조가 적극 강조·가미되고 있음을 보여준다.

롤스로이스가 CMI와 무소음 항공기 개발을 연구하는 까닭은?

혁신된 연구 문화는 산학 간 공동 연구 과제에서 구체화되고 있다. CMI는 그간 시행돼온 산학 간 공동 연구의 기본 틀을 새롭게 정립했다. 이에 따라 대학은 기업체에 지식을 일방적으로 '전수'하는 자세에서 벗어나 지식을 상호 '교환' 하는 수평적 자세로 변화했다. 지식을 교환하며 함께 창출하는 분위기와 환경 속에서 공동 연구에 임하게 된 것이다. 마찬가지로 기업체 역시 사내에서 추구해야 할 고유 연구 과제를 대학과 공동으로 진행한다는 자세로 연구에 임했다. 대학과 기업체는 이처럼 각자가 지닌 입지를 적극 넓히며 공동 연구에 참여하고 있다.

그 결과 새롭게 설정된 환경 속에서 산업체는 대학의 유연한 사고방식을 활용할 수 있게 됐다. 대학은 산업 현장에서 실제로 야기되는 기술적 문제점을 현장감 있게 파악할 수 있게 됐다. 이는 산학 간 공동 연구의 기본 틀이 윈윈 전략을 함께 구사할 수 있는 핵심 전략으로 이어지고 있음을 나타낸다. 주목할 것은 기초과학 연구를 애초부터 산업화를 염두에 두고 선택한 CMI의 연구 문화다. 이는 드러커가 주창한 본연의 연구 목적과 일맥상통한다. 케임브리지대학이 오랫동안 유지해온 순수 학문적 기초과학의 전통에 비추어 볼 때, CMI가 채택한 새로운 연구 문화는 가히 혁신적이라 할 수 있다.

새롭게 설정된 공동 연구의 틀 속에서 채택된 공동 과제를 소개해본다. 먼저 무소음 항공기 개발 과제를 들 수 있다. 롤스로이스Rolls-Royce사, 대영항공British Air사, 보잉Boeing사 같은 초일류 기업체들이 장기적인 안목으로 CMI와 함께 개발 중인 과제다. 참여 기업체들의 위상을 고려할 때 산학 간 공동 연구 과제의 의의와 파급 효과는 이해하고도 남는다. 다음으로 스마트 구조Smart Infrastructure 과제를 들 수 있다. 차세대 센서로 각광받고 있는 MEMSmicro electro mechanical systems를 활용해 공기 순환, 태양열 등으로 에너지 소모를 최소화해 관리할 수 있는 이른바 '그린 건물'을 설계하는 과제다. 스마트 인프라, 차세대 제약, 카본 나노튜브CNT 활용 등의 과제도 빼놓을 수 없다. 모두 제목에서부터 실용성과 당위성을 확연히 드러내는 연구 주제들이다.

교육 문화와 연구 문화를 새롭게 정립해 활기차게 운용해온 CMI는 이미 가시적인 성과를 거두기 시작했다. 그 결과 케임브리지대학이 위치한 작은 도시인 케임브리지는 최신예 기술을 기반으로 한 산업의 중심지로서 영국의 실리콘 밸리로 거듭나는 중이다. 대학 주변에 기술 집약적 벤처기업들이 연이어 창업되고 있는 사실은 활기찬 성장 분위기를 입증해준다. 창업된 벤처기업들은 사물 인터넷 기반의 정보 산업과 컴퓨터 산업에 초점을 맞추면서 디지털 정보 기술의 상당 부분을 장악해가고 있다. 특히 전 세계적으로 사용되고 있는 스마트폰 칩 설계의 95퍼센트를 차지하는 성과를 올렸다. 그뿐 아니라 이들이 개발·소유한 지적 자산은 마이크로소프트microsoft, MS사, 구글Google사, HPHewlett-Packard사, 소프트뱅크Softbank사 등 세계적인 기업체의 구입 대상 목록에 올라있다.

소도시 케임브리지가 실리콘 늪지로 불리는 이유

현재 소도시 케임브리지는 '실리콘 늪지Silicon Fen'라는 별명을 얻으며 영국 산업의 긍지로 자리매김했다. 이 별명은 도시 주변에 늪지가 많다는 점에 착안된 것이다. 실리콘 늪지 내에는 이미 1,500여 개의 벤처기업이 창업돼 5만 7천여 개의 일자리를 만들어냈다. 2016년부터는 연간 17조 원에 달하는 매출 실적을 올리고 있다. 이 통계 지수들은 CMI가 가시적 업적을 창출하고 있음을 실증해준다. 케임브리지는 또한 타 지역의 기업체들이 이주 계획을 세울 만큼 선호 지역으로 급부상했다. 실리콘 늪지가 케임브리지대학과 윈윈 전략을 구사할 수 있다는 장점 덕분이다.

이 같은 가시적 성공에도 불구하고 케임브리지대학은 스탠퍼드대학과 실리콘 밸리를 여전히 예의 주시하고 있다. 동시에 MIT와 하버드대학 교정 가까이에 있는 켄달 스퀘어에도 주목하고 있다. 두 곳의 최신예 기술 집약적 산업 중심권을 벤치마킹해 활기찬 발전을 지속해가기 위해서다. 케임브리지대학은 이처럼 CMI 창설에 힘입어 새로운 시대적 사명을 선도하는 최정예급 대학의 반열에 오를 수 있었다. 특히 기술 입국과 창업 입국을 주도하며 국가 경제력과 국력을 키우는 데 가시적으로 기여하는 대학으로 거듭났다. 이는 케임브리지대학이 오랫동안 고수해온 순수 학문적 전통에서 과감히 탈피해 시대정신에 걸맞은 혁신을 주도해온 결과였다.

앞으로도 케임브리지대학은 한층 높은 차원에서 대학의 사명을 새롭게 써 나갈 것으로 예상된다. 찬란한 과학의 전통을 이어오며 다져온 우수한 연구 능력 때문이다. 다시 말해 우수한 능력과 재능을 지닌 과학과 공학의 젊은 영재들이 활기찬 교육을 적극 수행하며 참된 엘리트로 거듭나고 있기 때문이다. 이미 말했듯 CMI에서 진행되는 연구 과제들은 실제 이용될 수 있는 가능성에 초점을 맞췄다. 그럼에도 불구하고 기초과학의 온상이라는 케임브리지대학의 위상은 굳건할 것으로 생각된다. 산업 현장의 구체적인 문제들을 해결하는 것이야말로 기초과학의 발전을 유도하는 지름길인 까닭이다.

구체적 사례는 전자 발견에 관한 일화에서 이미 살펴봤다. 양자 개념이 조광 산업과 연계돼 도입된 사실에서도 찾아볼 수 있다. 영국은 과학의 온상이자 과학 강국이었지만, 순수 학문적 과학 문화에 과도하게 치우친 탓에 그에 따른 파급 효과는 상대적으로 미진했다. 하지만 미진한 파급력을 통찰하고 시대정신에 걸맞은 혁신을 과감히 시행함으로써 현대판 과학 강국으로 거듭나고 있다. 과감하고 혁신적인 개혁을 솔선수범하는 케임브리지대학은 영국의 실사구시 과학 문화와 연구 문화를 선도하고 있다.

원론적이고 추상적인 목적을 설정하는 것은 누구나 할 수 있다. 반면 설정된 목적을 실제로 구현하는 것은 선택된 소수 대학만이 해낼 수 있는 어려운 작업이다. 심오한 전문 지식과 함께 과학과 공학의 참된 엘리트들이 존재해야 가능하기 때문이다. 케임브리지대학은 이런 필수 요건들을 갖춤으로써 더불어 사는 삶을 선도하며 정예급 현대판 대학의 반열에 오를 수 있었다. 그 결과 현재 4차 산업혁명을 선도하는 저력을 국가에 제공하는 중요한 역할을 담당하고 있다. 케임브리지대학 같은 정예급 현대판 대학을 지닌 국가만이 4차 산업을 선도하는 선진 대열에 오를 수 있음을 다시 한 번 강조하고 싶다.

탈아 입구한 일본과 과학 굴기의 중국

일본은 우리나라와 현해탄을 사이에 둔 이웃 국가다. 지리적으로는 가까우나 마음속 거리는 아주 멀다. 양국의 역사적 공생이 순탄하지 못했기 때문이다. 이렇다 보니 일본이 지닌 과학 문화와 과학기술의 강점이 우리의 마음속에서 평가절하되는 경향이 없지 않다. 이런 마음의 장벽을 넘어 이웃 일본이 지닌 과학기술의 진정한 면모를 파악하는 것은 4차 산업혁명의 문턱에 들어선 현 시점에서 꼭 필요하다. 구한말 우리가 일본에게 당한 역사적 수모와 치욕을 거듭 당하지 않으려면, 그에 대한 대응책을 갖춰 경쟁에서 낙오하는 우를 피해야 하기 때문이다.

앞서서 과학기술의 위력을 간파한 일본의 엘리트들

위의 내용을 염두에 두고 동양권 국가 가운데 가장 먼저 이뤄진 일본의 근대화 과정을 알아보려 한다. 근대화 과정을 통해 굳게 다져진 일본 과학기술의 현황과 위상도 살펴볼 것이다. 특히 탈아 입구의 기치 아래 진행된 근대화 과정에서 일본의 정예 인력이 어떤 활약을 했는지 짚어보려 한다. 일본의 사례를 조선의 운명을 책임졌던 구한말 엘리트 집단의 안목과 비교하는 것도 필요하다. 이를 통해 우리나라의 미래 발전을 위한 귀중한 역사적 교훈을 얻을 수 있다.

앞서 말했듯 유럽 열강들은 일찍이 과학기술의 위력을 간파해 앞다퉈 과학 발전에 박차를 가했다. 이를 통해 국력을 축적한 뒤 여세를 몰아 근대사를 주도하며 세계를 석권하기에 이르렀다. 반면 동양권 국가들은 과학기술의 위력을 충분히 간파하지 못했다. 즉 과학기술이 국력과 국가 경제력을 향상하는 강력한 수단이 될 수 있음을 깨닫지 못했다. 이처럼 과학기술의 발전을 국가 차원에서 체계적으로 도모하지 못한 결과 과학기술의 수준은 유럽 열강들에 비해 크게 뒤떨어지고 말았다. 역사 교과서에서는 동양의 과학기술이 화약, 나침반, 인쇄술 등 다양한 품목에서 서양보다 수세기 앞서 발명됐을 만큼 높은 수준이었음을 강조하고 있다. 불행히도 그 발명품들은 실생활에 적극 활용되지 못한 탓에 인재 육성과 국가 경제 발전에 크게 기여하지 못했다. 한마디로 발명과 활용의 균형이 동양 국가들에서 이뤄지지 못했다는 뜻이다.

동양과 달리 서양 열강들이 보여준 기술의 체계적 활용은 역사의 판도를 뒤바꿨다. 독일의 구텐베르그J. Gutenberg가 발명한 인쇄술이 대표적인 사례다. 인쇄술 발명의 역사적 파급력에 대해서는 드러커의 혜안을 빌려 설명할 수 있다. 구텐베르그가 1450년에 발명한 가동식 인쇄술은 기술의 측면에서 볼 때 평범한 발명품에 지나지 않았다. 하지만 이후의 체계적 활용에 힘입어 인쇄술은 문자의 발명 이래 정보혁명의 물꼬를 튼 획기적 발명품으로 거듭났다. 주목할 것은 인쇄술이 지식을 확산하고 대중화하는 도구로 이용됐다는 사실이다. 그 결과 수도원 중심의 고등교육 기관은 도시 중심 대학으로 탈바꿈하기 시작했다. 신학을 위시해 수사, 문법, 논리 등 고전적 학습 내용은 의학, 법학, 자연철학, 과학 등으로 세분화·전문화됐다. 이는 보다 세분화된 전문 지식과 과학기술이 창출되는 계기로 작용했다.

인쇄술의 발명으로 촉진된 지식의 빠른 확산은 사고의 다양화를 유도하며 종교개혁으로 이어졌다. 나아가 유럽 문화사의 백미인 르네상스를 촉발했다. 동시에 현대판 대학이 설립돼 교육의 혁신을 선도했다. 특히 대중 교육Universal Education의 틀이 정립됨에 따라 교육의 대중화가 급격히 진행될 수 있었다. 파급의 핵심을 역사적 측면에서 바라본 드러커의 경이로운 안목이 드러나는 대목이다. 사실 우리의 자랑스런 문화유산인 고려의 금속 활자는 구텐베르그의 인쇄술보다 수세기나 앞서 발명됐지만, 괄목할 만한 창의적 활용으로 이어지지는 못했다. 특히 민초들의 사회적 진출을 선도하는 대중 교육의 도구가 되지 못했다는 것은 우리나라의 소극적이고 미온적인 활용의 풍토를 여실히 보여준다.

과학기술의 위력을 간파해 탈아 입구에 성공한 일본

우리나라와 달리 동양 국가들 가운데 기술의 위력을 간파해 적극 이용한 예외적인 사례가 존재한다. 명치유신의 기치 아래 이뤄진 일본의 근대화 과정이 그것이다. 1854년 미국의 페리M. C. Perry 제독은 도쿄만에 네 척의 군함을 이끌고 입항해 무력으로 통상을 요구했다. 미국의 강압적인 요구를 일본은 수용하지 않을 수 없었다. 같은 시기에 일어난 일련의 유사한 사건들을 통해 일본은 과학기술의 위력을 늦게나마 간파했다. 이에 따라 한학과 유교권에서 탈피하는 과감한 결단을 내리는 동시에 서양의 실학과 문물에 적극 접하기 시작했다.

그 결과 일본은 봉건적 껍데기를 벗어던지고 탈아 입구의 기치 아래 근대화 작업을 본격 가동할 수 있었다. 우선 관료와 학자들을 세계 도처에 파견해 선진 문화와 과학기술을 조직적으로 수집했다. 유학생들 또한 파견해 선진 지식을 습득시키는 한편 정예 인력을 체계적으로 육성했다. 아울러 과학 교재를 폭넓게 번역해 새로운 지식을 널리 보급했고 신문 발간을 통해 지식과 정보를 폭넓게 공유했다. 특히 민관이 앞다퉈 설립한 대학들은 선진 교육과 대중 교육의 인프라 역할을 했다.

이는 교육과 지식의 습득을 특권층의 소유물로 한정한 동양의 문화 풍토에 참신한 교육 패러다임을 제시한 역사적 쾌거였다. 2차 대전 후 유가와湯川秀樹 교수와 도모나가朝永振一郎 교수가 패전의 폐허 속에서도 노벨 물리학상을 받을 수 있었던 배경에는 이미 견고히 구축·시행돼온 서구식 교육이 깊이 자리 잡고 있다. 유가와 교수는 1949년 중간자pion의 존재를 발견한 공로로, 도모나가 교수는 1965년 재규격화 이론을 통해 양자역학의 모순을 해결하고자 노력한 공로로 노

초일류 과학기술 국가를 생각한다

벨 물리학상을 받았다. 두 사람이 노벨상을 받은 것은 첨단 이론물리학을 정립한 획기적 업적 덕분이었다.

적극적으로 터득한 과학기술과 그 활용을 기반으로 국력을 축적한 일본은 20세기 초에 청일전쟁을 한판 승부로 끝낼 수 있었다. 연이어 러시아 해군마저 격파하며 러일전쟁에서도 결정적 승리를 거뒀다. 러일해전에서 일본이 승리한 것은 영국 정부가 배후에서 간접적으로 도운 측면도 있었지만, 기술의 위력이 국가 규모와 무관하게 국가 간 승패를 결정짓는 핵심 관건임을 보여줬다. 작은 섬나라인 일본에게 일격을 당한 충격에 러시아의 페테르 황제는 이후 낙후된 과학기술 수준을 향상하고자 심혈을 기울였다. 상트페테르부르크에 과학기술 아카데미를 설립한 것이 그 증거다.

일본이 이처럼 거대 국가들과의 전쟁에서 연이어 결정적 승리를 거둘 수 있었던 데는 일본 정예 엘리트들의 진취적인 안목과 그에 따른 업적이 주효했다. 양학의 위력을 간파한 일본 엘리트들은 봉건적 껍데기를 벗어던지고 서양의 문물과 과학기술을 적극 터득하고자 노력했다. 특히 수리학 기술이 국가의 생존과 직결돼 있음을 깨닫고 이를 적극 습득하면서 후발 주자의 걸음을 재촉했다. 세계 곳곳을 탐방해 문물을 익혔고 자력으로 건립한 군함으로 태평양을 건너 미국을 공식 방문하기도 했다. 그 결과 러일해전에서 일본 해군은 높은 수준의 기술을 선보일 수 있었다. 막강한 위력을 지닌 군함은 물론 최첨단 무기로 각광을 받던 어뢰를 사용할 수 있을 정도였다.

같은 시기에 우리나라는 어땠을까? 일본 군과 대조적으

로 조선 관군은 죽창으로 무장한 동학군에게 밀려 수세에 처하는 나약함을 보였다. 반란군을 진압하고자 고종이 지원을 요청한 것을 빌미로 청나라는 병력을 한반도에 보냈다. 이에 대응해 일본은 1894년 4,000명의 육군을 제물포에 상륙시켰다. 내란으로 불안해진 조선에 거주하는 자국 거류민들을 보호한다는 것이 명목이었다. 하지만 실은 힘에 의한 일방적인 파견으로 한반도를 쟁취하는 첫 단계였다.

궁지에 몰린 조선은 청일전쟁과 러일전쟁을 한반도 주변에서 치러야 하는 수모를 겪었다. 그 결과 청나라, 러시아, 일본 등 주변국들이 세력을 확충하는 각축장으로 전락하고 말았다. 조선왕조가 역사의 뒷길로 소리 없이 사라진 것은 이런 이유에서였다. 좁은 현해탄을 사이에 둔 조선과 일본이 대조적인 국력을 보인 원인에 대해서는 정치적·문화적 관점에서 신중히 다룰 필요가 있다. 다만 여기서는 조선과 일본 간 과학기술의 격차와 더불어 양국의 지도급 엘리트들이 보여준 과학기술에 대한 식견의 차이에 주목하고자 한다.

과거에 매몰돼 개혁 동력을 잃은 구한말 엘리트들

개화 초기인 19세기 중반에 일본의 엘리트들은 이미 선진 화학과 의학을 집중 습득했다. 당시 계몽사상가로 손꼽히던 후쿠자와 유키치福澤諭吉는 물리학의 중요성까지도 간파했다. 1858년 게이오대학의 전신인 게이오의숙을 설립한 그는 학생들에게 물리학을 비롯한 이학과 문과 계열 학과를 함께 습득할 것을 권했다. 유키치 외에도 일본 엘리트들은 전력 창출의 기초 이론인 맥스웰 방정식과 씨름하며 선진 수리학을 습득하고자 노력을 기울었다. 일본 엘리트들과 달리, 성균관 유생을 비롯한 조선의 엘리트 집단은 여전히 공자와 맹자 철학에만 매몰돼 있었다. 교육을 향한 이들의 열정은 일본 엘리트들에 비해 손색이 없었지만, 교육의 지향 목적과 콘텐츠는 국력의 성장으로 이어지지 못했다.

구한말 엘리트들의 교육 목적은 과거에 급제해 벼슬을 차지하는 것이었다. 그들은 과거 급제를 통해 관료의 반열에 오르고자 고전을 탐독했고 한시를 암송했다. 도덕과 윤리와 예의를 심도 있게 논하기도 했다. 현대판 용어로 국가의 '논술 고시' 장벽을 넘을 수 있는 능력과 지혜를 갖추고자 혼신의 노력을 기울었다. 과거 급제를 위해서는 소과와 대과 모두에 합격해야 했다. 먼저 소과에 합격해 성균관에 입학함으로써 진사나 생원 계급을 확보해야 했다. 뒤이어 성균관에 출석해 300일 이상 학업에 전념해야 대과에 응시하는 자격이 주어졌다.

매년 전국에서 1만 명이 넘는 유생들이 과거 시험에 응시했다. 이 가운데 200여 명이 소과에 합격했고 대과에 최종 합격하는 인원은 30여 명에 그쳤다. 턱없이 좁은 관문을 통과해야 하다 보니 대과에 합격하는 수재들의 평균 연령은 30대 중반을 훌쩍 넘어섰다. 현재 사법 고시에서 고시생들이 넘어야 하는 장벽을 능가하는 고난의 장벽이었다. 이보다 더 큰 문제가 있었다. 어렵고 좁은 관문을 통과할 수 있을 만큼 고담준론에 능숙하고 고전에 박식한 수재를 육성하는 방식으론 국력을 키울 수 없다는 사실이었다. 국력 증진은 예나 지금이나 경제 활성화에서 시작된다. 경제 활성화는 기술과 도구를 창출·활용해 민초들의 생활을 향상하고 그에 따라 세금이 조성되는 과정에서 이뤄진다.

조선 엘리트들이 지녔던 비전은 세금의 창출과는 거리가 멀었다. 그보다는 세금의 징수와 갹출을 통해 민초들 위에 군림하는 특권에 가까웠다. 얼마 전 필자는 고려대학교 전시관을 방문한 적이 있다. 그곳에서 가장 눈길을 끈 것은 양반들이 사용했다는 담뱃대의 길이였다. 무려 1미터가 넘는 담뱃대는 시중드는 머슴이 상전의 담뱃불을 항상 지펴줘야 했던 봉건적 관습을 여실히 보여줬다. 담뱃대를 지참하고 양반의 뒤를 따라가는 머슴의 모습이 머릿속에 그려졌다.

온갖 사회적 특전을 누려온 조선의 지도급 엘리트 집단은 도도히 밀려오는 외세 앞에서 국운과 함께 급격히 무너졌다. 여기서 외세란 정확히 말하면 이웃 일본보다는 선진 과학 지식과 과학기술을 가리킨다. 국가가 무기력하게 소리 없이 무너지는 비극에 따르는 무거운 짐은 민초들의 몫이었다. 민초들은 남녀를 막론하고 상상을 초월하는 고통과 수모와 멸시를 받아야 했다. 특히 2차 대전 중에 처절하게 유린당한 여성들의 고난의 역사는 오늘날까지 지워지지 않는 상처로 우리의 가슴속에 새겨져 있다.

역사 바로 세우기와 과거사 정리의 진정한 의미

당시 조선의 현실에 대해 한 독일 신부가 남긴 기록이 있다. 조선왕조가 역사의 뒤안길로 사라져갈 무렵 독일인 노르베르트 베버Norbert Weber 신부는 기독교 선교를 위해 조선을 두 차례나 오가며 민초들과 깊은 애정을 나눴다. 그는 자신의 눈에 비친 조선의 모습을 애정 어린 고별사 속에 이렇게 요약했다. "이제 이 민족은 국가를 잃었다. 그것을 찾기란 거의 불가능할 것이다." 구한말 위정자와 엘리트들의 무능력함이 여실히 드러나는 대목이다. 이방인이 보기에 빼앗긴 나라를 되찾을 가능성이 없을 만큼 조선의 엘리트들은 무책임하고 무기력하기만 했다.

이어 그는 연민에 찬 이별을 고했다. "같은 국민을 죽음으로 내몬 자기 나라 지배자들의 통치 아래에서보다는 다른 나라의 지배 아래에서 더 행복하게 살 수 있을지 모른다." 여기서 과거에 급제한 양반들이 특권을 만끽하며 민초들을 천대한 사실이 잘 드러난다.

국가의 안위를 지키는 데 앞장서는 것은 엘리트 집단의 신성한 의무다. 이야말로 노블레스 오블리주가 뜻하는 바가 아닐까. 현 시점에서 우리 사회에서 강조되고 있는 '역사 바로 세우기'와 '과거사 정리' 작업은 이 같은 기본 사실에 입각해 이뤄져야 한다. 약소국을 무자비하게 유린하고 민초들을 가혹하게 다룬 만행을 역사는 지워주지 않는다. 그런데도 잘못된 역사를 반성하기보다 흔적 지우기에 급급한 이웃 일본의 퇴행적 행보를 지적하는 것은 너무도 당연한 일이다.

하지만 여기서 그쳐선 안 된다. 국가가 무기력한 궁지로 전락할 때 이를 수수방관한 우리 지도급 엘리트들의 무능하고 무책임한 행태를 냉철히 반성하는 것이 선행돼야 한다. 반성을 통해 참다운 역사적 교훈을 얻을 수 있기 때문이다. 특히 수리와 과학기술은 등한시한 채 과거 시험에만 매달렸던 엘리트들을 당시의 시대정신에 비춰 냉엄하게 평가할 필요가 있다. 특히 구한말 조선의 엘리트 집단이 당쟁에 휘말리는 동안 주변국의 상황을 인식하고 있었는지 파악해야 한다. 기술직을 경시하고 수리학을 도외시한 문화 풍토와 과거 열풍이 나라를 잃어버리는 시기에도 고수되고 있었는지 점검하는 것도 중요하다.

덧붙여 위정자들과 그 주위를 맴돌던 엘리트 집단이 당시 새롭게 본격 가동된 일본의 근대화 현황을 면밀히 수집·분석하고 있었는지도 알아볼 사항이다. 이를 통해 과연 당파 간 갈등을 초월해 국가의 안보 문제를 철저히 논의했는지 점검해야 한다. 근대화 작업에 힘입어 부강해진 일본의 군사력이 임진왜란의 역사를 반복하는 맥락에서 현해탄을 건너 한반도에 상륙할 가능성을 당시 조선 엘리트들이 예측하고 있었는지 파악해야 한다는 뜻이다. 아울러 그에 대한 대비책을 당론의 장벽을 넘어 미리 강구했는지도 따져봐야 할 것이다.

물론 이 같은 상식적인 기본 사항들이 구한말 당시에는 사소하게 여겨졌을 가능성을 배제할 순 없다. 조선의 엘리트 집단이 매달렸던 당쟁과 추상적인 국가 운영 정책의 논란에 비하면 그렇다는 얘기다. 그럼에도 불구하고 국가가 무기력하게 무너지기 직전 국가의 운명을 책임진 위정자들과 엘리트 집단이 반드시 유념했어야 하는 사항들임에는 틀림없다.

구한말 엘리트들이 시대적 사명을 도외시한 결과는?

2015년 12월 7일 중앙일보에 게재된 천경운 교수의 '사시 존치론'에 관한 시론은 구한말 엘리트 집단의 동태를 파악해볼 수 있는 중요한 자료다. 시론에 의하면 19세기 말 조선의 상비군은 8,000명에도 미치지 못한 반면, "이웃나라들은 수백만의 서구식 군대들을 키우고" 있었다. 상상을 초월하는 국방력의 차이는 단시일에 이뤄진 결과가 아니다. 그보다는 오랜 기간에 걸쳐 양국의 위정자와 엘리트 집단이 만들어낸 업적의 차이로 봐야 한다. 시대를 감지하는 집단적 안목의 차이로도 볼 수 있다.

특히 "쓸 만한 기술자도, 전문가도 없었다"는 것은 과학과 기술에 대한 조선 엘리트 집단의 상대적 무관심과 관군의 무기력한 면모를 드러낸다. 과학기술에 대한 확고한 지식이 없을 경우 서구식 군대를 육성하기란 불가능하기 때문이다. 당시 조선 엘리트들이 집착했던 목적은 과연 무엇이었을까? 이에 대한 해답을 시론에서는 간결하고 명확히 제시하고 있다. 한마디로 "되지도 않는 과거 시험을 붙잡고 있었다"는 것이다. 강화도조약을 맺은 지 3년 뒤인 1879년에 정시 문과 응시자 수만 21만 3,500명이었고 그중 15명이 합격했다. 경쟁률은 1만 4,000 대 1이었다. 조선의 엘리트 집단에 풍미했던 과거 열풍을 한눈에 보여주는 객관적 자료다.

불행히도 과거 열풍은 구한말 엘리트들의 생각과 안목을 흐리게 했다. 특히 수리학의 중요성과 위력을 통찰할 수 있는 안목을 가려버렸다. 이로 인해 엘리트들은 날로 거세게 밀려오는 서구 문명의 위력에 눈을 가린 채 주변국의 발전 상황을 외면했다. 무책임한 위정자들과 더불어 시대적 사명을 도외시한 무능한 엘리트 집단으로 역사에 남은 것은 필연적인 결과였다.

시론에서는 또한 고종 때 합격자 평균 연령이 38세였던 사실을 당시 평균 수명이었던 40세 미만과 연결 지었다. 이는 20만 이상의 조선 지성인들이 한평생을 이른바 사시 낭인으로 소일했음을 말해준다. 시론에서는 과거에 합격한 "개천에서 난 용들은 친일파가 되었고 더러는 향리에 숨었다"라는 사실도 지적했다. 노블레스 오블리주가 함의하는 기본 사명이 구한말 과거에 급제한 엘리트 집단과는 무관했음을 보여주는 대목이다. 물론 소수의 선각자들이 없지는 않았다. 이들은 끊임없는 당쟁으로 피폐해진 사회를 혁신하고 근대화를 도모하고자 했지만 곧 역사의 뒤안길로 사라져버렸다. 일본의 근대화 현황을 두 눈으로 목격한 젊은 엘리트들이 개혁을 시도하다 죽임을 당하는 일도 적지 않았다.

1881년 고종은 조선의 근대화를 위해 '신사유람紳士遊覽'이라는 명목으로 일본에 관한 정보 수집을 지시했다. 정보 수집 팀은 내무성, 외무성, 농상무성, 대장성, 문부성 등 다방면에 걸쳐 정보를 수집했다. 일본 육군의 무력에 관한 정보까지 수집할 정도였다. 하지만 수집된 정보들은 조선이 무기력하게 사라지는 비운을 막는 데 아무런 역할을 하지 못했다. 이는 정보를 수집하는 시점이 얼마나 중요한지를 말해준다. 사전 대비를 위해 수집한 정보와 뒤늦게 수집한 정보 간 효력의 차이를 논하는 것은 시간 낭비일 뿐이다.

구한말과 6.25전쟁 초에 민초들이 느꼈을
허탈감과 혼란상

필자는 초야에 묻혀 지내던 선조들이 구한말 국가가 무기력하게 무너지며 사라지는 현실 앞에서 느꼈을 심적 허탈감과 혼란상을 상상해보곤 한다. 허탈감을 필자 자신이 직접 체험한 6.25전쟁에 비춰 이해할 수 있을 것 같다. 전쟁이 발발한 1950년 6월은 필자가 중학생이 된 지 몇 달이 채 안 된 때였다. 국민학교(당시엔 초등학교를 국민학교로 불렀음) 시절 필자는 총을 어깨에 메고 군가를 우렁차게 부르며 서울 한복판을 활보하던 국군 용사들의 활기찬 모습에 매료됐다. 그들을 볼 때마다 왠지 모르게 가슴이 벅차오르곤 했다. 최고 위급 군 장성이 국민을 향해 반복하던 약속을 지금도 생생히 기억하고 있다. "만일 적이 도발을 감행할 경우 우리 국군은 점심은 평양에서, 저녁은 신의주에서 먹게 될 것"이란 약속 말이다.

이후 전개된 역사는 약속과는 거리가 멀었다. 전쟁이 발발한 지 이삼 일도 채 지나지 않아 수도 서울은 저항다운 저항도 못 해보고 순식간에 함락됐다. 정부는 급하게 한강 이남으로 도피하면서 교량을 폭파했다. 인민군의 추격을 막기 위해서였다. 그 바람에 민초들이 한강 이남으로 인민군을 피해 피난 갈 수 있는 길도 함께 끊겨버렸다. 어린 소년이었던 필자는 새벽 무렵 허둥지둥 도망가는 순경 아저씨의 나약한 모습을 허탈한 심정으로 바라봤다. 우렁찬 군가를 부르며 도로를 활보하던 국군 용사들의 모습이 머릿속을 스쳐 지나갔다. 동시에 열세로 고전하고 있을 그들의 모습도 머릿속에 그려지면서 무거워지는 마음을 달랠 길 없었다.

필자는 용산경찰서 앞마당에서 우리 국군이 갖고 있던 소형 전차에 비할 수 없을 만큼 위용이 대단한 탱크를 처음으로 봤다. 인민군이 휴대한 위력적인 따발총 소리에 마음이 위축되기도 했다. 구한말 우리 민초 선조들이 느꼈을 큰 비애와 혼란이 이보다 더 크지 않았을까.

다행히 전쟁의 비극은 곧 만회됐다. 이후 지난 반세기 동안 이뤄진 우리나라의 산업화는 전 세계의 이목을 집중시키기에 부족함이 없다. 이제 우리나라는 선진국 대열의 문턱에 진입했고 과학과 기술에 대한 식견도 갖추고 있다. 한정된 분야이긴 하나 최첨단 산업 기술도 보유하고 있다. 이런 상황에서 우리나라의 미래를 이끌 과학도와 공학도들은 구한말 엘리트 집단을 반면교사로 삼는 한편, 선진 열강들이 추진 중인 과학기술의 개발 추세를 예의 주시해야 한다. 특히 과학기술 강국의 입지를 굳힌 일본의 상대적 경쟁력을 면밀히 파악해 이에 대비할 필요가 있다.

과학 굴기와 군사 강국을 지향하는 제2의 경제 대국 중국

일본뿐만이 아니다. 현재 제2의 경제 대국으로 급부상하고 있는 중국에 대해서도 긴장을 늦춰선 안 된다. 과학 굴기와 군사 강국을 지향하며 활기찬 발전을 거듭하는 중국의 현재 모습에 관심을 가져야 한다는 뜻이다. 우선 눈길을 끄는 것은 젊은 인력들의 벤처 열기와 활기찬 창업 활동이다. 현 시점의 화두는 바로 과학기술에 대한 식견을 넘어 효율적 기술 개발과 기술의 창의적 관리다. 특히 개발된 기술을 토대로 가시적 성과를 창출하는 발상 능력이 매우 중요하다. 합리적인 연구 관리 시스템과 함께 미래를 직시하는 안목과 그에 준해 설정되는 과학 정책 또한 간과해선 안 된다. 개발된 기술을 창업으로 이어주는 능력과 수완, 그리고 이를 튼튼히 받쳐주는 연구와 교육 문화의 구축이 궁극적 목표가 돼야 한다는 뜻이다. 성공적 창업 활동이야말로 국가 경쟁력을 증진하는 핵심 동력이기 때문이다.

천문학적인 연구비가 국민의 혈세에서 매년 지출되고 기술 무역 적자가 계속 축적되고 있는 현실을 주시해야 한다. 동시에 국민의 혈세로 이뤄지는 연구 개발의 성과와 그 활용의 현황을 객관적이고 투명하게 점검할 필요가 있다. 잠시 동아일보 취재팀이 수집한 내용을 소개해본다. 취재팀은 정부 주도로 2006~2015년 10년간 진행된 국가 연구 개발 사업의 현황을 객관적인 자료 위주로 상세히 분석했다. 취재팀에 의하면 "10년간 정부가 R&D에 투입한 재정은 140조 5,000억 원"에 달했다. 국내 총생산 대비 세계 제1위에 해당되는 수치다. 반면 2006~2013년에는 지적 재산권 무역에서 "약 41조 500억 원의 누적 적자"가 발생했다. 이는 정부 주도로 수행된 연구 개발 사업이 막대한 R&D 투자에도 불구하고 적자 극복에 큰 도움이 되지 못한 사실을 말해준다.

이런 부진한 성과는 역설적이게도 1993~1999년에 정부 주도로 성공리에 이뤄진 '우리나라형 고속 열차 개발 사업'과 큰 대조를 이룬다. 1990년대 말까지 이뤄진 정부 주도 연구 개발의 결실과도 크게 대조된다. 구체적으로 취재팀은 정부가 1990년에 고화질 TVHDTV, D램Dynamic Random Access

Memory 반도체, 차세대 교환기ATM 등 전반적인 산업 기술 개발을 선도했음을 지적했다. 민간 기업체들과 공동으로 개발비를 투입해 유종의 미를 거둬들인 사실도 명시했다.

그 결과 가전 업체들은 HDTV 디스플레이 사업에서 세계를 석권할 수 있었다. 이후에도 반도체 산업체들은 메모리 분야의 전 영역에 걸쳐 세계 시장을 주도하며 무역 흑자를 선도하고 있다. 아울러 차세대 교환기 사업은 우리나라를 IT 강국으로 이끄는 동력이 돼주고 있다. 이는 2000년대 이후 정부 주도로 이뤄진 R&D 사업이 부진에서 벗어나지 못하는 원인을 규명할 필요성을 제기한다.

정권 코드 맞추기와 논문 양산에 매몰된 우리나라의 연구 풍토

취재팀에 의하면 원론적 차원에서 "R&D 정책이 정부 주도로 이뤄지다 보니 정부가 바뀌면 연구 과제도 정권의 코드에 맞춰 춤추는 일이 반복"됐다. 연속성 없이 과제가 중단되는 일도 비일비재해졌다. 취재팀의 지적은 한마디로 R&D의 초점이 정권에 따라 바뀌었다는 것이었다. 미래형 자동차, 바이오 신약, 지능형 로봇 등 국가의 전략 과제가 5년 뒤 정권이 바뀌면서 무공해 에너지, 그린 카 등 22개의 과제로 바뀌었다는 것이다. 5년 뒤 정권이 다시 교체되면서 또 한 번 과제에 변화가 생겼다. 저탄소 녹색 성장을 염두에 둔 그린 카 연구 개발이 정부의 지원 목록에서 제외되고, 무인 항공기, 극한 환경용 해양 플랜트 사업이 새롭게 채택됐다.

그뿐 아니라 각종 연구 과제가 새롭게 첨부되면서 국가

R&D 사업 과제 수는 "1998년 1만 3,715개에서 2013년 5만 865개로 15년 만에 3.7배" 늘어났다. 그에 준해 "2006년도에 9조 원이었던 정부 R&D 예산이 꾸준히 증가해 2015년도에 이르러서는 18조 8,000억 원"으로 증액됐다. 끊임없이 증가된 과제 수에 따라 정부 지원 규모 수준의 상위 7개 연구 기관의 1인당 연구 과제 수는 평균 6건에 달했다. 특히 일부 연구 기관은 1인당 연구 과제 수가 30건이 넘기도 했다. 많은 과제를 동시에 진행한 결과는 특허의 질에서 드러났다. 즉 "미래창조부 산하 25개 출연 연구원 보유 특허의 활용률은 33.5퍼센트"에 그쳤다. 이는 미국의 무선 전화통신 연구 및 개발 기업인 퀄컴Qualcomm사가 갤럭시 스마트폰을 통해 우리나라 기업인 삼성에게서 받은 로열티 수익이 10조 원에 달하는 사실과 크게 대조된다.

취재팀은 정부 출연 연구소가 논문 발표 건수에 집착하면서 연구 과제를 따내고 논문을 작성하는 데만 능숙한 연구자들이 양산되는 사실을 이유로 들었다. 그 결과 많이 알려진 주제를 토대로 쉽게 연구하려는 경향이 강해졌고 한 논문을 2, 3개로 쪼개 쓰는 부작용까지 나타났다는 것이다. 아울러 "2012년 기준 국내 정부 출연 연구 기관의 R&D 생산성(투자비 대비 기술료 수입)은 2.89퍼센트로 미국(2010년 기준 10.73퍼센트)의 3분의 1 수준"에 그치는 사실도 언급됐다.

취재팀은 이어 정부 수행의 R&D 평가가 "요식 행위에 그치는" 문제를 지적했다. 예를 들면 "농림축산식품부는 2010년부터 3년간 실시한 468건의 연구 과제에 대해 대부분 '우수하다'고 평가"한 반면, "'미흡하다'는 평가는 한 건도 없었다."또한 "연구 과제가 현장에 적용되고 있는지 면밀히 검증하는 실용화 수준 평가를 실시하는 부처는 없었다."

이런 내용을 소개하는 것은 연구를 성공으로 이끌어주는 연구 관리가 결코 쉽지 않음을 말하고 싶어서다. 국가 차원에서 큰 규모로 진행되는 연구 개발의 경우 연구 관리는 더더욱 어렵다. 이는 우리나라에 국한되기보다는 전 세계적인 현상이다. 여기서 국가 차원에서 효율성이 높은 전문 연구 관리 시스템을 확보하는 것이 국가 경쟁력을 확보하는 핵심 비결임을 알 수 있다.

4차 산업혁명에 돌입한 현 시점에서 미래를 정확히 읽으며 기술 개발을 이끄는 능력은 기업의 존폐를 결정짓는 핵심 관건이 되고 있다. 마찬가지로 국가의 미래를 예리하게 관망해 기술 개발의 방향과 인프라를 구축하는 능력은 국가의 경쟁력과 판도를 결정짓는 핵심 요소라 할 것이다. 이런 점에서 기술 개발에 관한 객관적이고 전문적인 평가는 매우 중요하다. 실패를 문책하기 위해서가 아니라 실패의 원인을 신속히 파악해 성공으로 이끄는 비결을 찾기 위해서다.

기술 왕국 일본이 HDTV 사업에서 실패한 이유

아래에서는 이웃 일본이 성취한 과학기술의 발전과 과학 문화를 필자의 시각에서 간략히 알아보려 한다. 정치적·역사적 쟁점과는 거리를 두고 과학기술의 측면에서만 짚어볼 것이다. 우리나라의 과학도와 공학도들이 이웃 국가의 상대적 경쟁력을 편견 없이 있는 그대로 인식하기를 바라는 마음에서다.

일본 과학기술의 위상은 통산성Ministry of International Trade and Industry이 HDTV 사업을 추진하던 시점에서 정점에 이르렀다. HDTV 사업은 일본 가전산업 기술의 궁지였던 아날로그 기술을 바탕으로, 국가 차원에서 야심 차게 구상해 진행한 고화질 디스플레이 사업의 일환이었다. 따라서 과학기술 강국인 미국을 비롯해 선진국 모두의 관심과 이목을 집중시키기에 충분했다. 흥미로운 것은 2차 대전 직후 일본 과학기술의 대명사는 '모방'이었고 상품의 대명사는 저렴한 '짝퉁'이었다는 사실이다. 일본이 이런 한계를 극복하고 초일류 기술 강국이 되기까지 걸린 시간은 그리 길지 않았다.

일본은 선진 기술을 철저히 체계적으로 분석해 습득했고 선진국의 상품을 해체해 기술을 상세히 간파했다. 리버스 엔지니어링reverse engineering이란 새로운 용어가 등장할 만큼 선진 기술을 집약적으로 분석·습득하며 재빠르게 추격했다. 패전의 폐허에서 철강, 조선, 화공 분야를 비롯한 기존의 기반 산업을 신속하게 복원한 것은 물론, 적기 재고 시스템just in time assembly을 도입해 양산의 효율성을 높였다. 또한 무명의 챔피언인 중소기업들이 순조롭게 복원돼 요소 기술을 석권하는 등 국가 경쟁력 향상에 중추적 역할을 담당하기 시작했다.

한편 1950년 미국이 개발한 반도체 기술의 산업적 의의를 일찍이 간파해 이에 빠르게 편승하면서, 반도체 산업의 강국으로 비약했다. 특히 공정 기술을 체계적으로 습득해 개선함으로써 공정 왕국의 고지를 점할 수 있었다. 그 결과 일본은 세계 반도체 시장을 석권하면서 반도체 산업의 종주국인 미국마저 크게 긴장시켰다. 이를 주도한 유수 기업체가 바로 소니Sony사다. 가전제품의 대명사로 유명한 소니는 오사카대학에서 물리학을 전공한 아키오 모리타盛田昭夫가 1946년에 설립한 회사다. 소니를 비롯한 유수 기업체들이 힘을 합쳐 일본을 가전 왕국과 제조 왕국으로 이끈 것은 잘 알려진 사실이다.

그뿐 아니라 일본은 LCDliquid crystal display, 청색 LED 등 다양한 분야에서 핵심 원천 기술을 창출하며 짝퉁이란·오명을 극복했다. 아울러 선진국들이 선망하는 기술 강국의 위치를 확보하면서 제2 경제 대국으로 급부상하기에 이르렀다. 1970년대와 1980년대에는 일본의 시대가 다가올 것으로 전망될 만큼 그 위상이 확고해졌다. 흥미롭게도 일본이 노벨상 고갈증을 겪은 것 역시 바로 그 시기였다.

하지만 HDTV 개발 사업은 성공하지 못한 채 가전산업의 뒤안길로 사라졌다. 통산성을 중심으로 일본의 막강한 국가적 지원과 저변 기술에 기반해 추진된 사업이었던 만큼 전혀 예상하지 못한 실패였다. 그 원인은 디지털 기술의 빠른 약진에서 찾아볼 수 있다. 디지털 기술이 아날로그 기술에 비해 고화질 상을 저렴하고 안전하게 구현할 수 있기 때문이다. 이는 기술의 상대적 장단점이 산업의 발전은 물론 국가 경쟁력과 위상을 결정짓는 핵심 관건임을 말해준다.

디지털 기술의 산업적 의의는 부연할 필요가 없다. 그 파급 효과는 현재 일상생활의 저변에 널리 퍼져 있다. 디지털 기술 개발을 선도한 미국은 초일류 기술 강국의 입지를 한층 공고화하는 한편, 디지털혁명으로 촉발된 4차 산업혁명을 이끌고 있다. 다행히 우리나라도 디지털혁명에 신속하게 동참한 결과 선진국 반열에 보다 가까이 다가설 수 있게 됐다.

최첨단 로봇 기술을 석권한 일본의 저력

미국이나 우리나라와 달리 일본은 디지털 기술에 신속히 동참하지 못했다. 최신예 아날로그 기술의 관성에서 벗어나 디지털 기술을 최첨단 수준으로 발전시키는 데 시간이 필요했기 때문으로 보인다. 이로 인해 일본은 기술의 침체기를 잠시 겪었으나 지금은 극복해가는 과정에 있다. 재도약을 위한 기술 인프라를 견고히 구축·추진해가고 있다는 뜻이다. 최첨단 로봇 기술을 확보한 것이 대표적인 예다. 일본은 이미 세계적 차원에서 로봇 산업을 주도하고 있다.

로봇 기술의 산업적·군사적 의의는 매우 크다. 4차 산업혁명의 핵을 이루는 스마트 제조 시스템의 주역이 스마트 로봇인 것은 널리 알려진 사실이다. 일례로 한 회사는 무인 로봇 농장을 운용하며 그 효능을 점검하고 있다. 농장 로봇이 씨를 심거나 물과 거름을 주는 것은 물론 채소를 다듬을 수도 있다고 한다. 여기에 센서 기술을 융합할 경우, 자동화된 농업은 스마트 농업으로 진화·발전해 보다 높은 생산성을 가져올 것으로 예상된다. 스마트 농업의 중심에는 센서 기술이 놓여 있다. 센서를 토대로 채소의 성장 과정을 면밀히 관측·검증해 필요 데이터를 축적할 수 있기 때문이다. 축적된 데이터를 기반으로 작물의 성장을 촉진하는 방안을 강구해볼 수도 있다. 로봇 기술의 도입이 노동력과 에너지 사용량을 줄이는 것은 물론 생산성을 제고할 수도 있다는 뜻이다.

농업용 로봇뿐만이 아니다. 일본은 현재 지능형 로봇과 감성 지능형 로봇, 나아가 전쟁용 로봇 분야에서도 최첨단 기술력을 갖춘 상태다. 특히 전쟁에 가담하는 로봇의 중요성은 상식에 속한다. 일본은 로봇 기술의 의의를 일찍이 간파해 오랫동안 꾸준히 기술 개발에 집중한 덕분에 첨단 로봇 기술을 선점할 수 있었다. 일본 엘리트들의 집단적 혜안과 연구 능력이 잘 드러나는 대목이다. 일본이 최첨단 로켓 발사 기술을 확보했다는 사실 또한 주목을 요한다. 앞으로 국가 간 분쟁이 별들 간 분쟁으로 확대될 것임을 고려하면 로켓 발사 기술의 의의는 자명해진다. 더불어 대기권 밖으로 진출하는 사업에도 일본은 이미 견고한 기술적 초석을 다져놓은 상태다.

핵무기 역시 국가 간 분쟁에 빠질 수 없는 핵심 요소다. 현재 일본은 핵무기를 갖고 있지는 않지만, 필요시 단기간에 보유할 수 있는 능력이 있다는 것은 잘 알려진 비밀에 속한다. 구체적으로 살펴보면 농축 우라늄, 포탄의 운반 수단 등 핵무기의 핵심 요소 기술을 이미 보유했고 시뮬레이션을 통해 핵탄두의 성능마저 파악해놓은 상태다. 핵탄두 6,000개를 만들 수 있는 분량인 47톤의 플루토늄plutonium도 축적해놨다.

현재 최첨단 무기의 화두는 레이더에 포착되지 않는 스텔스stealth 기술이다. 최근 일본은 스텔스 기술을 확보함으로써 국가 안보를 지킬 수 있는 강력한 수단을 갖게 됐다. 방위산업 분야의 수출 규모도 크게 확장할 수 있게 된 것은 물론이다. 스텔스 기술의 기반이 일본이 전통적으로 강한 소재 기술이라는 점에서 일본이 개발한 스텔스 기술의 성능이 얼마나 뛰어난지는 어렵지 않게 가늠할 수 있다.

일본은 이처럼 전통적으로 강한 제조 산업에 최첨단 로봇 기술을 도입함으로써, 자신의 강점을 한층 견고히 다질 수 있는 인프라를 구축했다. 동시에 내부적으로는 힘을 기르며 국가 안보 문제를 조용히 하지만 끊임없이 챙겨 나가고 있다. 이는 일본이 시대적 추세를 정확히 읽어내고 그에 준하는 전략적 결정을 내리고 있음을 말해준다. 특히 돋보이는 것은 미래 지향적 기술을 간파하는 일본 엘리트들의 집단적 혜안과 전략적 판단 능력이다. 기술 개발을 집단적 안목을 통해 합리적으로 판단해 결정하고 유종의 미를 거두는 능력을 바탕으로, 일본은 전략적인 핵심 기술을 이미 다수 보유하는 방향으로 나아가고 있다.

일단 기술 개발 과제가 선정되면 이를 실제 산업으로 연결하기 위해 실패의 관문을 수없이 넘어야 한다. 즉 꾸준히 노력하며 실패의 사이클을 정복해가야 한다. 그러므로 우리나라처럼 정권이 바뀔 때마다 국가의 연구 개발 과제들이 변경될 경우, 기대한 성과를 거둘 가능성은 높지 않다고 볼 수 있다. 이런 맥락에서 얼마 전 발표된 먹거리 기술에 관한 국가별 통계 지수는 큰 의미를 지닌다. 먹거리 기술의 창출이 국가가 주도하는 연구 개발 사업의 궁극적 목표이기 때문이다. 먹거리 기술 수는 미래 기술을 발굴하는 국가 차원의 안목과 연구 관리 시스템의 성숙도를 반영한다.

발표에 의하면 2017년 기준으로 미국이 98개의 기술로 단연 최상의 위치를 차지하고 있다. 뒤이어 일본과 유럽연합이 16개의 기술을 보유해 함께 2위에 올라 있다. 유럽연합이 과학 선진국이 다수 포함된 종합체임을 감안하면 일본의 저력을 인정하지 않을 수 없다. 반면 우리나라는 아직 한 개의 먹거리 기술도 확보하지 못한 상태다. 이는 우리나라와 일본 사이에 존재하는 국가 연구 관리 시스템의 질적 차이를 보여준다.

지방대학 학사 출신 연구원이 노벨상을 받을 수 있었던 이유

현재 일본 과학계의 노벨상 고갈증은 어느 정도 해소된 상태다. 2016년 기준으로 일본은 총 25여 명에 달하는 수상자를 배출했다. 이 가운데 22명이 자연과학 분야 출신들이다. 21세기 들어서는 자연과학 분야의 수상자를 16명이나 냄으로써, 같은 기간 55명의 수상자를 낸 미국에 이어 2위를 차지했다. 그 결과 일본은 미국, 영국, 독일 등과 함께 노벨상 강국으로 거듭날 수 있었다. 노벨상 수상이 한 나라의 과학기술 경쟁력을 총체적으로 나타낸다고 보기는 어렵지만, 전반적인 과학기술 수준을 반영하는 척도인 것은 부인할 수 없다. 더욱이 노벨상 수상의 이유가 유용한 결과를 창출한데 있을 경우 그 진가는 한층 돋보인다. 이런 맥락에서 일본의 노벨상 수상 현황을 통해 일본의 과학 문화를 좀 더 자세히 점검해보려 한다.

먼저 노벨상 수상자를 배출한 대학 명단이 일본 굴지의 대학인 도쿄대학과 교토대학에 국한되지 않는 점이 눈에 띈다. 나고야대학, 도호쿠대학, 홋카이도대학, 도쿠시마대학 등 다수의 지방대학이 명단에 포함돼 있다. 노벨상 수상자의 85퍼센트가 국내 박사라는 사실도 눈길을 끈다. 흥미로운 것은 지방대학에서 학사 학위를 받은 공학자도 있다는 사실이다. 2002년 노벨 화학상 수상자였던 전기공학자 다나카 고이치田中耕一는 교수도 박사도 아니었다. 도호쿠대학에서 공학 학사 학위를 받은 뒤 중견 기업에 입사해 근무하던 43세의 주임 연구원에 불과했다. 전기공학 학사 과정을 밟는 동안 독일어 성적이 부진해 1년 동안 유급되기도 했다. 이는 그가 수업과 시험에 힘겨워한 평범한 학생이었음을 말해준다. 동시에 비중이 상대적으로 작은 제2 외국어에서 낙제할 경우에도 가차 없이 유급시키는 대학의 투명한 학사 운영 제도를 엿볼 수 있다.

대학을 졸업한 다나카는 소니에 지원했지만 면접시험에서 낙방하는 수모를 겪는다. 여기서 얼굴 없는 공학도 다나카를 만나볼 수 있다. 그는 스승의 추천으로 교토 소재 시마즈제작소島津製作所에 취직했다. 시마즈는 발명왕 시마즈 겐조島津源蔵가 36세의 젊은 나이로 1875년 교토에서 측정 기구 제조 회사로 설립한 중견 기업이다. 일본 최초로 X-선 촬영에 성공했고 전자현미경을 상품화한 회사로 알려져 있다. 시마즈는 장기적인 기초 연구에 상당한 연구비를 할당할 만큼 기술 집약적인 회사로 유명하다. 150여 년 전에 측정 기술을 기반으로 설립된 회사가 한 세기가 훨씬 넘게 중견 기업으로 건재해온 사실은 중요한 의미를 지닌다. 일본 과학기술의 저변과 과학 문화와 전통을 가늠해볼 수 있다는 점에서 그렇다.

다나카는 1984년 바이오 고분자 질량 분석 장비 개발팀에 배정됐다. 연구팀은 질량 분석기를 단계별로 구분해 개발하는 전략을 세웠다. 전략은 3단계로 요약된다. 먼저 레이저 빔을 이용해 측정 분자들을 이온화해 진공으로 방출하는 것이 첫 번째 단계다. 방출된 분자 이온에 전압을 인가해 인력을 부과하는 것이 두 번째 단계다. 끝으로 방출된 분자들이 인력에 의해 주어진 거리를 비행하는 데 걸리는 시간을 측정해 고분자의 질량을 추출하는 것이 최종 단계다. 두 번째와 최종 단계는 기존 물리학 기술로도 소화할 수 있었다. 개발의 핵심은 첫 번째 단계에 있었다. 다나카는 이 첫 번째 단계에 배정됐다. 시료 준비 작업은 화학 분야에 속했지만, 전기공학을 전공한 그는 필요한 지식을 스스로 터득해가며 주어진 과제에 몰두했다.

레이저 이온화 방법에는 근본적인 취약점이 있었다. 레이저가 측정 대상인 고분자에 흡수될 경우, 고분자가 여러 개의 작은 파편으로 분리·분산돼 구조 자체가 붕괴된다는 점이었다. 이를 극복하기 위해 제안된 방안이 완충제 도입이었다. 즉 완충제가 레이저를 대신 흡수해 자신을 열화한 뒤, 열화된 에너지로 인근에 위치한 고분자를 그 구조가 그대로 보존된 채로 이온화하는 방안이었다. 이는 MALDIMatrix-Assisted Laser Desorption Ionization 방법으로 불렸다. 한마디로 고분자를 구조가 보존된 채로 이온화하는 완충제를 발견하는 것이 MALDI 방법의 핵심 관건이었다. 다나카는 가능한 모든 완충제 재료들을 체계적으로 조제해 그 효과를 검증하는 실험을 거듭했지만, 좀처럼 원하는 완충제를 발견할 수 없었다.

실수를 행운의 과오로 전환한 다나카의 슬기

어느 날 다나카는 코발트에 아세톤을 혼합한 완충제를 조제하는 과정에서 아세톤 대신 글리세린을 사용하는 실수를 했다. 시료가 잘못 조제되면 이를 버리고 새 시료를 다시 제작하는 것이 상식이다. 반대로 그는 잘못 조제된 완충제의 효과를 조사하는 작업을 계속 진행함으로써 실수를 '행운의 과오'로 전환하는 계기를 마련했다. 또한 그로부터 발생하는 신호를 잡음으로 방치하기보다는 주의 깊게 관찰하고 해석하기를 거듭했다. 그 결과 오랫동안 찾고자 애를 써온 완충제를 발견함으로써 고분자 질량 측정기의 핵심 기술을 획득할 수 있었다. 실수를 슬기롭게 관리해 성공의 관문을 연 훌륭한 사례다.

이렇게 터득한 기반 기술을 바탕으로 다나카는 동료들과 함께 고분자 질량 측정기를 제작해 그 작동 성능을 향상하고자 노력했다. 또한 사용자들에게 필요한 기반 지식을 직접 전수한 것은 물론 연계된 산학 연구 과제를 창출해 공동 연구를 수행했다. 이 모두 제작된 질량 측정기의 활용도를 높이기 위한 노력의 일환이었다. 그는 새로운 기술의 터득에 그치지 않고 이를 상품화하고 활용도를 높이는 데 노력을 아끼지 않았다. 그뿐 아니라 현장 엔지니어의 직분에 전념하고자, 연구 관리인으로 승진할 수 있는 길을 단념하고 주임 연구원 생활로 일관했다. 이런 소박한 삶의 태도에서 일본의 장인 정신을 엿볼 수 있다. 다나카가 보여준 장인 정신은 무명의 챔피언인 중소기업을 견고히 이끄는 동력이자 국가 경제력의 버팀목이 돼줬다.

고분자 질량 측정기는 단백질을 비롯한 고분자 연구에 필수적인 장비다. 그 유용성은 X-선 촬영 기기, 전자현미경, 주사 터널링 현미경STM에 비견된다. 따라서 생명과학의 '새로운 눈'을 제시한 전기공학자 다나카가 노벨 화학상을 받은 것은 지극히 당연한 일이다. 그의 연구는 산업 현장에서 구체적인 필요성에 의해 추진된 기술 개발이 기초과학 발전에 크게 기여한 모범적인 사례다. 아울러 노벨상 수상이 연구의 궁극적 목적이기보다는 유용한 결과의 창출에 자연스럽게 수반되는 것임을 보여준다. 이처럼 전기공학자가 생명과학 발전에 핵심 도구를 제공한 사실에서, 과학과 기술이 빠르게 '융복합 기술'로 거듭나고 있음을 확인할 수 있다.

빅뱅이론은 대학 연구실이 아닌
산업체 연구소에서 실증됐다?

영국의 철학자 베이컨F. Bacon은 대학에서 행해지는 기초 연구가 응용과학으로 이어지고 새로운 산업 기술로 자연스럽게 연결될 때, 경제가 성장할 수 있다고 했다. 베이컨의 이런 일차원적 과학관은 많은 과학자들이 공감하는 전통적인 기초과학관이다. 다나카의 업적은 베이컨의 일차원적 연결 고리가 역으로 이어질 수 있음을 증명했다. 비슷한 사례로 IBM사에서 STM을 고안해 노벨 물리학상을 받은 비닝E. Binning과 로러H. Rohrer의 업적을 들 수 있다. 산업 기술의 활기찬 발전이 역으로 기초과학의 지평을 넓히는 데 크게 기여할 수 있음을 보여준 사례다.

또 다른 사례로 미국 산업 연구소의 긍지였던 벨연구소

Bell Laboratoris의 펜지어스A. Penzias와 윌슨W. Wilson의 업적을 들 수 있다. 이들은 우주 공간의 배경을 이루는 고주파수 발광 Cosmic Microwave Background Radiation을 검출함으로써, 우주론의 원초적 이론인 '빅뱅이론'을 실증해냈다. 이들은 우주의 기원에 관한 심오한 기초 이론을 확립한 업적으로 1978년에 노벨 물리학상을 받았다.

한편 같은 연구소의 쇼클리는 트랜지스터를 발명함으로써 IT 혁명을 촉발하는 동시에 4차 산업혁명의 모체 기술을 제시했다. 여기서 원천적 기초 연구가 구체적 필요성에 초점을 맞춘 산업체 연구소에서도 활발하고 생동감 있게 행해질 수 있음을 알 수 있다. 과학사 전반에 걸쳐 기초과학의 이정표적 발전이 산업체 연구소에서 다수 이뤄져온 사실도 확인할 수 있다. 이에 대해서는 뒤에서 자세히 살펴볼 것이다.

결론적으로 다나카의 노벨상 수상은 직무에 충실히 임하는 무명의 과학자와 엔지니어들에게 용기를 불러일으키기에 충분하다. 학력의 우열이나 게재 논문 수가 지식의 유일한 잣대가 될 수 없다는 사실도 말해준다. 평이한 교육과 평범한 능력이 혼신의 노력과 융합돼 구체적인 문제점을 해결할 때 과학 발전에 크게 기여할 수 있다는 뜻이다.

기술 복사국에서 기술 창출국으로 도약한 일본

흥미로운 것은 다나카가 질량 분석기 개발에 기울인 노력에 대한 시마즈의 보상이 10만 원 정도의 포상금에 그쳤다는 사실이다. 그의 업적은 국내에서 인정받아 국외로 파급된 것이 아니라 정반대의 과정을 거쳤다. 기술 강국인 일본에서도 '기술 봉급자'가 받는 대우와 보상이 상대적으로 높지 않음을 알 수 있는 대목이다. 그럼에도 불구하고 작은 규모의 중견 기업에서 원천 기술이 개발됐다는 사실은 작지 않은 의의를 지닌다. 시간에 쫓기는 회사의 각박한 환경 속에서도, 문제의 해결책을 지속적으로 강구해볼 수 있는 분위기와 인프라가 조성돼 있다는 점이 그것이다. 여기서 일본 과학의 전통, 저변과 성숙도를 가늠해볼 수 있다.

사회 저변에 깊이 뿌리내린 과학 문화와 연구 풍토는 일본을 '기술 복사국'에서 '기술 창출국'으로 전환하는 동력으로 작용했다. 이는 원천 기술을 산업 현장에서 개발할 수 있는 인프라를 갖추는 것이 막중함을 말해준다. 그런 인프라야말로 4차 산업혁명의 문턱에 들어선 현 시점에서 국가 경쟁력을 강화하는 핵심 관건이 될 수 있다. 이를 고려할 때 일본의 경쟁력은 아주 막강하다고 할 수 있다. 시마즈 같은 중견 회사는 물론 세계 유수의 대기업들이 포진돼 기술 입국의 버팀목을 이루고 있기 때문이다.

다나카가 노벨 화학상을 받던 해 고시바 마사토시小柴昌俊 도쿄대학 교수는 노벨 물리학상을 받았다. 그의 연구에는 하마마쓰가 제작한 광전자 증배관이 핵심적으로 작용했다. 강소 기업들이 핵심 부품 기술을 석권하고 있는 일본 산업계의 생동하는 일면을 엿볼 수 있는 대목이다. 세계 유수의 기술 집약적 산업체를 정예 교육을 받은 공학도나 과학도들이 직접 창업한 사실 또한 일본 과학기술의 강점이다. 도쿄대학 기계공학과 출신인 토요타豊田 형제가 토요타자동차 회사를 설립해 세계의 고속도로를 활보하고 있는 것은 잘 알려진 사실이다. 오사카대학 물리학부를 졸업한 아키오 모리타가 소니를 창업해 일본을 가전 왕국으로 끌어올리는 데 크게 기여한 것 역시 언급할 가치가 있다.

1990년대는 일본의 '잃어버린 10년'이었다. 주력 산업이던 반도체 산업과 일부 가전산업에서도 일본 기업체는 더 이상 선두 주자가 되지 못했다. 특히 도시바, 히타치, NEC 등 반도체 산업의 대명사 격이었던 유수 기업체의 활약이 축소됐다. 심지어 일부 반도체 기업은 외국 기업체에 흡수되기까지 했다. 이런 암울한 상황에서 중소기업들이 버팀목 역할을 해준 덕분에 일본은 점차 침체에서 벗어나고 있다. 아울러 기술 개발 활동을 재정비함으로써 새롭게 등장하는 4차 산업혁명에 첨단 기술을 기반으로 적극 동참하고 있다.

비교해보면 우리나라는 1960년대 초반을 기점으로 본격 가동된 산업화 작업이 경이적인 성공을 거뒀다. 소수이긴 하나 반도체, 가전, 건축 등의 분야에서 세계 유수의 기업체들이 생겨나면서 기술 입국의 터전이 구축됐다. 따라서 우리나라가 기술 강국의 반열에 진입하는 것은 시간문제일 뿐이라고 생각할 수도 있겠다. 기술 강국이 되기 위해서는 우리나라의 과학 문화를 시대정신에 맞춰 정립할 필요가 있다. 과학 교육의 측면에서 기초과학 지식을 심도 있게 터득해 실용으로 이끄는 창의적 발상 능력을 지닌 과학과 공학 엘리트들을 집중 육성하는 일이 요구된다.

진정한 스펙은 과학기술 콘텐츠를 간파·활용하는 능력
원론적 견해는 누구나 쉽게 내놓을 수 있다. 관건은 그것을 구현할 수 있는 구체적 방안이다. 필자는 추상적이고 자명한 의견을 개진하기보다는 구체적인 관련 사례를 살펴보는 것이 더 효과적이라고 믿는다. 이를 통해 젊은 과학도와 공학도들이 스스로 방안을 모색하는 기회가 마련될 수 있기 때문이다

전통적으로 기초과학은 순수 학문적 호기심이 이끄는 대로 '묻지마 연구'를 진행하며 새로운 지식을 창출하는 데 초점을 맞춰왔다. 하지만 최근 들어 첨단 지식과 직결된 산업이 산업계 전반에 급격히 팽배해지면서 국가 차원에서 과학기술 경쟁이 고조·심화되고 있다. 전통적 기초과학관을 보완할 필요성 또한 빠르게 확산되고 있다. 보완 내용의 핵심은 바로 '실용'과 '활용'이다. 실용에 초점을 맞춰 기초 연구 과제를 선정하고 연구에 임해야 한다는 것이다. 나아가 도출된 결과를 논문으로 발표하는 데 그치기보다는 실제로 사용되는 산업 기술로 이어줘야 한다. 이런 새로운 연구 문화를 기초과학의 요람인 케임브리지대학에서 솔선수범해 적극 실행에 옮기고 있음은 이미 알아본 바 있다.

중요한 것은 실용 위주의 연구가 기초과학의 발전을 저해하지 않는다는 사실이다. 반대로 실용 위주의 연구를 통해 기초과학의 발전이 적극 선도되고 그 지평 또한 넓어질 수 있다. 일본 과학계의 강점은 과학의 성숙도 즉 기초와 응용의 균형을 맞추는 데 있다. 일본 과학계는 시대적 요구를 민감하게 반영해 연구의 향배를 과학기술 전문인들의 집단적 견해를 모아 신중히 선정하는 특징이 있다. 이를 바탕으로 선정된 목표를 꾸준한 노력을 통해 달성함으로써 미래 먹거

리 기술을 만들어내는 데도 앞장서고 있다.

　이런 일본의 강점은 우리나라의 미래를 이끌 과학과 공학의 엘리트들이 염두에 둬야 할 사항이다. 즉 순수 학문적 기초과학관에 새롭게 도입되고 있는 보완 내용을 민감하게 인식하는 동시에, 그에 걸맞은 과학 문화를 간파해 구축하는 작업에 적극 동참해야 한다. 이를 위해 맨 먼저 할 일은 바로 학업에 임하는 자세에 혁신을 가하는 것이다. 취업에 필수적인 스펙을 충족하는 것을 넘어, 전 생애 동안 요구되는 근본적인 스펙을 충족하는 일에 관심을 가져야 한다.

　근본적인 스펙이란 급격히 발전·진화하는 과학기술의 콘텐츠를 스스로 간파하고 습득하며 활용할 수 있는 능력을 키워내는 것을 말한다. 드러커가 강조했듯 전 생애 동안 스스로 자습할 수 있는 능력을 키워 갖추는 것이 필요하다. 사실 턱없이 좁은 취업의 관문을 통과하기에도 벅찬 것이 우리나라 취준생들의 현실이다. 취업에 성공한다 해도 현재를 넘어 미래를 전망할 수 있는 심적 여유를 갖기가 쉽지 않다. 그럼에도 불구하고 지금이 과학도와 공학도들이 엘리트 중의 엘리트로 거듭날 수 있는 절호의 시점이라는 점 역시 부인할 수 없는 사실이다.

　현재 과학기술의 비중은 여느 역사적 시기보다도 크다고 할 수 있다. 국제적 경쟁력을 지닌 과학도와 공학도들이 국가의 엘리트 중의 엘리트라는 자부심을 가져야 하는 이유다. 물론 진정한 자부심에는 무거운 책임이 따르게 마련이다. 이 시점에서 구한말 위정자와 엘리트들의 실패를 반면교사로 삼을 필요가 있다. 선진 열강과 이웃 국가들이 추진하고 있는 새로운 기술의 발전 현황과 추세를 정확히 파악하는 것도 중요하다. 무엇보다도 기술의 측면에서 이웃 국가들과 비교해 우리나라의 경쟁력을 객관적으로 파악해야 한다. 앞서 말했듯 우리나라와 이웃나라 사이에 존재하는 과학기술의 격차에는 기술직을 천시하고 과거 시험에만 집착한 구한말 엘리트들의 관료 편향적 안목이 깔려 있었다. 이웃 일본이 활기차게 개발하고 있던 과학기술에 대한 정보를 간과한 우매함도 빼놓을 수 없다.

한강의 기적을 이뤄낸 지금도 역사 바로 세우기는 결코 쉽지 않은 일이다. 과학기술의 견실한 전통을 오랫동안 보유해왔을 뿐만 아니라 기술 강국으로서 막강한 경제력과 경쟁력을 지닌 일본이 우리 이웃인 까닭이다. 더욱이 우리나라는 제2의 경제 대국으로 급부상하며 기술 굴기를 이뤄내고 있는 중국과도 지리상으로 근접해 있다. 이런 점에서 우리가 직면한 기술 경쟁의 상황은 각박하다고 볼 수 있다. 국가 간 기술 개발 경쟁을 치열하게 촉발하는 4차 산업혁명의 초기에 처해 있는 현 상황은 각박함을 보다 심화하고 있다. 새로운 기술로 새로운 산업을 창출하는 능력이 여느 때보다 중요해지는 이유다.

중국, 기술 굴기로 창업 입국을 지향하다

위의 내용을 염두에 두고 경제 강국으로 거듭나고 있는 이웃 중국의 역동적인 발전 현황에 주목해보려 한다. 우선 살펴볼 것은 중국이 지닌 규모의 강점이다. 연구 재정의 규모, 연구 인력의 규모, 창업된 벤처기업 수 등이 눈길을 끈다. 이 가운데 중국의 핵심 자산은 거대 인력 풀이다. 베이징대학이나 칭화대학이 육성하는 정예 인력은 물론 전국적으로 산재한 대학에서 배출된 4,000만 명이 넘는 이공 계열의 인력 풀은 주목을 요한다.

거대 규모의 인력 풀이 지니는 의의는 자명하다. 과학과 공학의 정예 인력이 국가 경쟁력의 궁극적 보루임을 고려하면 더더욱 그렇다. 특히 200만 명에 이르는 연구 인력은 중국이 4차 산업혁명을 주도할 수 있는 가능성을 충분히 예상케 한다. 해외의 유수 대학에 유학해 최첨단 과학기술을 연마하는 정예 인력들을 감안하면 그 가능성은 보다 커질 수 있다. 특히 중국의 과학도와 공학도들이 보이는 창업 열기는 주목할 가치가 있다. 그들이 지닌 '중국몽China dream'은 다름 아닌 창업에 초점이 맞춰져 있다. 2015년 상반기를 기준으로 창업된 기업체 수는 무려 200만 개에 이른다. 그뿐 아니라 기존 기업체에서 근무하던 엔지니어가 삶의 새로운 진로를 찾아 회사를 사직하고 창업에 임하는 경우가 적지 않다는 사실에서, 중국 꿈의 열기를 확인할 수 있다.

기술 굴기를 표방하는 중국 정부의 정책 또한 주목 대상이다. 청일전쟁에서 일본에게 완패한 중국은 2차 대전이 종료된 뒤 과학기술 진흥 정책을 끊임없이 시행해왔다. 기업가 소질을 겸한 인물들을 발굴해 격려하는 친기업 정책 또한 계속 추진해오고 있다. 이들이 성공적인 창업 활동을 전개할 수 있도록 규제를 혁신적으로 줄이고 친창업 환경을 조성하는 것이 국가 정책의 핵심이다.

중국 정부는 창업 열기로 충만한 과학과 공학 인재들과

합작해 이미 가시적 업적을 달성하고 있다. 2016년을 기준으로 전 세계 500개 거대 기업을 소개하는 포춘Fortune 500 기업 명단에 이미 110개의 기업을 올려놓은 상태다. 같은 시기 미국의 134개 기업 수에 견줘 손색이 없는 수준이다. 비교해보면 20년 전인 1996년에는 중국의 포춘 500 기업체 수가 3개에 불과한 반면, 미국의 기업체 수는 무려 164개에 달했다. 중국이 얼마나 빠른 추격 속도를 보여주고 있는지 알 수 있는 대목이다.

그뿐 아니라 최근 창업된 기업체들 가운데 연간 1조 원 이상의 매출을 올리는 중국의 기업체 수는 무려 79개에 이른다. 이 역시 미국의 96개에 비견되는 수치로 중국이 경제 대국을 향해 추격해가는 속도를 짐작하고도 남는다. 중국에서 활발하게 진행되고 있는 창업 활동은 최근 아시아의 실리콘 밸리로 떠오른 선전深圳시의 활기찬 발전상에서 잘 드러난다. 선전시는 중국 동남부 광둥성 중남부에 있는 도시로 중국판 실리콘 밸리라 할 수 있다. 중국의 젊은 과학도와 공학도들이 창업의 꿈을 품고 대거 몰려드는 도시인 까닭이다.

선전시에서 창업된 기업체들은 IT, 휴대용 화면, 항공, 우주, 유전자 분석 등 4차 산업혁명의 핵심 영역으로 등장한 기술 분야에 초점을 맞추고 있다. 이를 통해 4차 산업혁명을 활기차게 선도해가고 있다. 선전시에 자리한 2,000여 개의 민간 벤처 자본 회사들은 중국에서 진행되는 창업 활동의 성숙도를 여실히 보여준다. 관치와 무관하게 민간 기업체가 제공하는 벤처 자본이야말로 진정한 의미에서 창업 활동의 동력과 건전한 창업의 인프라다. 외지에서 선전시로 몰려든 기업인들의 활약상 또한 주목 대상이다. 이들은 정부의 영향력을 상대적으로 축소해 선전시의 활기찬 산업 환경을 조성하는 데 크게 이바지하고 있다. 이처럼 관치와 무관하게 민초들이 자신들의 기술과 능력을 자유롭게 활용할 수 있는 환경이 조성돼 있다는 사실에서, 중국에서의 창업 활동의 성숙도를 짐작할 수 있다.

1999년 마윈馬雲은 알리바바Alibaba를 창업해 전자 상거래 분야에서 세계적 거성으로 떠올랐다. 이후 마윈에 필적하는 창업의 엘리트들이 연이어 등장하는 사실은 선전시의 활발한 창업 문화를 증명해준다. 2006년에 창업된 DJI사가 대표적인 예다. DJI는 세간의 화두인 드럼 기술을 기반으로 창업된 벤처기업으로 홍콩과학기술대학에서 전자공학을 전공한 왕타오가 26세의 나이에 창업했다. 초창기에는 동업자들 다수가 회사를 떠나는 어려움을 겪었지만, 곧 '죽음의 계곡 Valley of Death'(벤처기업이 창업 후 사업화 단계에서 어려움을 겪는 시기를 가리킴. 많은 벤처기업이 이 시기를 넘기지 못하고 실패한다고 해서 데스밸리에 빗대어 표현)을 새로운 기술 개발로 통과할 수 있었다. 기술의 핵심은 자율 비행에 필수적인 비행 제어 장치, 그리고 흔들리는 비행 환경 속에서 카메라를 일정한 기울기로 유지하는 제어 기술이다.

새로운 기술 개발에 승부를 건 결과 DJI는 2011년 420만 달러의 매출을 올렸다. 3년 뒤인 2014년에는 5억 달러로 매출이 14배나 증가했고 다시 2년 뒤인 2016년에는 10억 달러를 넘어섰다. DJI의 기하급수적인 성장은 성공리에 안착한 벤처기업의 전형적 성공담에 속한다. 지금도 DJI는 6,000

명의 사내 직원 중 2,000명이 R&D에 종사하고 있을 만큼 새로운 기술 개발에 승부를 걸고 있다. 창업주 자신도 경영만 하기보다는 직접 기술 개발에 몰두하는 것이 DJI의 두드러진 특징이다. 경영과 기술 개발을 겸하는 선진 경영 문화가 선전시에도 빠르게 스며들고 있음을 보여주는 대목이다.

또한 이미 성장한 기업체들이 새로운 기술을 개발한 벤처 기업체를 인수·합병하는 풍조가 널리 퍼져 있다. 실리콘 밸리의 창업 풍토를 방불케 하는 수준이다. 빠르게 성장하며 윈윈 전략을 함께 구사하는 선진 창업 문화가 빠르게 조성되는 점도 선전시의 또 다른 중요한 특징이다. 중국의 과학과 공학 엘리트들은 이처럼 정부의 친기업 과학 정책과 조화를 이루면서 4차 산업혁명에 승부를 걸고 활기차게 도전을 이어가고 있다.

과학과 공학의 참된 엘리트 육성이 우리에게 시급한 이유

막강한 제2 경제 대국과 제3 경제 대국을 이웃으로 둔 우리나라는 피할 수 없는 벅찬 도전에 직면해 있다. 견실한 과학 문화의 전통을 이미 구축해놓은 일본과 거세게 창업 입국을 지향하는 중국에 맞서 도전해야 하는 위치에 놓여 있다. 하지만 우리나라의 기술적 자산도 무시할 수 없는 수준임은 분명하다. 지난 반세기 동안 축적해온 최첨단 기술들과 이를 운용하며 쌓아온 지적 자산과 경험을 결코 간과해선 안 된다. 특히 반도체 산업과 가전산업에서 전 세계적으로 정점의 위치를 점하며 축적한 지적 자산은 우리나라의 지적 자신감이자 긍지다.

이런 강점이 기업체들 스스로 이뤄낸 업적임을 감안하면 그 의의는 한층 돋보인다. 현재 우리나라가 지닌 최첨단 반도체 공정 기술은 양자역학, 나노기술, 생명과학과 유기적으로 얽히며 4차 산업혁명의 핵심 기반 기술로 이어질 가능성이 크다. 2차 전지, 친환경 자동차 등 핵심 기술 분야에서도 인프라를 갖춰가는 상황이다. IT 인프라가 잘 구축된 점도 빼놓을 수 없다. 4차 산업혁명의 핵심인 5세대5G 이동통신 시스템이 머지않아 세계 최초로 상용화될 것으로 전망된다. 5세대 통신은 최대 전송 속도 20Gbps, 전송 지연 1ms, km 면적당 100개의 최대 연결 기기를 수용해야 하는 첨단 통신 기술이다. 따라서 사물 인터넷 운용은 물론 승용차의 자율 주행이나 가상현실을 구현하는 데 필수적인 인프라로 볼 수 있다.

우리나라는 치열한 기술 경쟁에 적극 대처할 수 있는 저력을 이미 갖췄거나 갖춰가는 과정에 있다. 물론 넘어야 할 장벽들이 없진 않다. 무엇보다도 시대적 책무에 직면해 실천에 옮길 수 있는 과학과 공학 분야의 참된 엘리트를 체계적으로 키워내는 일이 시급하다. 참된 엘리트의 근본은 빠르게 진화·발전하는 과학기술 콘텐츠를 스스로 습득할 수 있는 저력을 갖추는 데 있다. 과학과 공학의 경계를 넘나들 수 있는 능력을 갖추는 것도 중요하다.

그뿐 아니라 양질의 논문을 발표하고 참신한 특허를 창출해 국가의 위상을 높일 필요가 있다. 논문 발표와 특허 창출은 이미 전 세계적으로 널리 시행되고 있는 보편적 관행이다. 한마디로 가시적 업적을 만들어내는 능력을 갖추는 것이 참된 엘리트의 기본 자질이다. 가시적 업적의 핵심은 과학 지식을 창업에 직결해 일자리를 창출하고 더불어 사는 삶을 선도함으로써, 국가 경제력과 경쟁력을 구체적으로 키워내는 데 있다.

현 시점은 기초과학과 산업 활동이 유기적으로 얽히는 것이 전반적 트렌드다. 기초과학이 차세대 산업 기술의 개발에 직결돼 돋보이는 결과로 이어지는 사례가 연이어 등장하고 있다. 이는 새롭게 조성되고 있는 과학 문화이자 산업 풍조다. 기초과학과 산업이 선순환적인 발전을 꾀할 수 있는 환경을 갖춘 국가만이 기술 강국의 고지를 점할 수 있다. 전통적인 과학관에 새롭게 도입되고 있는 활용의 추세를 간파하는 과학과 공학 엘리트들의 역할이 새삼 중요해지는 이유다. 우리나라 엘리트들은 특히 과학굴기의 임무를 성실하게 수행함으로써 우리의 역사를 바로 세워야 한다. 과학기술 강국으로 경쟁력이 강해진다면 복잡하게 얽힌 이웃 국가와의 관계도 원만히 해결될 수 있을 것으로 생각된다.

진정한 엘리트의 육성은 우수한 대학 교육 시스템을 전제로 한다. 새로운 시대적 사명을 선도할 수 있는 교육 체제가 정립되려면 다소 시간이 걸릴 수 있다. 초학제 간 교육 역시 혁신되는 과학 교육 체제의 일환에 지나지 않는다. 강조하고 싶은 것은 초학제 간 교육이 새롭게 구상된 교육 체제가 아니며, 중세기 유럽 대학이 지향한 전인교육과도 거리가 멀다는 사실이다. 학제 간 교육, 다학제 간 교육, 초학제 간 교육은 이미 오래전부터 미국의 많은 대학생들이 스스로 개별적으로 선택해 습득해온 맞춤형 교육이었다. 이들은 맞춤형 교

육의 효능을 산업 현장에서 유감없이 발휘했다. 이런 사실은
디지털혁명, 정보혁명, 4차 산업혁명 등 이정표적 발전을 주
도한 과학과 공학 엘리트들의 활약상에서 확인할 수 있다.

과학 중심권의 이동과 팍스 아메리카나의 부상

　20세기 중반 들어 과학의 중심권이 유럽에서 북미 대륙으로 이동하면서 과학기술의 발전 속도는 보다 빨라졌고 과학의 지평은 넓어졌다. 비교적 짧은 시간 동안 이뤄진 과학 중심권의 이동에는 2차 대전이 배경으로 깔려 있다. 2차 대전 당시 최정예급 과학자들이 히틀러의 국수주의 광기를 피해 해외로 망명했다. 이들 가운데 다수는 미국에 정착했다. 망명 과학자 명단에는 아인슈타인, 위그너, 페르미, 보른, 베테, 등 세기적 석학들이 포함돼 있었다. 이로 인해 그간 만개해온 독일 과학계는 쇠퇴의 길로 빠르게 접어든 반면, 미국의 과학계는 새로운 활력소를 찾을 수 있었다. 이것이 이른바 팍스 아메리카나 시대가 열린 주원인 중 하나였다.

맨해튼 프로젝트, 사상 초유의 거대 과학기술 프로젝트

　2차 대전이 치열하게 전개되면서 참전국들은 앞다퉈 핵폭탄 개발에 주력했다. 미국의 경우 맨해튼 프로젝트를 통해 유래를 찾아보기 힘든 규모의 인력과 재능을 결집했다. 개발의 총괄 책임자로 임명된 오펜하이머를 중심으로 미국 특유의 거대 시스템을 가동해 핵폭탄 개발에 성공한 것이다. 거대 규모의 핵무기 개발 프로젝트에 독일에서 망명한 최정예급 과학자와 공학자들이 핵심 역할을 한 것은 잘 알려진 사실이다. 특히 실험과 이론을 동시에 석권했던 페르미는 핵분열의 연쇄 반응을 최초로 입증해 맨해튼 프로젝트를 성공으로 이끌었다.

인류 역사상 초유의 거대 프로젝트가 성공리에 완성되면서 2차 대전은 신속히 종결됐다. 종전과 더불어 자유 진영의 대변 국가로 등장한 미국은 공산 진영에 맞서 핵물리 연구에 박차를 가했다. 이에 힘입어 미국 물리학은 2차 대전 전후로 황금시대를 맞이했다. 다른 과학 분야에서도 활발한 성과를 보임에 따라 미국은 과학의 중심권 위치를 확고히 점할 수 있었다. 여기에는 미국에서 이미 견고하게 구축돼 있던 대학 교육 시스템이 큰 역할을 했다. 특히 철저한 실용 위주의 과학 문화가 주효했다. 사립 명문인 아이비리그 대학은 물론 주마다 설립된 주립 대학은 실용 위주의 고등교육을 폭넓게 보급했다. 대중화된 대학 교육은 농업의 기계화를 비롯해 과학 지식의 산업화를 적극 선도했다.

주목할 것은 빠르게 전수된 유럽의 기초과학 지식이 미국의 실용 위주의 과학관과 유기적으로 얽혔다는 사실이다. 이를 통해 과학기술 지식의 창의적 활용이 한 차원 높게 전개된 결과 돋보이는 성과들이 연이어 등장할 수 있었다. 20세기 과학기술의 독보적 이정표를 이루는 디지털혁명이 대표적인 예다. 디지털혁명의 모체 기술인 트랜지스터의 발명은 유럽 과학의 백미인 양자역학에 직결돼 이뤄졌다. 집적회로의 신경세포로 이어진 트랜지스터를 기반으로 미국은 현재 4차 산업혁명을 선도하며 과학 중심권의 입지를 더욱 굳혀 가고 있다. 유럽 대륙에서 창출된 기초과학이 북미 대륙에서 만개하며 활용의 위력이 발휘된 대표적인 사례라 하겠다.

이 같은 과학 지식의 역동적인 활용에는 실용 위주의 과학 문화와 유연한 교육 문화가 깊이 개입돼 있다. 과학이 수학의 정교한 언어로 정립되는 과정에서 유럽 대학이 이룩한 공적은 매우 컸다. 유럽 대학은 과학과 인문학을 아우르며 문화사적 파급을 촉발하는 데도 부족함이 없었다. 지금도 유럽의 대학 시스템은 유럽 문화의 백미이자 핵심을 이룬다. 이탈리아의 볼로냐대학이나 영국의 옥스퍼드대학을 초기 대학으로 볼 수 있다면, 대학의 역사는 1,000여 년 전으로 거슬러 올라간다. 천년 왕국의 역사를 자랑한 로마 제국이나 신라 왕국을 떠올려보면 1,000년이란 시간은 아득하게 느껴진다. 대학은 1,000년이란 긴 세월을 넘어 오늘날까지 살아남았다. 끊임없이 확장되는 대학의 임무와 역할에 비춰 볼 때 앞으로도 역사를 선도하며 지속될 것임은 자명하다.

뉴턴에서 왓슨과 크릭에 이르기까지

학생과 교수의 공동체인 대학은 지식의 탐구와 전수를 사명으로 한다. 대학의 관점에서는 정예 인력을 육성하는 것이라면, 학생의 관점에서는 사회에 진출하는 동력을 습득하는 것이 될 것이다. 대학의 목표와 역할은 시간의 흐름에 따라 변화해왔다. 아래에서는 대학의 사명이 변화하는 역사적 과정을 과학 중심권의 이동 궤적을 따라가며 살펴보려 한다.

파라P. Fara가 『4,000년 과학사Science A Four Thousand Year History』에서 말했듯, 유럽 과학의 근저에는 그리스의 고대 자연철학관이 놓여 있다. 그리스 자연철학은 인간의 두뇌에서 이뤄지는 논리적 사고방식으로 자연현상을 이해할 수 있다는 대명제에서 시작된다. 파라의 간결한 표현을 빌려 설명하면, "자연현상은 수학의 언어로 쓰인 신의 책자book of God written in the language of mathematics에 비견될 수 있다"는 신념이 그것이다. 비교해보면 같은 시기 동양권의 자연관은 이와는 크게 달랐다. 동양에서 자연현상은 공포와 신비의 대상이면서 국사의 호불호를 알려주는 경외의 대상이었다.

유럽 대학들이 과학 발전에 기여한 업적은 케임브리지대학 교수였던 뉴턴을 통해 가늠해볼 수 있다. 앞서 말했듯 뉴턴의 운동방정식은 자연현상을 정량적으로 기술하는 과학의 모체로서 1차 산업혁명의 기저를 제공했다. 역시 같은 대학교수였던 맥스웰이 제시한 맥스웰 방정식은 전자파의 초석을 이루며 전력 기반 2차 산업혁명의 근거가 됐다. 오스트리아의 물리학자 볼츠만L. E. Boltzmann의 통계역학은 천문학적 숫자의 원자와 분자들의 미시적 현상이 가시적 현상으로 표출되는 과정을 정량화했다. 한편 케임브리지대학의 왓슨과 크릭이 조명한 DNA 구조는 2차 생물과학 혁명을 가져왔다. 이는 이후 분자 의학, 정밀 의학, 유전체학의 초석이 됐다. 이 모든 이정표적 업적들은 유럽 과학이 성취한 결과의 일부에 지나지 않는다.

베이컨의 일차원적 과학관과
애덤 스미스의 산업 기술적 관점

흥미로운 것은 순수 학문적 기초과학의 원천인 유럽 과학의 특징이 '실용'에 있다는 사실이다. 특히 베이컨의 일차원적 과학관은 기초과학이 궁극적으로 산업화로 이어진다는 점에서 과학의 유용성을 말해준다. 이보다 더 실용성에 역점을 둔 것은 과학을 산업의 측면에서 바라본 경제학자 애덤 스미스A. Smith의 산업 기술적 관점이다. 그는 일단 창출된 산업 기술은 차세대 산업 기술로 진화·발전하며, 기존 산업이 혁신적으로 발전할 때 기초과학의 지평이 넓어질 수 있다고 했다. 이처럼 정도의 차이는 있으나 베이컨과 스미스의 과학관 모두 과학의 실용성을 강조하는 특징을 지닌다.

유럽 과학에서 양자역학의 역할 또한 간과할 수 없다. 우주의 역작인 원자와 분자의 신비로운 구조와 역동적 현상을 정량적으로 다루는 기초과학인 양자역학은 미시적 자연현상을 활용할 수 있는 동력을 제공해준다. 특히 21세기의 주류 과학으로 급부상하고 있는 나노과학nanoscience의 모체를 이룬다. 양자역학은 자연현상의 디지털적 속성을 처음으로 노출한 이정표적 작품이기도 하다. 양자역학이 양자 물리와 양자화학으로 이어지는 과정에는 경이로운 현상과 개념들로 넘쳐난다. 나아가 양자역학은 유럽 과학의 르네상스가 촉발되는 데도 중요한 역할을 했다.

양자역학에는 신비하고 심오한 면모가 있다. 즉 빛과 물질 모두 입자적 특성과 파동적 특성을 동시에 지니고 있다. 입자들의 얽힘 현상은 양자역학을 보다 신비롭게 만들어준다. 양자역학은 신비한 미세 영역의 자연현상들을 정량적으로 기술해주는 역할을 한다. 이를 통해 트랜지스터와 레이저의 발명을 촉발한 동시에 양자 컴퓨팅의 모체기술을 형성하고 있다. 아울러 21세기의 주류 과학으로 각광받고 있는 생명과학과 생명공학의 초석을 제공해준다. 한마디로 양자역학은 정보혁명은 물론 4차 산업혁명을 선도하는 기초과학으로 요약할 수 있다.

이뿐만이 아니다. 양자역학은 상대성원리와 융합돼 거대한 우주 현상에서 미세한 소립자 현상까지 광범위한 자연현상을 포괄적으로 기술하는 기초과학이라는 의미를 지닌다. 양자역학의 거성 파인만R. P. Feynman은 양자역학의 심오함과 신비스러움을 다음과 같이 간결하고도 재치 있게 표현했다. "만일 양자역학을 이해했다고 생각한다면 양자역학의 참모습을 이해하지 못한 것이다."

레이저와 트랜지스터로 대표되는 양자역학의 파급력

기초과학은 예술과 비슷해 내용 자체만으로도 아름답다. 기초과학의 진가는 파급 효과에서 한층 돋보인다. 파급의 측면에서 양자역학은 과학사에서 커다란 비중을 차지한다. 세기적 발명품인 레이저와 트랜지스터가 대표적인 사례다. 우선 레이저는 빛과 물질의 미시적 상호작용을 창의적으로 활용한 과학기술 작품이다. 원자와 분자들 내에 존재하는 전자들을 관리하고 조절해 발광체를 마련한 뒤 인위적으로 빛의 발광을 유도하는 것이 기본 작동 원리다. 핵심 관건은 발광 과정에서 이미 발광된 빛이 자기와 동일한 특성을 지닌 빛을 연쇄적으로 방출하는 데 있다. 이 역시 양자역학의 중요한 명제다.

레이저의 활용 범위는 매우 넓다. 원자와 분자는 물론 물체의 구조를 조명하는 기초과학의 핵심 도구로 이용되고 있다. 극히 짧은 폭의 광 펄스로 발진돼 초고속 화학 반응을 탐구하는 도구로도 사용된다. 광섬유 내로 전송돼 광통신의 주역을 담당하기도 한다. 반도체소자의 핵심 요소인 다이오드 내에서 발진됨으로써 광전자 현상의 매체가 되기도 한다. 덧붙여 레이저가 각종 수술 도구로 활용되는 것은 오래전부터의 일이다.

레이저 절단 기술은 자동차 제조를 비롯해 중공업 산업에 폭넓게 활용되고 있다. 최근에는 가스 배출량 측정 등 다양한 센서의 매개로 활용되곤 한다. 나노 규모의 액체에서 발광되는 레이저는 의료용 칩lab on a chip에 활용되면서, 신속하고 효율적인 건강 검진을 위한 정밀 의학의 핵심 요소로 부각되고 있다. 레이저의 활용은 여기서 그치지 않는다. 레이저 산업이 르네상스 시대를 앞두고 있다는 것은 기정사실이다. 레이저를 이용한 무기 시장이 급속도로 커지고 있다는 점이 그 증거다. 초강력 빛으로 발진돼 날아오는 유도탄이나 항공기를 격추하는 대공 미사일 방어 시스템의 주역으로 이용된다는 점도 빼놓을 수 없다.

레이저는 갈릴레오의 스파이 경과 마찬가지로 기초과학의 발전을 촉진하는 것은 물론 광범위한 영역에 활용되는 장점이 있다. 흥미로운 것은 레이저가 발명의 초석이 돼준 전자기학과 양자역학의 본산인 유럽 대륙에서 창안된 발명품이 아니라는 사실이다. 레이저는 우랄산맥을 넘어 러시아에서 발명됐고, 대서양을 건너 북미 대륙에서도 거의 동시에 발명됐다. 즉 유럽에서 정립된 기초과학이 우랄산맥과 대서양을 넘어 활기찬 활용의 결실을 맺은 대표적 사례다. 이는 기초과학의 콘텐츠를 창의적으로 활용할 수 있는 능력이 기초과학 지식의 창출 능력 못지않게 중요할 수 있음을 일깨워준다.

현재 양자역학은 보다 광범위한 영역에서 활용되고 있다. 트랜지스터 발명은 양자역학의 돋보이는 활용 사례 중 하나다. 트랜지스터는 디지털혁명의 모체 기술로 PC와 인터넷 형성의 초석을 이룬다. 이에 관해서는 뒤에서 자세히 설명할 것이다. 다만 하나의 칩에 내장된 트랜지스터 수가 이미 수십억 개에 달하면서 4차 산업혁명의 동력을 제공해준다는 사실은 말하고 싶다. 기초과학의 광범위하고 창의적인 활용이 대부분 대서양을 건너 미국에서 구현되었다는 사실도 강조하고 싶다. 이런 점을 염두에 두고, 아래에서는 북미 대륙에서 과학 지식이 창의적으로 활용된 사례들과 함께 새롭게 거듭나고 있는 과학 교육 문화에 대해 알아보려 한다.

변화·확대되는 기초과학관과 대학의 사명

그에 앞서 기초과학관이 시간에 따라 변화·진화해온 과정과 대학의 사명이 확대됨에 따라 대학이 거듭나고 있는 모습을 잠시 살펴볼 것이다. 베를린대학이 현대판 연구 중심 대학으로 등장하게 된 배경, 다시 말해 패전의 폐허 위에 군사 강국을 이뤄내는 수단으로 설립된 사실은 이미 설명한 바 있다. 이는 대학이 순수 학문적 진리를 탐구하는 차원을 넘어 새로운 시대적 사명을 적극 수용해야 함을 보여준다. 4차 산업혁명의 문턱에 들어선 현 시점에서 대학은 산업 현장에 성큼 다가가 산업 기술의 혁신을 선도할 의무가 있다. 과학 지식을 창출해 새로운 산업과 연계하는 역할을 해야 함도 물론이다.

한마디로 창업 활동이 활성화되는 구체적 기반을 제공해 주는 것이 대학의 새로운 역할로 볼 수 있다. 이를 통해 더불어 사는 삶을 선도하고 국가 경제력을 강화하는 동력을 제공하는 것이 현대판 대학이 지향하는 보편적 사명이다. 이를 미국의 초일류 대학들은 이미 실천에 옮겨 활발히 시행하고 있다. 케임브리지대학의 CMI의 활약상 역시 시대적 사명을 직시해 가시적 성과를 거두고 있는 좋은 사례다. 케임브리지대학이 지닌 찬란한 순수 학문적 과학의 전통에 비춰 볼 때, CMI의 활약은 대학 사명이 변화하는 속도와 폭을 여실히 드러내준다.

우리나라는 어떨까? 우리나라의 과학 문화는 베이컨의 전통적인 기초과학관에 치중돼 있다. 베이컨의 기초과학관은 역사적으로 타당성이 이미 충분히 입증됐다. 뉴턴의 고전역학이 1차 산업혁명의 기반을, 맥스웰의 전자기학이 2차 산업혁명의 기반을 제공했다는 역사적 사실은 기초과학의 파급 효과를 증명해준다. 주목할 것은 기초과학 스스로는 지대한 파급으로 이어질 수 없다는 사실이다. 거대한 파급이 발생하려면 지식을 창의적으로 활용할 수 있는 능력이 반드시 개입돼야 한다. 지식을 창출하는 능력과 활용하는 능력

간에 균형을 갖추지 못할 경우 파급 효과는 미진할 수밖에 없음을 과학사는 거듭 말해주고 있다.

지식의 활용 능력은 과학과 산업이 유기적으로 얽히는 계기를 마련해준다. 이를 통해 과학과 산업이 선순환적인 발전을 할 수 있는 동력이 창출되면서 과학의 새로운 지평이 열릴 수 있다. 사실 이는 과학사에 주기적으로 나타나는 현상이다. 양자 개념이 조광 산업과 연계돼 출현한 것이 대표적이다. 전자의 발견이 에디슨 효과를 규명한 결과물이라는 점도 중요하다. 양자역학의 대두와 전자의 발견이 기초과학의 새로운 지평을 열어줬다는 사실은 과학사의 한 장을 찬란하게 밝혀준다. 앞으로도 새롭게 창출되는 내용들은 과학사의 또 다른 장을 채워줄 것이다. 이를테면 생명과학, 생명공학, 분자 의학, 정밀 의학, 나노과학 등 새로운 분야들은 과학사를 풍요롭게 장식해줄 것이다. 덧붙여 문화사적 혁신 또한 가져올 것으로 전망된다.

다시 말하지만 21세기 과학의 새로운 화두의 초석은 원자와 분자다. 원자와 분자는 양자역학을 통해서만 구조가 간파될 수 있고 역동적 현상이 정량적으로 이해될 수 있다. 원자와 분자의 핵심 요소인 전자는 이들의 현상을 표출하는 중요한 역할을 한다. 이런 사실만으로도 과학과 산업이 불가분하게 얽혀 있음이 입증될 수 있지 않을까 한다.

4차 산업혁명의 문턱에 들어선 지금, 과학 지식의 창출과 활용은 선순환하며 새로운 과학사를 만들어내고 있다. 다음 장에서는 과학 중심권의 이동 궤적을 따라가면서, 그 속에서 형성되는 4차 산업혁명의 양상을 짚어보려 한다. 어느 국가를 막론하고 국가의 과학 문화와 연구 풍토가 대학의 사명을 결정짓는다는 것은 자명하다. 이런 점에서 과학 중심권의 과학 문화를 고증하는 것은 매우 중요하다.

디지털 혁명과 인터넷: 인터넷의 형성과 4차 산업혁명

스푸트니크 발사가 인터넷과 정보혁명을 촉발했다?

1957년 10월 4일은 세계 최초의 인공위성인 스푸트니크 Sputnik가 발사된 역사적인 날이다. 필자는 반세기 전 늦가을에 있었던 이 역사적 사건을 지금도 생생히 기억하고 있다. 학부 2년 차 물리학도였던 필자는 하굣길 어느 라디오 가게 앞에 모여든 군중들 속에서 상상을 초월하는 뉴스를 접했다. 구소련이 농구공 크기의 인공위성을 발사했다는 충격적인 속보였다. 인공위성이란 새로운 용어를 처음으로 들은 순간이기도 했다. 뉴스를 듣는 동안에도 인공위성이 지구 주위를 약 90분에 한 번씩 맴돌고 있는 모습이 머릿속에 그려졌다. 그때 받은 충격은 지금까지도 필자의 뇌리에 생생히 남아 있다.

스푸트니크 발사로 군사 강국으로 떠오른 구소련

그 충격에는 불안감과 우려가 함께 섞여 있었다. 스푸트니크가 발사된 때는 공산 진영과 민주 진영 간 이념 분쟁과 군사력 경쟁이 치열하게 전개되던 시기였다. 구소련이

ICBM을 성공적으로 쏘아 올리면서 일으킨 충격파가 채 가시지 않은 시점이기도 했다. 무엇보다도 당시 우리 국민에게는 6.25전쟁의 상처가 여전히 크게 남아 있었다. 라디오가 사치품으로 여겨질 만큼 50년대에 우리나라는 빈곤국에 속했다. 그렇다 보니 중요한 뉴스가 발생할 때마다 시민들은 라디오 가게 앞에서 가던 발길을 멈추고 뉴스를 경청했다. 돌이켜 보면 실감이 나지 않는 까마득한 옛날의 얘기다.

스푸트니크는 2차 대전 중 독일이 개발한 로켓의 추진력을 개량해 발사된 인공위성이었다. 그럼에도 발사의 파급력은 놀라웠다. 스푸트니크 발사는 구소련의 ICBM 발사 기술이 이미 최첨단 수준에 도달한 사실을 전 세계에 알리는 극적인 사건이었다. 과학의 무한한 가능성을 신봉했던 칼 마르크스의 과학관에 기반한 구소련의 과학 정책이 성공을 거두고 있음을 입증하는 사례이기도 했다. 이를 계기로 과학 기술의 위력은 사람들의 관심 속으로 한 걸음 더 다가설 수 있었다. 특히 지구상의 모든 지점이 구소련의 핵탄두 사정권안에 들어가 있다는 사실이 새삼 확인되면서, 군사 강국으로서의 구소련의 위상이 크게 각인될 수 있었다. 스푸트니크 발사를 계기로, 군사력은 물론 경제력에 있어서도 20세기가 끝나기 전에 공산 진영이 자유 진영을 추월할 것이라는 전망이 조심스럽게 제기되기 시작했다.

구소련의 도발에 깊은 상처를 입은 미국은 늦게나마 야구공 크기의 작은 인공위성 발사를 서둘러 시도했다. 불행히도전 세계의 이목이 집중된 가운데 시도된 발사는 추진 로켓이 발사대에서 폭파되는 실패로 끝났다. 이로 인해 미국은 참

2부. 디지털혁명과 인터넷: 인터넷의 형성과 4차 산업혁명

변과 수모를 겪어야 했다. 급격히 추락한 국가적 위상을 만회하고자 1960년 새로 당선된 젊은 케네디 대통령은 이른바 '아폴로 프로젝트Apollo Project'를 공포했다. '어떤 난관이 따르거나 비용이 들더라도, 미국의 개척 정신을 발휘해 한 세대 안에 인간을 달에 착지시키겠다'는 야심 찬 계획이었다.

자국민은 물론 전 세계를 향해 당차게 공포된 과업은 계획된 일정대로 차질 없이 진행됐다. 새로 발족된 미국 항공 우주국NASA을 중심으로 연계된 기관들이 진가를 발휘한 결과 애초의 계획을 앞당겨 달성할 수 있었다. 1969년 7월 16일 마침내 미국의 우주인 암스트롱N. Armstrong은 달의 '평온의 바다Sea of Tranquility'에 성공리에 착지했다. 그 순간을 전 세계는 TV를 통해 실시간으로 목격하면서 역사적 현장에 함께 했다. 이렇게 해서 미국과 구소련 사이에 치열하게 전개되던 인공위성 경쟁은 일단 수면 아래로 가라앉았다.

스푸트니크 발사에 대응한 미국의 아폴로 프로젝트

성공적으로 마감된 아폴로 프로젝트는 규모의 방대함과 목표의 과감성이란 측면에서 역사적인 거사라 할 수 있었다. 즉 기존 기술을 총동원하고 치밀하게 조직해 이뤄낸 종합 엔지니어링의 쾌거였다. 동시에 많은 기술적·정치적·문화사적 여파가 뒤따른 역사적 사건이기도 했다. 우선 기술의 차원에서는 위성통신이 탄생했고 원격 탐사 위성 망이 구축됐다. 그 결과 갈릴레오의 스파이 경은 전 지구를 실시간으로 탐색하는 '스파이 별'로 둔갑했다. 투석기의 연장선에서 발명된 대포는 스마트 기능을 지니는 다탄두 미사일MRV과 크루즈 미사일로 진화·발전했다. 이는 정밀 공격과 표적 공격을 위한 새로운 기술을 대변한다.

위성통신 기술은 산업화로 이어져 승용차의 '내비게이션'을 등장시켰다. 여기서 그치지 않고 활용의 지평이 끊임없이 확장되면서 4차 산업혁명의 핵심 요소가 되기에 이르렀다. 그뿐 아니라 인류가 대기권 밖으로 진출하는 역사적 거사의 발판을 이뤘다.

기초과학의 측면에서도 스푸트니크 발사의 파급 효과는 매우 크다. 1990년 NASA는 허블망원경HST을 디스커버러Discoverer호에 실어 대기권 밖에 설치했다. 미국의 저명한 천문학자 허블Hubble의 이름을 따 지은 허블망원경은 구경이 2.4미터에 반사경을 지닌 가시-적외선 망원경이다. 우주에서 발생한 빛이 대기권을 통과하며 일으키는 왜곡 현상을 피해 우주를 보다 선명하게 관측하는 것이 목적이었다. 허블망원경은 지상 610킬로미터 상공을 돌며 관측한 영상을 150만 장이나 지구로 보냈다. 지름 2.4미터밖에 안 되는데도 지상에 설치된 지름 10미터의 망원경보다 더 선명하게 더 멀리까지 관측할 수 있는 능력을 보여줬다.

갈릴레오가 제작한 스파이 경은 달의 굴곡진 표면을 인류 역사상 최초로 보여줬다. 그 결과 철학의 대부 격이었던 아리스토텔레스의 추상적 자연철학관은 과학사의 뒤안길로 사라지고 말았다. 같은 맥락에서 허블망원경은 외계의 은하계와 블랙홀 등 이론적 실체들을 눈앞에 생생하게 보여줬다. 더불어 천문학자 허블이 주창한 우주의 팽창론을 입증해줬다. 더 멀리 존재하는 은하일수록 더 빠른 속도로 멀어지

는 현상이 초신성Supernova의 관측을 통해 확인된 것도 성과
였다. 초신성이란 별이 소멸되는 순간 엄청난 빛을 발산하는
현상을 뜻한다. 더 멀리 떨어져 관측되는 초신성일수록 더
빠르게 멀어지는 사실이 간단한 광학 법칙을 통해 입증된 것
이다. 아울러 멀어지는 은하의 속도를 측정하는 방식으로 우
주의 나이가 138억 년인 사실도 추정될 수 있었다.

NASA는 이에 만족하지 않고 외계 생명체를 탐색하는 작
업도 집중 수행할 계획을 세웠다. 그뿐 아니라 빅뱅 이후 최
초의 항성과 은하가 생성되는 모습까지도 관측하는 작업에
임하고 있다. 군사적 목적으로 개발된 발사 기술이 기초과학
의 지평을 한 차원 넓히며 우주 차원에까지 발전의 도구로
활용되는 경이로운 사례가 아닐 수 없다.

인류의 활동 무대를 우주로 확장한 인공위성 기술

스푸트니크 발사 기술은 현재 우주정거장 설치에도 활용
되고 있다. 이는 지구 표면에 한정돼온 인류의 2차원적 활동
무대가 대기권 밖으로 진출해 3차원적 무대로 확장되고 있
음을 말해준다. 우주정거장 프로젝트는 1971년 구소련의 살
류트Salyut 1호에서 시작됐다. 한 개의 모듈로 구성된 살류트
는 첫 단계로 발사 후 우주인이 도킹할 수 있도록 설계됐다.
1993년에 발사된 미국의 스카이랩skylab은 1999년까지 궤도
에 머물렀다. 우주인이 잠시 머무를 수 있도록 설계된 우주정
거장은 거주용 우주정거장을 설치하는 첫 단계로 볼 수 있다.

본격적인 우주정거장은 구소련이 1986년 평화란 뜻의 미
르Mir를 발사하면서 설치됐다. 미르는 우주인이 거주하며 연

구하는 데 필요한 추가 모듈들을 계속 접속하는 방식으로 설계돼 1996에야 완공됐다. 무게가 130톤에 달하는 미르가 8만 6,000회 이상 지구 주위의 궤도를 도는 동안 물리학, 천문학, 생물학, 지질학 등의 실험들이 행해졌다. 소련의 한 우주인은 430여 일을 대기권 밖에 체류하는 기록을 세우기도 했다. 이 같은 규모의 우주정거장을 농구공 크기의 스푸트니크와 비교해보면 기술의 약진 속도와 위력을 절감할 수 있다.

대기권 밖으로의 진출은 국가 간 경쟁을 촉발하는 동시에 국제 협력으로 이어졌다. 냉전이 종결되면서 구소련은 국제 협력의 일환으로 동유럽권 국가들을 미르 프로젝트에 참여시켰다. 영국, 독일, 프랑스, 일본 등 12개국의 우주인 100여 명이 미르를 방문하면서 국제 협력은 한층 활기를 띠었다. 1995년 우주왕복선으로 발사된 아틀란티스Atlantis호에 승선한 미국 우주인들도 미르를 방문했다. 미르는 경제적 사정으로 발사 후 15년 만에 남태평양에 수장되고 만다.

1998년 미르에 이어 국제우주정거장ISS이 길이 72.8미터, 넓이 108.5미터, 높이 20미터 규모로 발사됐다. 현재까지 시속 2만 7,600킬로미터로 지구 주변을 맴돌고 있는 중이다. ISS는 미국의 NASA, 소련의 로스코스모스Roscosmos, 일본우주국JAXA, 유럽 우주국ESA, 캐나다 우주국CSA 등 다수 국가들이 참여한 국제 공동 프로젝트다. 2010년에 이미 미르의 기록을 넘어선 ISS는 다양한 기초과학 실험을 수행 중에 있다. 우주 관광 시대를 여는 창구로도 활용되면서 미국인 일곱 명을 관광객으로 맞기도 했다.

동양권의 경우 이웃 중국이 톈궁天宮 1호를 발사하면서 유인 모듈의 도킹 기술을 습득했다. 앞으로 텐궁 2호, 3호에 세 명의 우주인들을 40일 이상 거주시킬 계획을 세워놓은 상태다. 텐궁 프로젝트의 주요 임무는 밀폐된 공간에서 생물권을 구축함으로써, 인류가 다른 천체로 이주하는 데 필요한 기본 기술들을 확보하는 것이다. 한편 미국의 비글로에어로스페이스사와 러시아의 오비털테크노로지사는 상업용 우주정거장 설치 작업에 돌입했다. 추진 로켓을 바다에서 회수할 수 있는 기술이 개발돼 우주선 발사 비용이 크게 절감됐다. 대기권 밖을 향한 탐험은 이제 우주여행으로 이어지는 중이다.

이상으로 과학기술이 전쟁과 쌍두마차를 이루며 선순환적으로 발전해온 역사적 과정이 되풀이되고 있음을 알아봤다. 갈릴레오의 스파이 경이 과학의 실증적 패러다임을 태동시킨 것처럼, 스푸트니크 발사는 인류의 활동 무대를 대기권 밖 즉 3차원으로 확장하는 역사적 동력을 제공했다. 또한 항해술의 발전이 신대륙의 발견으로 이어져 상업 활동이 한 차원 비약한 것처럼, 우주선 발사 기술의 발전은 별들이 지닌 자연 보고를 발굴할 수 있는 관문을 열어줬다.

역경에서 새로운 발전 동력을 창출한 미국 과학의 저력

스푸트니크 발사의 파급 효과는 여기서 그치지 않았다. 지구 안에서도 기대 이상의 규모로 나타났다. 인터넷 망을 구축하는 결정적 계기가 마련된 결과 인쇄술 발명 이후 가장 포괄적인 정보혁명이 촉발돼 4차 산업혁명으로 이어졌다. 인쇄술의 발명이 유럽 문화의 꽃으로 비유되는 르네상스와 교육의 대중화로 이어진 것처럼, 스푸트니크 발사는 4차 산업혁명과 문화사적 혁신으로 이어진 것이다. 역설적이게도 새로운 역사의 물꼬를 튼 것은 정치성이 짙었던 아폴로 프로젝트와 같은 거대 규모의 국가 과제가 아니었다. 아폴로 프로젝트가 신문 지상의 1면을 장식하던 당시, 지극히 작게 보이던 일상의 작업들이 유기적으로 얽히면서 정보혁명의 물꼬가 본격적으로 트이기 시작했다. 이는 20세기 기술의 이정표인 인터넷의 구축 과정이 소박했음을 말해준다.

구소련의 갑작스런 스푸트니크 발사로 잠시 수세에 처했던 미국은 곧 만회에 나섰다. 이를 통해 기술의 초강대국으로 거듭나면서 4차 산업혁명을 선도해가고 있다. 반면 스푸트니크 발사를 주도했던 구소련은 이후 연방의 해체를 무기력하게 지켜봐야만 했다. 민주 진영과 공산 진영을 대변하는 양대 강국이 성쇠의 길을 달리한 것은 '과학기술과 산업의 유기적 얽힘'의 유무에서 찾아볼 수 있다. 스푸트니크 발사를 전후해 구소련의 국제적 위상은 실로 막강했다. 대학 도서관 열람실은 구소련의 영역판 과학 논문집들로 넘쳐났다. 제목들만 읽기에도 벅찰 만큼 양산된 논문들이 과학 도서실들을 장식했다. 베이컨의 과학관에 비춰 볼 때 이는 밝은 미래를 열어주는 열쇠들이 대량 생산된 것과 다르지 않았다.

이후의 역사는 예측을 빗나갔다. 스푸트니크가 발사된 뒤 구소련의 경제는 번영을 누리지 못했다. 이는 기초과학의 발전만으론 경제 활성화를 도모하고 국가 경쟁력을 키우기 어렵다는 사실을 말해준다. 현재 러시아는 여전히 군사 강국의 위상을 유지하고 있지만, 아쉽게도 논문의 양산은 국가 경제의 활성화로 이어지지 못했다. 반면 미국은 스푸트니크 발사에서 받은 타격을 새로운 기술을 선점하고 기술 강국의 고지를 다지는 계기로 삼았다. 한마디로 역경을 새로운 발전의 기회로 반전시켰다. 반전의 핵심 관건은 스푸트니크 발사로 촉발된 기술적 문제점들을 창의적으로 해결할 수 있었던 환경과 능력이었다. 주어진 문제의 창의적 해결책이 반전의 비결이었다는 뜻이다.

인공위성 발사가 인터넷 형성을 촉발한 까닭은?

스푸트니크 발사는 세계 어느 곳도 구소련의 미사일 사정권 안에 있을 수밖에 없다는 냉엄한 현실을 각인한 신호탄이었다. 즉 스푸트니크 발사에는 국가 안보 문제가 필연적으로 뒤따랐다. 특히 한 방의 유도탄으로 붕괴될 수 있는 중앙집중적 통신망을 보호하는 문제가 시급했다. 이에 대한 해결책을 강구하는 과정에서, 디지털 통신 기술이 개발되는 동시에 분산형 통신 시스템이 구축될 수 있었다. 당시 컴퓨터는 희귀 품목에 속했다. 따라서 컴퓨터 기술을 여럿이 함께 편리하게 사용할 수 있는 방안을 모색하는 것이 당면한 기술적 과제였다. 그 결과 컴퓨터들을 묶어 소통시키는 기술 개발이 촉발될 수 있었다.

이처럼 국가의 안보 문제를 해결하고 컴퓨터의 기능을 함께 사용하고자 모색된 기술은 디지털 통신 기술과 컴퓨터를 엮어주는 소통 기술로 발전·진화했다. 다시 말해 두 기술의 물줄기가 자연스레 접점을 이루면서 인터넷 구축의 모함 기술로 이어졌다. 통신 기술과 컴퓨터 소통 기술이 유기적으로 얽혀 접점을 이룰 수 있었던 데엔 적기에 이뤄진 트랜지스터의 발명이 주효했다. 스푸트니크 발사에 조금 앞서 트랜지스터가 발명되면서 거의 동시다발적으로 집적회로 기술이 끊임없이 개발되기 시작했다. 새롭게 개발된 기술들은 반도체 기술의 모함 기술과 반도체 산업의 초석으로 이어졌다.

새롭게 창출된 반도체 산업은 스푸트니크 발사로 인해 더욱 치열해진 군사력 경쟁에 힘입어 엄청난 성장을 거뒀다. 스마트 무기를 제작하기 위해서는 가볍고 작은 규모의 전자제품이 필수적이었기 때문이다. 그중에서도 우수한 작동 성능을 지닌 트랜지스터가 꼭 필요했다. 그 결과 디지털 기술이 본격 가동되면서 실리콘 밸리 시대가 활짝 열릴 수 있었다. 또한 20세기의 이정표적 기술들이 끊임없이 등장함에 따라 반도체 산업이 급격히 발전할 수 있었다.

반도체 기술은 이처럼 컴퓨터 기술과 유기적으로 얽히며 선순환적인 발전을 거듭했다. 그 과정에서 넓어진 융합 기술의 물줄기가 통신 기술의 물줄기와 합류하면서 인터넷의 초석이 확고히 다져졌다. 그뿐 아니라 반도체 산업의 빠른 팽창은 PC 시대를 열어줬다. PC는 곧 인터넷에 접속되면서 인터넷 기반 산업의 동력이 됐다. 이후 인터넷은 사물 인터넷으로 확장되면서 4차 산업혁명의 플랫폼으로 등장하기에 이르렀다.

결론적으로 스푸트니크 발사는 우주 관측의 능력을 한 차원 끌어올림으로써, 기초과학의 기초과학인 우주론의 발전에 큰 기여를 한 역사적 사건이었다. 인류의 역사를 대기권 밖으로 진출시키는 저력을 제시한 사건이기도 했다. 이는 인류의 역사에 새로운 지평이 열리고 있음을 말해준다. 또한 스푸트니크 발사는 정보혁명과 4차 산업혁명을 촉발하는 단초를 제공했다. 이런 맥락에서 아래에서는 인터넷이 구축되는 과정과 함께 인터넷 구축에 기여한 과학자와 공학자들의 활약상을 알아보려 한다.

인터넷, 디지털혁명과 4차 산업혁명의 플랫폼

인터넷은 현재 디지털혁명의 플랫폼을 이루며 4차 산업 혁명의 터전으로서 그 지평을 빠르게 확장해가고 있다. 기술의 측면에서 인터넷은 통신 기술과 컴퓨터 기술을 집대성한 융복합 기술의 결정체다. 인터넷 구축 과정에 대해서는 스탠퍼드연구소Stanford Research Institute, SRI의 보고서를 참조해 살펴보려 한다.

산·학·관의 유기적 협력으로 구축된 인터넷

앞서의 사례들과 마찬가지로 인터넷은 구체적인 '문제 해결' 과정에 자연스럽게 수반돼 구축됐다. 인터넷 구축은 상업적 이윤 추구를 위해서가 아니었다. 반대로 국가 안보를 유지하고 공공 편의를 도모하는 것이 목적이었다. 구체적으로는 스푸트니크 발사로 야기된 국가 안보 문제를 해결할 수 있는 기술을 마련하기 위해서였다. 중앙 집중적 통신망이 유도탄 한 방의 타격으로 붕괴돼 국가 통신망이 마비되는 위험을 사전에 방지하는 기술을 개발하는 것이 가장 중요했다. 컴퓨터를 서로 소통시켜 그 기능을 원격에서도 함께 사용할 수 있도록 하는 기술을 모색하려는 목적도 있었다.

SRI 보고서는 인터넷 구축에 새로운 기초과학 지식이 필수적이지 않으며, 기존 기술의 접점을 최적으로 활용한 점이 주효했음을 강조했다. 당시 인터넷 형성에 관여된 것은 정보 이론과 응집 물리를 비롯해 전자, 전산, 소재 등 다양한 공학 기술이었다. 인터넷 형성 과정에서 핵심 역할을 한 것은 대학에서 이뤄진 연구 결과들이었다. 통신망 설계, 패킷 스위칭packet switching, 라우터router, 프로토콜protocol, 탐색 엔진search engine 등이 대표적이다. 이들은 인터넷 운용의 핵심 소프트웨어 기술로 산업계와 학계에 종사하는 연구 인력이 대학의 낮은 벽을 넘나들며 함께 도출한 결과물이었다. 한마디로 인터넷은 정부와 산업계와 대학이 유기적으로 얽혀 구축한 보기 드문 성공 사례였다. 인터넷 형성 초기에는 정부가 주역을 담당했지만, 수십 년에 걸쳐 인터넷이 확장되는 동안 새롭게 창업된 기업들이 정부의 역할을 인계했다.

정부 스스로가 기술 개발 작업에 직접 참여한 사실도 이채롭다. 정부의 연구 관리자가 연구비를 책정·배분하는 등 일상의 행정 업무를 수행하는 차원을 넘어, 미래 지향적 혜안을 바탕으로 인터넷 구축 사업을 적극 선도한 것이다. 인터넷 구축에 참여한 인력이 산·학·관의 낮은 벽을 넘어 직장을 자유로이 옮기며 활동할 수 있었기에 가능한 일이었다. 거의 찾아보기 힘든 특수한 사례임이 분명하다. 보통은 정부로부터 예산을 할당받아 연구를 관리하는 행정 업무와 연구 자체를 수행하는 작업이 분리된 채로 기술 개발 사업이 진행되기 때문이다. 이를 볼 때 정부의 연구 관리인이 연구 활동 자체에 직접 동참했다는 사실은 큰 의미를 지닌다.

인터넷, 컴퓨터 기술과 통신 기술의 접점

인터넷은 'internetworking of networks'를 줄인 말이다. 즉 패킷 스위칭 기술을 기반으로 정보를 발신/수신하는 '통신망의 통신망 시스템'을 가리킨다. 기술의 측면에서 인터넷은 디지털 IT를 기반으로 형성된 시스템으로, 기술 콘텐츠의 핵심에는 컴퓨터 기술과 통신 기술이 놓여 있다. 이두 기술은 인터넷 구축 이전에는 별도의 산업 군에 속해 있었다. 1960년대 초반 미국 정부는 두 기술을 융합해 활용할 목적으로 연구 제안서를 공모했다. 그런데 당시 최첨단 통신 기술과 최첨단 컴퓨터 기술을 각각 보유하고 있던 벨Bell Telephone사와 IBM은 정부의 초청에 응하지 않았다.

통신 기술과 컴퓨터 기술이 서로 다른 산업 영역에 속해 있다는 것이 주된 이유였다. 두 기업은 각자 보유한 최첨단 기술의 관성과 막대한 기술의 인프라에서 벗어나기가 쉽지 않았다. 그때 정부의 제안에 응해 기술의 창의적 융합 과정에 동참했다면 지금쯤 IT 산업의 정점을 차지했을지도 모른다. 이처럼 기술이 진화·발전하는 방향과 그에 따라 창출될 수 있는 새로운 산업을 예리한 안목으로 감지하고 예측하기란 결코 쉽지 않은 일이다. 이미 보유한 기존 기술로 빼어난 성공을 거두고 있는 기업이 미지의 영역으로 사업을 확장하는 예지와 용기를 발휘하는 것은 더더욱 쉽지 않다.

컴퓨터 기술의 초창기에는 통신 기술과 컴퓨터 기술이 접점을 이뤄 함께 작동할 수 있는 가능성이 크지 않았다. 초창기 컴퓨터의 대표적인 예로 ENIACElectronic Numerical Integrator And Calculator을 들 수 있다. ENIAC은 2차 대전 중 포탄이나 충격파의 궤적을 계산할 목적으로 진공관을 기반으로 설계된 컴퓨터였다. 1만 8,000개의 진공 튜브로 이뤄진 거대 컴퓨터였던 탓에 전력을 소비하는 하마에 비유되곤 했다. 큰 전시실을 가득 채울 만큼 거대한 규모를 자랑했지만, 한 계산 프로그램에서 다른 계산 프로그램으로 빠르게 변환하는 기능조차 수용할 수 없는 단순한 계산기에 지나지 않았다.

이후 컴퓨터 기술이 획기적으로 발전하면서 예상을 뛰어넘는 빠른 속도로 통신 기술과 유기적인 융합이 이뤄졌다. 융합의 저변에는 스푸트니크가 발사되기 수해 전에 이미 세기적 발명품으로 등장한 트랜지스터가 놓여 있었다. 트랜지스터는 컴퓨터의 소형화를 선도하고 기능의 지평을 넓혀주는 모체 기술의 역할을 했다. 주목할 것은 트랜지스터 역시 학문의 상아탑인 대학에서 진행된 연구의 결과물이 아니었다는 사실이다. 그것은 벨연구소에서 진행된 '임무 지향적 연구 과제mission oriented research'의 산물이었다.

연구의 지향 목표는 지극히 간결하고도 구체적이었다. 즉 통신선을 기계적으로 스위칭하는 기존 방식을 전기적 스위칭 방법으로 대체하는 것이었다. 이를 통해 스위칭 속도를 증가시킴으로써 보다 많은 통신 정보량을 수용할 수 있는 기반 기술을 마련하고자 했다. 한마디로 새로운 기술의 개발로 사업 영역을 확장하는 것이 연구 목표였다. 이 과정에서 고체로 형성된 스위치가 전기적으로 빠르게 작동할 수 있는 가능성을 간파한 사실은 큰 의미를 지닌다. 스위칭 속도야말로 IT의 핵심 동력인 까닭이다.

스위치는 또한 디지털혁명의 모체 기술이기도 하다. 스위치 작동에 따라 디지털 기술의 기본 초석인 이중 디짓 1과 0이 전류의 흐름과 차단으로 간결하게 표현될 수 있기 때문이다. 이중 상태를 교환하는 스위치 역할을 빠르게 진행할 수 있다는 점도 중요하다. 스위치 기술은 산업사 전반에 막중한 비중을 차지해왔다. 고체로 구성된 스위치가 빠르게 작동할 수 있는 가능성을 간파한 이는 물리학자 켈리M. Kelly 박사였다. 그는 벨연구소의 뛰어난 연구 관리인으로 이 연구소를 초일류 연구소로 이끈 기초과학자였다. 여기서도 기초과학자가 산업 현장에서 기술 개발을 활기차게 진행할 수 있는 환경과 연구 문화를 미국 과학계가 갖추고 있음을 확인할 수 있다.

트랜지스터, 통신의 신경세포이자 디지털 기술의 초석

트랜지스터 발명은 차세대 산업 기술을 창안하는 슬기로운 비전이 획기적 발명을 이끄는 핵심 관건임을 증명해주는 좋은 사례다. 슬기로운 비전이 구체적인 문제에 직면했을 때 창출될 수 있다는 사실도 말해준다. 구체적인 문제는 산업 현장에서 끊임없이 제공되고 있다. 벨연구소가 산업 연구소의 정점이 될 수 있었던 이유는 켈리처럼 차세대 기술에 관한 비전을 지닌 연구 관리인에서 찾아볼 수 있다.

트랜지스터는 켈리의 꿈을 실제로 구현한 반도체소자다.

이를 발명한 쇼클리가 표현했듯 트랜지스터는 통신의 신경 세포이자 디지털 기술의 초석이다. 트랜지스터 기술은 연이어 창안된 집적회로 기술에 도입돼 반도체 산업을 새롭게 등장시키는 역할을 했다. 이렇게 등장한 반도체 산업은 스푸트니크 발사로 한층 고조된 군사력 경쟁에 힘입어 경이적인 성장을 거뒀다. 그 결과 전력 소모의 하마였던 ENIAC은 스위칭과 증폭 두 기능을 함께 갖춘 엄청난 숫자의 트랜지스터로 구성된 마이크로프로세서로 진화·발전했다. 곧이어 마이크로프로세서는 컴퓨터 기술과 통신 기술이 접점을 이루는 매체가 됐다. 또한 PC 시대를 열어준 결과 PC는 인터넷에 연결돼 인터넷 기반 산업의 동력이 될 수 있었다.

트랜지스터를 비롯해 다양한 반도체소자 기술이 인터넷의 모체 기술로 이어지기 위해서는 효율적이고 합리적인 연구 관리가 필요했다. 이런 역할을 맡은 것은 미국의 고등 기술 관리 기관인 '알파Advanced Research Project Agency, ARPA'였다. 알파는 스푸트니크의 돌출 발사에 충격을 받은 미국 정부가 대응 조치로 신설한 미래 지향적 연구 관리 기관이었다. 즉 자국 방위 기술의 지속적 우위를 유지하는 동시에, 상대 진영의 빠른 기술 혁신에서 받을 수 있는 충격을 미연에 방지하는 것이 설립 목적이었다. 미래 지향적 기술을 포괄적으로 선점하려는 목적도 있었다.

알파는 첨단 기초과학 지식을 최적으로 활용하는 일에 주력했다. 현 시점에서는 위험도가 높지만 장기적으로는 파급 효과가 클 가능성이 있는 미래 지향적 과학 콘텐츠를 선정해 집중 지원·육성하는 데 역점을 뒀다. 알파는 이후 국방부에 소속되면서 '달파Defense Advanced Research Project Agency, DARPA'로 개칭됐다. 달파의 연구 관리 방식은 미래 지향적이고 전문적인 연구 관리 문화를 대변한다. 즉 기업가 정신이 투철한 관리자를 영입하는 것이 첫 단계다. 행정 절차나 규제에 얽매이지 않고 임무를 추진할 수 있는 유연한 환경을 마련해주는 것도 주요 업무 중 하나다.

연구 과제의 명확한 설정과 투명한 종결이 중요한 이유

달파는 연구 관리의 유연성을 제공하는 데 역점을 두고 있다. 기술에 조예가 깊고 기업 경험이 풍부한 관리자를 엄선해 임무를 부여하는 것을 중시한다는 뜻이다. 이에 힘입어 달파는 단순한 행정 업무를 넘어 효율적인 연구 관리에 집중하는 관리 문화를 만들어낼 수 있었다. 선정된 연구 관리자들은 대학의 첨단 기초과학 지식을 적극 활용하는 동시에 중소기업과 유기적인 관계를 맺는 데 목표를 뒀다. 이를 통해 가장 기술 집약적이고 효율적으로 운영되는 중소기업체들과 공생할 수 있는 기회를 갖고자 했다. 그 결과 달파는 자연스럽게 중소기업의 혁신적 연구 개발 사업small business innovative research과 기술 이전 사업small business technology transfer에 적극 동참할 수 있었다.

달파는 이처럼 연구 과제의 지향 목표를 명확히 설정했을 뿐만 아니라 투명한 종결을 요구했다. 투명한 종결이란 막대한 양의 연구 보고서를 작성하거나 다수의 논문을 발표하는 차원을 넘어, 구체적이고도 가시적인 결과를 창출하는 것을 말한다. 가시적인 결과는 새로운 기술을 창출해 산업으로 연결하는 것을 기본 내용으로 한다. 최첨단 무기 개발에 구체적으로 기여하는 것도 기본 내용 중 하나다. 달파는 진행되는 연구 결과가 기대에 미치지 못할 경우 그것을 가차 없이 취소하는 것을 연구 관리의 기본 방침으로 삼았다. 주목할 것은 기대에 걸맞은 결과가 도출된 경우에도 후속 관리자를 영입함으로써, 보다 새로운 관점에서 활력과 비전을 지속적으로 불어넣고자 했다는 점이다.

달파의 혁신적인 연구 관리 철학은 여기서 그치지 않았다. 관리자의 보직 기간을 제한했고 달파 내에 연구소 설치를 허용하지 않았다. 이를 통해 연구비를 내부적으로 전향하는 폐단을 단절한 것은 물론 오랜 복무에 따르는 관성적 나태 현상도 차단할 수 있었다. 이 같은 투명하고도 적극적인 연구 관리가 인터넷 구축에 크게 주효했음은 물론이다. 달파와 같은 합리적이고 혁신적인 선진 연구 관리 제도가 우리나라의 기술 개발 사업에도 도입되기를 바란다. 특히 국가 차원에서 미래 지향적 기반 기술을 개발하는 과제에 전문적 연구 관리 시스템이 도입됐으면 한다. 연구 결과가 객관적이고 합리적으로 평가될 수 있는 객관적 점검 시스템의 도입도 바라는 바다.

인터넷 구축에 기여한 정예 인력과 이정표적 기술들

인터넷은 기술의 컨버전스가 지닌 위력을 단적으로 보여준다. 다양한 기술의 물줄기들이 서로 근접해 유기적으로 얽히게 되면, 기술과 기술의 연결이 자연스럽게 이뤄져 창의적 결과가 따르는 법이다. 융합된 기술들 역시 혁신적으로 발전하면서 새로운 기술의 컨버전스와 창의적 결과의 창출로 이어질 수 있다. 이처럼 선순환적인 사이클을 반복하는 것이 기술의 컨버전스 현상이 지닌 고유 특성이다. 인터넷의 기반 기술은 컴퓨터 기술과 통신 기술이며 이는 하드웨어HW와 소프트웨어SW 기술로 세분된다. 아래에서는 인터넷 구축에 기여한 정예 인력과 이정표적 기술을 상세히 알아보려 한다.

킬비와 노이스, 집적회로와 인터커넥트 기술의 선구자들

통신 기술과 접점을 이루는 컴퓨터 기술 역시 다양한 기술의 물줄기들로 구성돼 있음은 잘 알려진 사실이다. 컴퓨터 하드웨어 기술의 핵심은 다름 아닌 세기적 발명품인 트랜지스터다. 물리학자 쇼클리가 발명한 트랜지스터가 집적회로의 주역으로 이용된 사실은 이미 살펴봤다. 집적회로는 다수의 반도체소자를 한데 묶어 작동하는 창의적 발상에 기반한다. 소자와 소자를 기존 방식대로 전선으로 연결하는 대신, 동일한 기판 위에 다수의 소자를 동시다발적으로 묶어주는 것이 발상의 기본 골격이다. 한마디로 집적회로 칩을 공정하는 것이 트랜지스터 활용의 핵심 관건이란 뜻이다.

집적회로 발상의 주인공은 TI사의 초급 엔지니어 킬비 J. kilby였다. 킬비는 일리노이주립대학에서 석사 학위를 받은 전자공학자였다. TI에 입사한 뒤 여름휴가조차 챙기지 못한 채 소자와 소자를 연결하는 혁신적인 방안을 고안하는 일에 몰두했다. 비슷한 시기 노이스 역시 하나의 기판 위에 소자들을 연결해 회로를 형성하는 방법에 주목했다. 노이스의 발상은 다수의 소자를 연결할 수 있는 구체적 방법까지 제시했다는 점에서, 킬비의 발상보다 한 발 앞선 창안이었다. 노이스는 이미 공정이 완성된 소자들을 개별적으로 묶는 대신 소자의 공정 과정에서 아예 동시다발적으로 연결하고자 했다. 이는 소자들의 연결 작업을 공정의 일환으로 취급해 집적회로 자체를 공정하는 참신한 방안이었다. 그 결과 집적회로를 구성하는 천문학적 숫자의 소자를 효율적이고 경제적으로 연결할 수 있었다.

이 경우 소자들은 미소한 도체로 묶이게 되는데 이를 인터커넥트interconnect라고 부른다. 인터커넥트 기술은 진정한 의미에서 집적회로의 원천 기술이었다. 인터커넥트가 도입되면서 집적회로는 반도체 산업의 핵심 품목으로 빠르게 등장했다. 이를 기반으로 마이크로프로세서가 등장했고 컴퓨터 기술과 통신 기술이 융합되는 기반이 마련될 수 있었다. 집적 회로를 매체로 통신 기술과 컴퓨터 기술이 엮이는 방식으로 인터넷의 모체 기술이 형성될 수 있었다는 뜻이다.

인터커넥트 기술을 창안한 노이스는 MIT에서 박사 학위를 받은 물리학자였다. 졸업 후에는 쇼클리가 창업한 쇼클리 반도체Shockley Semiconductor사에 1세대 엔지니어로 입사했다. 최첨단 기술로 각광받던 트랜지스터 기술을 저명한 발명가에게 직접 배우기 위해서였다. 하지만 곧 쇼클리반도체를 떠나 페어차일드반도체Fairchild Semiconductor, FS사와 인텔을 연이어 창업했다. 그러면서 집적회로 기술을 비롯해 반도체 산업의 핵심 기반 기술을 연이어 개발해냈다.

이상으로 인터넷 형성에 버팀목 역할을 한 기초과학자 2인방을 간략히 소개해봤다. 트랜지스터를 발명한 물리학자와 집적회로를 창안한 물리학자를 만나본 셈이다. 여기서도 미국 과학 문화의 강점을 엿볼 수 있다. 이들은 박사 학위를 받고 산업 현장으로 직진한 뒤, 물리학은 물론 다양한 공학 분야를 아우르는 광범위한 영역에서 획기적인 업적을 거뒀다. 반도체 산업에서 인텔이 이룬 업적은 부연할 필요가 없다. 아래에서는 미래 지향적 기술을 간파한 노이스의 혜안과 활약상에 주목해보려 한다. 이를 통해 초학제 간 교육의 참된 의의와 효능을 원론적이고 추상적 수준을 넘어 구체적으로 파악할 수 있을 것이다.

실용적 파급 효과, 노벨상 수상의 요건

천문학적 숫자의 반도체소자를 효율적으로 묶어 함께 작동할 수 있는 기술은 반도체 산업 기술의 핵심을 이룬다. 이로 인해 집적회로가 등장하면서 소자의 수요가 기하급수적으로 증가한 결과 반도체 산업이 자연스럽게 촉발됐다. 반도체 시장 또한 스푸트니크 발사에 힘입어 폭발적으로 확장됐다. 집적회로는 또한 인터넷 구축의 모체 기술을 제공했다.

20세기 산업의 백미인 반도체 산업의 창출 과정을 볼 때, 전자공학자 킬비가 단 하나의 간결한 착상만으로도 노벨 물리학상을 받은 것은 지극히 당연한 일이다. 다만 노이스가 함께 받는 것이 당연하다고 볼 수 있겠다. 불행히도 노이스는 이미 타계한 바람에 수상의 영예를 누리지 못했다. 집적회로에 대한 지적 재산권을 놓고 TI와 인텔 사이에 치열한 법정 다툼이 벌어지는 와중에도, 킬비는 노이스와 공동으로 수상하지 못한 애석함을 통감했다. 한 창의적 발명가가 적수격인 창의적 발명가에게 존경을 표하는 아름다운 모습이 아닐 수 없다.

전자공학자 킬비가 노벨 물리학상을 받은 데엔 큰 의미가 있다. 발상의 콘텐츠가 아무리 간단하다 해도 실용적 파급효과가 입증되기만 하면, 발표된 논문 수나 피인용 지수와는 상관없이 노벨상이 부여된다는 것이다. 매년 수여되는 노벨 물리학상 가운데서도 킬비의 수상은 당위성과 역사적 의의가 매우 크다. 한편 노이스와 같이 노벨상을 수상할 수준의 초일류급 물리학자가 산업 현장에서 일생을 활약하며 창업에 이어 성공적인 경영인으로 성장한 사실에서, 미국의 실용적인 과학 문화를 엿볼 수 있다. 기초과학자가 반도체 산업을 선도하며 전 지구적인 영향력을 행사했다는 것은 초학제간 교육이 지향하는 업적의 대명사라 하겠다.

이미 말했듯 경제학자 애덤 스미스는 일단 개발된 기술은 필연적으로 차세대 기술로 진화·발전한다고 갈파했다. 그가 주창한 산업 기술의 관점은 역동적으로 끊임없이 발전해온 반도체 기술이 입증해준다. 반도체 기술이 진화·발전한 속도와 확장의 폭은 과학사에 뚜렷한 이정표를 남기는 것은 물론, 앞으로도 다양한 통로를 통해 발전을 이어갈 것이다. 기술과 산업의 선순환적인 발전이 이미 활기차게 가동되고 있다는 이유에서다.

차세대 집적회로로의 진화를 위한 핵심 관건은 회로 작동 속도의 증가와 기능의 다양화로 요약된다. 이 두 요건은 소자 규모의 축소에 의해 계속 충족돼왔다. 소자 규모의 축소는 빠른 스위칭 속도를 가져와 회로의 빠른 작동으로 이어진다. 동시에 동일한 칩 면적 내에 더 많은 소자를 집적하는 방식으로 회로 기능의 다양화를 도모한다. 반도체소자의 축소는 무어의 법칙에 따라 수십 년 동안 진행돼오고 있다. 무어의 법칙은 트랜지스터 규모와 더불어 칩 안에 포함된 트랜지스터 수가 18개월 만에 두 배로 증가하는 추세를 정량적으로 예측하는 산업의 생산 법칙을 가리킨다.

흥미로운 것은 무어의 법칙이 우리나라의 메모리 산업이 활기차게 발전하면서 더욱 공고해졌다는 사실이다. 트랜지스터 규모가 끊임없이 축소됨에 따라, 컴퓨터 기술 역시 거듭 발전하면서 통신 기술과 접점을 이뤄 인터넷 구축으로 이어질 수 있었다. 현재는 인터넷의 빠른 발전과 확장을 이끌며 4차 산업혁명의 동력이 돼주고 있다.

인터넷 구축에 기여한 아홉 개의 이정표적 업적

반도체소자의 크기가 나노 영역으로 축소되면서 무어의 법칙은 넘기 어려운 물리적 장벽에 직면했다. 이를 극복하고 소자의 기능을 지속적으로 향상하고자 나노과학을 비롯한 다양한 기초과학의 발전이 촉진되고 있다. 이는 기술의 컨버전스가 창의적 결과만 창출하는 데서 그치지 않고 기초과학의 지평도 넓혀주고 있음을 말해준다. 결과적으로 컴퓨터 기술은 유선통신, 무선통신, 광섬유 통신 등을 아우르며 광범위한 주파수 영역에서 작동되는 통신 기술과 유기적인 컨버전스를 이뤄왔다. 아래에서는 기술의 컨버전스를 기반으로 인터넷이 구축·발전해온 과정을 아홉 개의 이정표적 기술을 중심으로 정리해보려 한다.

인터넷 기술의 핵심 콘텐츠는 소통이다. 컴퓨터 상호 간 소통은 시간과 장소를 가리지 않고 인간 상호 간 소통으로 이어졌다. 연이어 사물과 사물을 엮어주는 소통으로까지 발전하면서 인터넷은 기하급수적으로 확장됐다. 그 결과 사물 인터넷이 등장하면서 4차 산업혁명이 촉발됐다. 인터넷의 구축 신화에 대해서는 시걸러Segaller의 『Nerds 2.0.1: A Brief History of Internet』에 상세히 나와 있다. 여기서는 구축의 성공담을 이정표별로 묶어 초학제 간 교육의 관점에서 간략히 살펴볼 생각이다.

시걸러는 인터넷 구축에 핵심적으로 기여한 창의적 과학

자와 기술자를 '너드nerd'란 용어로 간결하게 표현했다. 너드의 기본 속성은 외부의 눈총에 좌우되지 않고 자신의 소신에 따라 자유롭게 연구에 집중하는 점에서 찾아볼 수 있다. 주어진 문제가 해결될 때까지 밤샘은 물론 며칠이 걸려도 포기하지 않고 그에 천착하는 태도 역시 중요한 속성이다. 필요 수식과 코드는 길이나 복잡성과 상관없이 통째로 암기해 활용할 수 있는 지적 능력도 빼놓을 수 없다. 흥미로운 것은 다수의 너드가 20대의 젊은 나이에 인터넷 구축에 크게 기여했다는 사실이다. 유럽 과학의 백미인 양자역학의 정립에 20대의 젊은 과학 천재들이 크게 기여한 것과 일맥상통한다. 한마디로 너드는 과학기술의 혁신적 발전과 진화를 이끈 20세기 초일류급 과학과 공학의 엘리트 군인 셈이다.

제1 이정표: 미래 지향적 기술 개발을 위해 발족된 IPTO

제1 이정표로 '알파 내에 신설된 정보처리 기술 부서인 IPTOInformation Processing Techniques Office'를 선정했다. IPTO가 진취적으로 주도한 기술 개발 과제는 인터넷 구축에 핵심 역할을 했다. IPTO 부서에 연구 관리인으로 부임한 테일러B. Taylor는 미래 지향적인 안목으로 컴퓨터의 중요성을 간파했다. 컴퓨터를 계산의 도구가 아닌 인간과 인간을 연결하는 소통의 도구로 간주함으로써 알파넷ARPANET 구축 과정에 크게 이바지할 수 있었다. 알파넷이란 인터넷에 이르는 첫 단계 컴퓨터 소통 망을 가리킨다.

컴퓨터를 소통의 매체로 맨 처음 간파한 이는 테일러의 선임자였던 릭리더J. Licklider였다. 릭리더는 자신의 저서 『인간과 컴퓨터의 공생Man-Computer Symbiosis』에서, 컴퓨터가 인간의 소통 매체로 진화·발전할 수 있는 가능성을 간파하는 동시에 컴퓨터가 서로 소통하며 작동하게 될 것을 예견했다. 이후 전개된 역사는 릭리더의 혜안이 틀리지 않았음을 입증해준다. IPTO의 연구 관리인들이 일상의 행정 업무 수준을 넘어 새로운 기술에 대한 비전을 품고 소신껏 연구 관리에 임한 사실도 확인할 수 있다. 이는 연구에 깊은 신념과 소신을 갖고 관리에 임할 때 괄목할 만한 결과를 도출할 수 있음을 보여준다.

필자가 대학원 학생이었던 1960년대에 컴퓨터를 이용한 계산 작업은 펀치 카드punched card로 운용됐다. 펀치 카드는 컴퓨터 프로그램 코드를 주어진 규칙에 따라 직사각형 모양의 구멍을 뚫어 나타내는 종이 카드를 말한다. 프로그램 알고리듬을 한 다발 펀치 카드에 입력해 컴퓨터 센터로 가져가면 하얀 가운을 걸친 직원이 이를 접수했다. 주문된 계산 작업은 센터 내 냉방 장치를 갖춘 방에 보관된 IBM 메인 프레임 컴퓨터에서 이뤄졌다. 계산 결과가 나오는 데 걸리는 시간은 접수된 과제 수에 따라 결정됐는데 보통은 며칠씩 걸렸다. 당시 컴퓨터 이용에 들었던 절차와 시간을 생각해보면 릭리더의 미래 지향적 안목은 경이롭기 그지없다.

흥미로운 것은 테일러와 릭리더 모두 이공 계열을 전공하지 않았다는 사실이다. 이들은 심리학을 전공한 인문 계열 출신이었다. 우연의 일치일 수도 있겠지만, 심리학을 전공한 2인방이 학과 간 높은 장벽을 넘어 열린 마음으로 인터넷 구축에 적극 참여했다. 그 결과 초일류급 공학자들과 더불어

20세기 과학기술이 집대성된 인터넷을 구축하는 데 큰 몫을 했다. 초학제 간 교육의 참된 면모를 보여주는 사례가 아닐 수 없다. 학과 간 장벽 특히 인문 계열과 이공 계열 사이에 존재하는 높은 장벽을 뛰어넘어, 타 분야의 전문 인력과 공동으로 가시적 결과를 창출하는 것이 초학제 간 교육이 지향하는 목표이기 때문이다.

특히 릭리더는 MIT의 링컨랩Lincoln Lab과 그로부터 파생돼 창업된 기술 자문 회사인 BBNBolt Beranek Newman사를 넘나들며 활발히 활동했다. 링컨랩의 인력 풀이 정예급 공학자 집단인 점에 비추어 보면 릭리더가 그들과 한 팀을 이뤄 활약한 것은 큰 의의가 있다. MIT 소속의 링컨랩은 냉전의 부산물이었다. 2차 대전 후 구소련이 핵폭탄과 장거리 미사일을 연이어 개발한 데 위협을 느낀 미국 정부는 이에 대한 조치를 취할 것을 국방부에 지시했다. 국방부는 이를 MIT에 의뢰하면서 기술적 도움을 청했다. 그 결과 링컨랩이 창설돼 정예급 공학자 집단이 자연스럽게 형성될 수 있었다.

링컨랩 공학자들의 주된 임무는 날아드는 적의 항공기나 유도탄을 조기에 탐지할 수 있는 통신망 시스템을 구축하는 것이었다. 이들은 컴퓨터와 전화선을 묶어 안테나 잠수함에서 발송된 신호들을 신속히 처리함으로써, 날아오는 표적을 추적하는 기술을 개발하는 데 주력했다. 이에 따라 창출된 기술들이 인터넷 구축의 기반 기술로 이어지면서 링컨랩 소속 엔지니어들은 인터넷 구축 작업을 선도할 수 있었다.

제2 이정표: 틈새형 디지털 통신 기술 '패킷 스위칭'

필자가 선택한 제2 이정표는 '패킷 스위칭 기술'이다. 패킷 스위칭은 인터넷의 모체 소프트웨어 기술이면서 디지털 통신 기술의 초석을 이룬다. 정보를 디지털화해 토막으로 나눈 뒤, 나뉜 토막 정보를 잠시 쉬고 있는 전화선을 빌려 개별적으로 발송하는 것이 기본 내용이다. 한마디로 통신선을 최적의 조건으로 활용하는 틈새형 디지털 통신 기술이라 하겠다.

패킷 스위칭은 MIT 전자공학과에 제출된 박사 논문에 처음 등장했다. 논문의 주인공은 클라인록L. Kleinrock이었다. 링컨랩에서 대학원생 자격으로 연구에 참여한 클라인록은 패킷 스위칭의 필요성을 재빨리 스스로 간파했다. 곧이어 패킷 스위칭 기술 개발을 자신의 박사 논문 주제로 과감히 채택했다. 주목할 것은 대학원생이었던 클라인록이 시대가 필요로 하는 핵심 기술을 적기에 스스로 간파한 것은 물론, 간파한 기술의 개발을 자신의 논문 주제로 채택했다는 사실이다. 여기서 정답을 미리 가늠할 수 있는 '논문 감'이 아니라 해도, 시대가 요구하는 기술을 스스로 간파해 해결책 모색에 나서는 과감한 연구 자세를 만나볼 수 있다.

이렇듯 패킷 스위칭 기술이 성공적으로 개발될 수 있었던 배경에는 몇몇 핵심 관건이 놓여 있었다. 시대가 그 해결책을 요구하는 구체적 문제를 적기에 간파하는 것은 매우 중요하다. 간파된 문제의 해결책을 모색하는 데 개입되는 위험 부담을 스스로 감내하며 연구에 임하는 적극적이고 도전적인 연구 자세도 필요하다. 이를 단적으로 보여준 클라인록의 도전적 연구 자세는 미국 연구 문화의 강점이라 할 수 있다.

그뿐 아니라 논문 주제를 학생 스스로 선택할 수 있는 미국 대학의 유연한 교육 문화와 연구 문화도 주목을 요한다. 유연한 교육 문화는 항간에서 회자되는 적자생존식 교육 문화와는 대조를 이룬다.

적자생존에서 '적適'은 환경에 잘 적응한다는 '적'이 아닌 달필의 '적'을 뜻한다. 즉 교수의 강의 내용을 착실하고 정확하게 기입하는 것을 가리킨다. 그렇다면 적자생존식 교육 문화란 적어놓은 내용을 그대로 암기해 시험 답안을 작성함으로써 좋은 성적을 얻는다는 의미로 볼 수 있다. 패킷 스위칭은 시험 성적 향상에 매몰된 교육 문화의 결과물이 아니라 학생 스스로가 논문 주제를 선택할 수 있는 유연한 교육 문화의 산물이다. 시대가 요구하는 기술 개발을 학생 스스로 선택해 도전하는 적극적 연구 자세의 산물이기도 하다. 이는 '논문 감' 위주로 주제가 선택되는 연구 문화 풍토와는 명확히 다른 점이다.

결론적으로 패킷 스위칭은 디지털 통신의 모체 기술이자 분산형 통신 시스템에 걸맞은 기술이다. 핵탄두 공격에서 받을 수 있는 치명적 타격을 피하는 데도 도움을 준다. 또한 인터넷 형성에 기여한 대학의 구체적 업적을 입증해주는 기술이기도 하다. 이 같은 이정표적 기술을 개발한 클라인록은 명성 높은 뉴욕 소재 브롱스과학고를 졸업했다. 그는 가정 형편상 수업료가 거의 없는 뉴욕시립대학에도 들어가기 어려웠다. 어쩔 수 없이 낮에는 아르바이트로 생계를 유지하는 한편, 저녁 시간을 이용해 뉴욕시립대학의 야간 학부 학사 과정을 수료했다.

졸업 후에는 MIT의 긍지인 전자공학과에 전액 장학생으로 들어가 획기적인 논문으로 박사 학위를 받았다. 시립대학의 야간 학부 졸업생이 전액 장학금을 받으며 세계적인 명문 공대인 MIT에 입학해 MIT의 긍지인 전자공학과에서 박사가 된 것이다. 미국 대학의 유연하고도 합리적인 입학 시스템을 보여주는 모범적인 사례가 아닐 수 없다.

제3 이정표: 최초의 컴퓨터 통신망 '알파넷'

제3 이정표는 '알파넷 구축'이다. 알파넷은 소수 대학이 각기 소유한 대형 메인 프레임 컴퓨터를 서로 연결해 성공적으로 소통시킨 최초의 통신망이다. 클라크W. Clark가 고안한 알파넷의 기반 소프트웨어 기술은 접속 신호 처리 장치interface message processor, IMP로 요약된다. IMP는 동일하게 제조되고 동일 시스템으로 운용되면서 소통 기능만을 전담하는 소형 컴퓨터를 가리킨다.

메인 프레임 컴퓨터마다 하나씩 부착된 IMP는 안으로는 소속된 메인 프레임 컴퓨터와 단독으로 소통하고, 밖으로는 다른 컴퓨터에 부착된 IMP와 상호 소통하도록 설계됐다. 그 결과 메인 프레임 컴퓨터들은 운용 시스템이 서로 달라도 IMP를 매체로 서로 소통할 수 있게 됐다. 앞서 말했듯 발신은 정보 콘텐츠를 디지털화해 토막으로 나눈 뒤, 나눈 정보 토막을 잠시 쉬고 있는 통신선을 빌려 개별적으로 발송하는 방식으로 이뤄진다. 반면 수신은 도착하는 토막 정보를 정돈해 발신 정보 그대로를 복원하는 방식이다. 이는 IMP가 패킷 스위칭에 기반한 틈새형 소통 방식을 토대로 설계된 것임을 나타낸다.

디지털 방식으로 시행되는 소통의 신빙성을 높이기 위해서는 발신된 정보가 원하는 수신처에 도착했는지 수시로 점검하는 일이 필수적이다. 도착하지 않은 토막 정보를 추적해 수신소로 재유도하는 것도 필요하다. 이런 기능을 구사할 수 있는 IMP를 고안해 소통 방법을 제시한 이는 통신 이론의 전문가 칸B. Kahn이었다. IMP 소프트웨어 기술을 설계한 칸은 MIT 전자공학과 교수였다. 칸의 업적은 인터넷 구축에 대학이 핵심적으로 기여한 사실을 다시금 확인시켜준다. 논문을 다수 발표하는 차원을 넘어 가시적이고 이정표적 업적을 창출하는 대학교수의 참된 면모를 칸의 활약상에서 찾아볼 수 있다.

융합기술의 결정체인 IMP를 스펙에 맞춰 실제로 제작하는 작업은 오른스테인s. Ornstein이 주도했다. 오른스테인은 링컨랩과 MIT를 넘나들며 알파넷 구축에 기여한 하드웨어 전문가였다. 소프트웨어 기술과 하드웨어 기술의 유기적 얽힘으로 구축된 알파넷은 서부에 자리한 몇몇 대학이 지닌 대형 메인 프레임 컴퓨터를 서로 연결해 철저하게 점검했다. 이는 대학이 알파넷 검증 작업에까지 적극 참여한 사실을 말해준다. 형성된 알파넷은 NSF 넷으로 이어져 확장됐고 하와이대학과는 유선의 한계를 넘어 무선으로 연결됐다.

각 대학에 소속된 연구원들은 알파넷을 통해 자신들의 컴퓨터를 공동으로 동시에 사용할 수 있었다. 컴퓨터가 다수의 입력을 동시에 처리하는 기능을 지닌 덕분이었다. 사용자들이 서로를 의식하지 않고도 컴퓨터를 함께 이용할 수 있게 된 것을 시간의 공유라고 불렀다. 이는 컴퓨터를 여럿이 공용하고자 설정된 연구 목표가 실제로 구현된 결과로 볼 수 있다. 시간의 공유는 데이터의 공유로 이어졌다. 사용자들은 유사한 작업을 동시에 시행할 경우 획득한 결과를 함께 활용할 수 있었다. 이런 방식으로 시간의 공유는 데이터의 공유를 넘어 작업의 공유로까지 이어졌다.

컴퓨터는 테일러와 릭리더가 예견한 대로 인간의 소통 수단으로 진화·발전했다. 알파넷 형성 과정에서 알파넷의 킬러 앱인 이메일Email이 등장한 것이다. 이메일은 알파넷을 통해 처음으로 발송됐다. 이메일 소통 방식을 창안한 이는 BBN에서 근무하던 톰린슨R. Tomlinson이었다. 이메일이 처음 발송됐을 땐 누구도 그 활용의 폭과 깊이를 예측하지 못했다. 알파넷의 돋보이는 유산인 이메일은 현재 일상생활에 깊이 뿌리내린 소통의 매체이자 없어서는 안 되는 생필품이다. 이미 다수 회사는 이를 기반으로 자택 근무를 시도하는 중이다. 업무 보고와 논의 등 사업 활동을 이메일을 통해서도 효과적으로 진행할 수 있기 때문이다. 이메일은 이처럼 일상생활의 소통 매체일 뿐만 아니라 산업 활동의 양식마저 변화시키는 기술이라는 중요한 의미를 지닌다.

제4 이정표: 네트워크의 상호 소통을 구현한 '인터넷'

제4 이정표는 '인터넷의 등장'이다. 알파넷이 지역마다 서로 다른 시스템으로 운용되는 통신망이다 보니 상호 간 소통이 불가능한 한계가 있었다. 알파넷들을 한데 묶어 소통을 유도한 것이 바로 인터넷이다. 이미 말했듯 인터넷은

'internetworking of networks'를 줄인 말로 명칭 자체가 그 기능을 대변해준다.

알파넷들을 소통시키는 핵심 기술은 TCP/IP Transmission Control Protocol / Internet Protocol이다. TCP/IP의 역할은 알파넷 운용의 소프트웨어인 IMP의 역할과 비슷하다. IMP가 메인 프레임 컴퓨터마다 하나씩 부착돼 소통의 매체가 된 것처럼, TCP/IP도 알파넷마다 하나씩 첨부돼 정보 소통의 관문을 맡았다. 구체적으로 설명하면 각 알파넷에 부착된 TCP/IP는 안으로는 연결된 알파넷과 단독으로 소통하도록 설계됐다. 밖으로는 다른 알파넷에 부착된 TCP/IP와 소통하며 정보를 교환하도록 설계됐다. 알파넷은 이처럼 상이한 운영 시스템에 따라 작동됨으로써 상호 소통하는 인터넷으로 진화·발전할 수 있었다.

다만 TCP와 IP가 소통 과정을 분담하도록 설계된 것은 IMP와 다른 점이다. IP는 한 알파넷에서 발신된 정보를 원하는 알파넷으로 인도해주는 길잡이routing 역할을 전담한다. 반면 TCP는 정보의 디지털화, 토막화, 틈새 발송 등의 역할을 담당한다. 정보가 수신처에 도착했는지 수시로 점검해 미수신 정보 토막을 수신소로 이끌어줌으로써, 발송된 정보를 복원하는 기능도 맡고 있다. 한마디로 TCP로 패킷화돼 발신된 정보의 운송이 IP로 유도되면 수신된 정보는 다시 TCP에 의해 복원되도록 설계됐다고 요약할 수 있다. TCP/IP는 캘리포니아주립대학 버클리분교의 소프트웨어를 기반으로 맨처음 운용됐다. 여기서도 인터넷 형성 과정에 대학이 구체적으로 참여해 기여한 업적을 다시금 확인할 수 있다.

TCP/IP 기술은 알파넷의 IMP를 고안한 칸이 스탠퍼드대학의 세르프v. Serf와 공동으로 개발한 기술 작품이다. MIT를 떠나 알파로 직장을 옮긴 칸은 연구 관리인의 자격으로 인터넷 구축을 선도했다. 학문의 상아탑 바깥으로 진출해 가시적 결과를 직접 창출하는 교수의 역동적 활약상이 돋보이는 사례다. 주목할 것은 칸이 연구 관리와 연구를 함께 수행했다는 사실이다. 연구 과제를 관리하는 통상적 행정 업무뿐만 아니라 연구 활동 자체에 참여하는 것은 예사롭지 않은 일이다.

한편 세르프는 스탠퍼드대학에서 학사 학위를 받은 수학자였다. 졸업 후 UCLA대학원에서 패킷 스위칭 기술을 창안한 클라인록의 지도로 전자/전산공학 박사 학위를 받았다. 이후 IBM과 스탠퍼드를 오가며 원격 컴퓨터 기술 개발에 주력하는 공학자로 거듭났다. 수학자에서 시작해 컴퓨터 공학의 전문가로 거듭난 세르프의 교육 과정 역시 맞춤형 융합 교육을 스스로 선택해 습득하는 능동적이고 적극적인 학습 자세를 여실히 보여준다. 여기서 TCP/IP의 성공적인 개발 사례에서 해결이 요구되는 기술적 문제점을 적기 적소에서 간파하는 것이 이정표적 업적을 이루는 핵심 관건임을 확인할 수 있다. 문제의 해결책을 공동으로 모색할 수 있는 최적의 팀을 구성할 필요가 있음도 알 수 있다.

제5 이정표: 마이크로프로세서와 PC의 등장

제5 이정표로는 '마이크로프로세서와 PC의 등장'을 선택했다. 잘 알려진 대로 마이크로프로세서는 인텔의 주력 제품이면서 집적회로의 킬러 앱이자 PC의 핵심 기술이다. 인텔이 마이크로프로세서를 끊임없이 차세대 마이크로프로세서로 진화·발전시킨 업적은 PC가 차세대 PC로 진화·발전한 과정과 겹친다. 여기에는 무어의 법칙에 따라 소자 규모를 연이어 축소한 공정 기술의 비약적 발전이 배경으로 깔려 있다.

반도체 산업의 핵심 기술을 연이어 개발해 PC 산업을 선도한 인텔은 노이스와 무어가 함께 1968년 실리콘 밸리에 창업한 벤처기업이다. 인텔의 강점은 창업자들이 초일류급 현대판 과학자이고 공학자였다는 점에 있다. 인텔은 새로운 기술 개발에 승부수를 던지며 창업된 기술 기반 벤처기업의 전형적 사례다. 새로운 차세대 기술에 승부를 거는 것은 수평적 운영 방식으로 회사를 이끄는 것과 다르지 않다. 즉 발생한 기술적 문제의 해결책을 찾고자 지위나 연령과 무관하게 수평적인 입장에서 자유롭게 의견을 나누는 토론 문화가 사내에 존재한다는 뜻이다.

열린 토론 문화는 해결책을 함께 효율적으로 모색할 수 있는 장점이 있다. 다시 말해 산업 활동에 생기를 부여할 뿐만 아니라 과학 발전에 역동적인 동력을 제공할 수 있다. 토론 문화에 힘입어 활기차게 개발된 반도체 기술은 컴퓨터와 통신이 융합되는 단초를 제공했고, 나아가 IT 혁명의 동력을 제시했다. 주목할 것은 자연스럽고 유연한 토론 문화를 가능케 하는 수평적 운영이 산업 발전은 물론 과학 발전의 핵심 동력을 이룬다는 점이다. 여기서 벤처기업의 성공 비결과 더불어 초학제 간 교육의 효능을 산업 현장에서 직접 확인해볼 수 있다.

결론적으로 PC의 등장은 인터넷 구축에 획기적인 파급을 불러일으켰다. 엄청난 수의 PC가 인터넷에 접속되면서 인터넷의 지평이 한 차원 넓어졌다. 이에 따라 소통의 마당이었던 인터넷은 창업과 산업의 마당으로 확장돼 4차 산업혁명의 플랫폼으로 거듭나는 중이다. 또한 PC의 등장으로 컴퓨터는 전문인들만이 이용할 수 있는 좁은 테두리를 벗어나 일반 대중에게로 성큼 다가섰다. 이로써 릭리더의 꿈이었던 '컴퓨터와 인간의 공생'이 본격 구현되는 단초가 마련될 수 있었다.

소형화된 컴퓨터의 첫 작품은 8080 마이크로프로세서를 이용해 설계된 '알테어Altaire'다. PC의 첫 작품으로 등장한 알테어는 전국에 산재한 컴퓨터 동호인들의 커다란 흥미와 관심을 자아냈다. 다만 명실상부한 PC는 '매킨토시McIntosh'의 출현과 함께 등장했다는 것이 전반적 견해다. 매킨토시를 설계한 이는 HP의 초급 엔지니어에 불과했던 워즈니악 S. Wozniak이었다. 그는 평상 근무를 마친 뒤 컴퓨터 동호인 모임에 참여해 컴퓨터 기술을 스스로 익혔고, 자신의 차고에서 애플Apple 제1호를 설계했다. 컴퓨터 제작에 남다른 흥미를 느낀 워즈니악은 HP에 소형 컴퓨터 개발 부서를 설치할 것을 건의했다. 자신이 몸담은 회사에서 소형 컴퓨터를 본격적으로 개발해보고 싶어서였다.

HP는 소형 컴퓨터 기술이 새로운 산업으로 이어질 가능성이 희박하다는 판단으로 워즈니악의 제안에 부정적 반응을 보였다. 이에 워즈니악은 고용 계약 해지를 요구했고 HP는 이를 흔쾌히 수락했다. HP의 행태는 컴퓨터 기술과 통신 기술을 융합하는 절호의 기회를 놓친 Bell이나 IBM과 다르

초일류 과학기술 국가를 생각한다

156

지 않아 보인다. 만약 HP가 워즈니악의 건의를 수용했다면 HP의 판도는 크게 넓어졌을 것이고 위상 또한 높아졌을 것이다. 이 일화는 새롭게 개발된 기술이 새로운 산업으로 이어질 수 있는 가능성을 정확히 가늠하기란 결코 쉽지 않은 일임을 말해준다. 즉 새로운 사업을 개척하는 데는 큰 결단과 미래를 예측하는 예지가 필요하다는 뜻이다.

특히 HP처럼 이미 보유한 기술로 빼어난 성공을 거두고 있을 경우 새로운 기술을 개발해 사업 영역을 확장하기란 참으로 어렵다. 역설적인 것은 HP가 나무로 지은 차고를 기점으로, 위험부담의 심적 장벽을 넘어 벤처 붐을 선도한 제1호 벤처기업이 될 수 있었다는 사실이다. HP가 탄생한 차고는 현재 실리콘 밸리의 역사적 장소로 지정돼 캘리포니아주의 랜드마크 역할을 하고 있다.

HP의 휼릿과 패커드, 애플의 워즈니악과 잡스

HP를 함께 창업한 휼릿B. Hewlett과 패커드D. Packard는 스탠퍼드대학 전자공학과를 졸업한 동창이다. 스승 터만 교수의 권유로 졸업 후 차고에서 HP를 창업했다. 측정 장비 제작에 사업의 초점을 맞춘 이들은 그 제작 기술을 바탕으로 HP를 세계 굴지의 회사로 키워냈다. HP는 산학 간 협동에 새로운 패러다임을 제시했다. 스탠퍼드대학과 유기적인 협력 관계를 맺어, 사내 직원이 근무와 동시에 대학 수업을 받을 수 있도록 유연한 근무 시간 제도를 도입했다. 회사 이익을 전 직원이 공유할 수 있도록 스톡옵션 제도도 시행했다. HP는 이처럼 회사가 거둔 이익을 전 직원이 공유하는 가족적인 분위기 속에서 운영됐다.

HP를 언급할 때는 터만 교수를 빼놓아선 안 된다. 그는 학생들이 졸업 후 사회로 진출해 새로운 기업을 창업하고 성공적으로 경영할 수 있는 능력을 키우는 데 혼신의 노력을 기울였다. 한마디로 현대판 교육자의 규범을 보인 선각자라 하겠다. 터만 교수의 실사구시 교육 철학은 산학 간 새로운 유기적 협조를 선도하는 한편 실리콘 밸리의 초석을 다지는 데 크게 일조했다. 이런 점에서 그의 생애와 활약상을 알아보는 것은 초학제 간 교육의 정수를 고찰하는 일이 될 수 있다.

HP와 작별한 워즈니악은 곧이어 잡스S. Jobs라는 창업의 동반자를 만났다. 잡스와 워즈니악은 고등학교 선후배 관계로 컴퓨터 클럽 활동을 함께 하기도 했다. 워즈니악이 기술의 달인이었다면, 잡스는 새로운 미래 사업을 날카롭게 예견하는 안목과 상품을 창의적으로 설계하는 능력을 동시에 지닌 사업의 귀재였다.

소형 컴퓨터가 지대한 관심을 불러일으키던 시기 잡스는 소형 컴퓨터의 밝은 전망을 직시했다. 그는 컴퓨터가 연구실의 한낱 장비이기를 넘어 모든 가정이 애용하는 가전제품이 될 수 있는 가능성을 간파했다. 기하급수적으로 팽창할 수 있는 시장성도 예측했다. 이런 낙관적인 사업 전망을 염두에 두고 워즈니악과 잡스는 애플사를 창업하기에 이른다. 창업 당시 잡스의 나이는 21세였고 학사 학위도 없는 상태였다. 20대 초반의 2인방이 창업한 벤처기업인 애플이 IT 분야의 초일류 회사로 군림하게 된 기복의 역사는 이미 잘 알려져 있다. 여기서는 잡스의 특기인, 기술을 상품화하는 능력과 상품을 간편하게 이용할 수 있도록 설계하는 능력이 애플의 강점임을 강조하고 싶다.

제6 이정표: 운용 소프트웨어 기술의 발전으로 대중화된 PC

제6의 이정표로는 'PC를 운용하는 소프트웨어 기술이 속속 등장하면서 컴퓨터 사용이 일반 대중에게 성큼 다가선 과정'을 선택했다. PC는 'personal computer'를 줄인 용어다. 브랜드s. Brand가 작명한 이름이 시사하는 바가 흥미롭다. 인간 사이의 돈독한 관계는 personal relation이란 짤막한 용어로 표현되곤 한다. 같은 맥락에서 personal computer는 컴퓨터와 인간의 돈독한 관계를 예측하고 기원하는 마음이 반영된 것으로 보인다. PC의 등장으로 일반 대중은 컴퓨터를 직접 소유하는 동시에 공생할 수 있는 삶의 반려자를 얻게 됐다.

인간이 컴퓨터와 공생하려면 PC를 간편하게 사용할 수 있어야 한다. 이 조건은 PC의 '마우스'를 고안한 엥겔바트 D. Engelbart를 비롯해 창의적 엔지니어들이 연이어 등장해 빠르게 충족했다. 엥겔바트의 마우스가 담당하는 막중한 역할은 PC를 사용하는 사람이라면 누구나 느낄 수 있다. 엥겔바트는 캘리포니아주립대학이 배출한 뛰어난 컴퓨터 공학자로 전문가들 중의 전문가로 추앙받는 인물이다.

그는 PC를 IBM 메인 프레임 컴퓨터에서 해방하는 수단으로 간주했다. 또한 인간의 사고 능력을 고취할 뿐만 아니라 인간과 지식을 공유·교환하고 더불어 발전해가는 지적 반려자로 여겼다. 이런 엥겔바트의 생각은 달파의 연구 관리자 릭리더가 품었던 '인간과 컴퓨터의 공생'이란 꿈을 구체화한 것으로 볼 수 있다. 빠른 발전을 거듭하는 인공지능으로 인해, 컴퓨터는 인간에게 지시를 받기만 하는 수동적 반려자에서 지식을 공유·교환하는 지식의 반려자로 바뀌었다. 이런 점에서 미래를 정확히 내다본 엥겔바트의 혜안에 감탄을 금할 수 없다.

PC는 한 개인과 공생하는 한계를 넘어 알파넷에 빠르게 접속됐다. 이는 이더넷Ethernet을 매체로 삼으면서 가능해진 일이었다. 알파넷이 메인 프레임 컴퓨터를 연결했듯 이더넷은 PC를 묶는 역할을 했다. 덕분에 PC는 이메일을 비롯해 각종 정보를 주고받는 소통 능력을 지니게 됐고 프린터와도 연결될 수 있었다. 그 결과 전 지구적 정보에 접하는 기회와 통로를 일반 대중에게 열어주는 반려자의 위치에 성큼 올라섰다.

이더넷을 창안한 메트칼프B. Metcalfe는 MIT 전자공학과에서 학사 학위를 받았다. 졸업 후에는 하버드대학에 진학해 응용수학 분야에서 석사 학위를, 전산학 분야에서 박사 학위를 받았다. 메트칼프의 교육 과정 역시 학생 스스로 맞춤형 양식으로 초학제 간 교육을 습득한 전형적인 사례다. 학습자가 융합의 콘텐츠를 스스로 선택한 사실에서 미국 대학생들의 능동적이고 미래 지향적인 교육 자세를 거듭 확인할 수 있다. 이는 학과 간 높은 장벽 탓에 학부 과정에서 전공한 분야에만 매달리는 학습 자세와는 분명 다르다.

흥미로운 것은 메트칼프 역시 클라인록처럼 박사 논문 주제를 스스로 선택했다는 사실이다. 그는 유선통신에 기반한 알파넷과 무선통신에 기반한 알로아넷의 작동 성능을 비교 고찰하는 데 연구의 초점을 뒀다. 알로아넷은 인터넷을 하와이로까지 확장하고자 개발된 넷을 가리킨다. 알파넷과 알로아넷의 장단점을 비교 고찰해 얻은 지식이 이더넷 창안의 밑거름이 됐다. 사실 메트칼프는 짧지 않은 논문 심사 과정을 감내해야 했다. 심사에 임한 하버드대학 교수들이 논문의 의의와 당위성을 납득하는 데 시간이 필요했기 때문이다. 이런 사실은 학생의 미래 지향적 안목이 교수의 안목보다 앞설 수 있으며, 학생 스스로 선택한 연구 주제가 획기적인 결과를 낳을 수 있음을 증명해준다.

PC는 이어 '디지털 꿈'과도 신속하게 인연을 맺었다. 디지털 꿈의 소유자는 넬슨T. Nelson이었다. 그는 PC 활용의 지평을 문헌과 문학 나아가 예술의 영역으로 확장했다. 그의 꿈은 도서관에 소장된 문헌을 디지털 비트로 저장해, 문학과 예술을 각각 전자 문학과 전자 예술로 전환하는 것이었다. 즉 전 세계 도서관이 보유한 도서들을 방 안에 설치된 스크린 위로 불러들이는 것이 그의 희망 사항이었다.

이를 위해 넬슨은 WWWWorld Wide Web가 정립되기 30여 년이나 앞서 그 전초적 소프트웨어인 '하이퍼텍스트Hypertext Transfer Protocol'를 고안했다. 하이퍼텍스트는 문헌이 저장된 장소들을 컴퓨터가 오가며 정보를 처리할 수 있도록 지시하는 소프트웨어를 말한다. 넬슨은 자신이 개발한 정보처리 소프트웨어를 처음과 끝을 가리지 않고 단편적으로 작성하는 글쓰기에 비유했다. 바쁜 일정 속에서 단편적으로 글을 작성하지만, 결국엔 처음과 끝을 부드럽게 연결하는 두뇌의 역할과 컴퓨터의 정보처리 역할이 비슷하다는 것이다.

정보처리용 소프트웨어 기술을 개발한 넬슨은 컴퓨터 전문가 명단에 이름을 올릴 수 있을 만큼 컴퓨터 운용과 활용에 뛰어난 감각을 지녔다. 재미있는 것은 그가 과학자나 공학자가 아닌 순수 인문학자였다는 사실이다. 그는 스와스모어대학에서 철학을 전공한 뒤 하버드대학에서 사회학 석사 학위를 받았다. 컴퓨터와는 비교적 거리가 먼 전형적인 인문학 분야를 공부했지만 하이퍼텍스트를 독자적으로 고안하는 능력을 발휘했다. 초학제 간 교육의 효능이 한 단계 높은 차원에서 발휘된 사례가 아닐 수 없다.

인문 계열과 이공 계열의 초학제적 공조는 그룹 차원에서 여럿이 함께 협력하는 방식으로 이뤄지는 것이 일반적인 추세다. 이와 달리 넬슨의 경우 한 개인 안에서 공조가 이뤄졌다. 넬슨의 우수한 인문학 배경은 컴퓨터 활용의 지평을 인문 영역으로 확장하는 데 중요한 역할을 했다. 인문 계열 학자인 넬슨이 경이로운 업적을 성취할 수 있었던 배경에는 탁월한 학부 교육이 깊이 뿌리내리고 있었다. 스와스모어대학은 학부 교육을 집중적으로 균형 있게 전수하는 명문 사립 대학으로 유명하다. 애머스트, 윌리엄스를 비롯한 학부 중심 명문대학들은 미국 교육의 숨은 주역이다. 이들 학부 대학을 졸업한 학생들의 교육 수준은 전 세계적인 연구 중심 대학의 졸업생들과 견줘도 손색이 없다.

넬슨의 업적은 귀중한 교훈을 전해준다. 즉 우수하고 균형 있는 학부 교육을 집중적으로 받을 경우, 전공 학과의 장

벽을 넘어 타 분야의 지식을 스스로 터득하는 능력을 지닐
수 있다는 점이다. 같은 맥락에서 초학제 간 교육은 균형 잡
힌 학부 교육을 집중적으로 받은 뒤, 이를 기반으로 평생교
육 과정을 통해 타 분야의 지식을 스스로 터득·활용하는 교
육 과정으로 볼 수 있다.

제7 이정표: 인터넷을 거대한 소통의 장소로 만든
IBM PC

제7 이정표는 바로 'IBM PC의 등장'이다. 소형 컴퓨터
가 각광받기 시작하자 컴퓨터 산업의 거성 IBM은 PC 사업
에 참여하는 결단을 내렸다. 이로 인해 PC는 양산 단계로 접
어들면서 일반 대중이 손쉽게 구매할 수 있는 제품으로 변모
했다. PC가 일반 대중의 책상을 장식하는 새로운 가전제품
으로 자리매김할 것이란 잡스의 예측이 적중한 것이다. 급격
한 PC의 대중화는 PC 혁명에 버금가는 의미를 지닌다. PC
는 이미 개발된 이더넷으로 묶일 수 있었고, 그 결과 지역마
다 형성된 PC 네트워크는 엄청난 수의 사용자를 위한 소통
의 장소로 거듭났다. 신속하고도 자연스런 기술의 컨버전스
는 인터넷을 일반 대중을 위한 편리한 소통의 장소로 만들어
줬다.

인터넷 활용이 크게 확대됨에 따라 인터넷은 새로운 산업
의 플랫폼으로 이어졌다. 서로 소통하는 컴퓨터의 효능을 간
파한 기업체들은 PC를 사업 활동에 적극 활용하기 시작했
다. 그 결과 인터넷은 소통의 장에서 사업의 장으로 활용의
지평이 한층 확장될 수 있었다. 이 시점에서 PC 회로 판을

편리하고 효율적으로 운용할 수 있는 소프트웨어 기술의 필
요성이 대두됐다. 이 같은 시대적 요구를 적기에 포착해 창
업된 벤처기업이 바로 마이크로소프트다. 고등학교 동창인
앨런P. Allen과 함께 마이크로소프트를 창업한 게이츠W. B. Gates
는 단기간에 지구상에서 가장 부유한 사람으로 등극했다.
PC 활용의 폭이 기하급수적으로 팽창한 덕분이었다. 시대가
제시하는 절호의 기회를 민첩하게 포착해 대응한 것도 주효
했다.

　필자는 게이츠의 모교인 레이크사이드고등학교를 둘러볼
기회가 있었다. 운동장 끝자락에 위치한 작은 건물의 소박한
표지판에는 '게이츠-앨런컴퓨터센터'라고 쓰여 있었다. 졸업
생들의 자랑스런 업적을 기념하고자 지은 이름으로 보인다.
저렇게 작은 센터에서 터득한 컴퓨터 운용 기술이 마이크로
소프트의 창업으로 이어진 사실이 신기하게 느껴졌다. 필자
는 학부 교육마저 단념한 채 창업 활동에 몰두한 그들의 열
기와 개척 정신, 도전 의식을 새삼 느낄 수 있었다. 이어 인
근에 있는 게이츠 부모님의 모교인 워싱턴주립대학도 둘러
봤다. 거대한 만년 설봉이 내려다보는 교정 한복판에서는 어
머니 이름이 붙은 아담한 건물이 있었다. 아버지 이름이 붙
은 법과대학의 간판도 볼 수 있었다.

　게이츠가 막대한 기금으로 재단을 설립해 공익사업과 자
선사업을 활발히 진행해온 것은 잘 알려진 사실이다. 게이츠
의 자선사업은 국경을 넘어 미개국 아동의 건강을 향상하는
데로 확장되고 있다. 성공적인 창업 활동에 따른 수익의 일
부를 부모님을 추모하고 공익을 위해 헌납하는 모습은 더불

어 사는 삶을 구현한 사례가 아닐 수 없다.

제8 이정표: PC를 전 지구적 활용 매체로 바꾼 'WWW'

제8 이정표로는 'WWW의 등장'을 선택했다. PC가 전 지구적으로 폭넓게 활용되고 있는 배경에는 일상생활에 깊이 뿌리내린 WWW가 놓여 있다. 앞서 말했듯 PC가 이더넷을 통해 묶이면서 PC 네트워크는 지역마다 개별적으로 형성됐다. 이런 상이한 PC 네트워크를 한데 묶어 총체적 네트워크를 구축하는 기술의 필요성이 자연스럽게 대두됐다. 이때 고안된 소프트웨어가 앞서 소개한 하이퍼텍스트의 후속 기술인 HTTP다. HTTP는 상이한 운용 시스템으로 작동되는 PC를 서로 소통시키는 기능을 한다. 다시 말해 상이하게 작동되는 시스템이 텍스트와 그래픽을 서로에게 발송하고 또 발송된 콘텐츠를 같은 형식으로 수신할 수 있도록 하는 소통 소프트웨어다.

HTTP를 창안한 이는 옥스퍼드대학 물리학과를 졸업한 버너스-리Berners-Lee였다. 졸업 후 컴퓨터 회사를 설립하고자 했을 만큼 박식한 컴퓨터 지식을 부모님에게서 물려받은 물리학자였다. 그는 스위스 세른 소재 가속기센터가 의뢰한 과제를 해결하는 과정에서 HTTP를 고안했다. 이런 점에서 WWW 역시 구체적 문제를 해결하는 과정에서 이뤄진 이정표적 작품이라 할 수 있다. 가속기 센터가 그에게 의뢰한 과제는 서로 다른 시스템으로 작동되는 컴퓨터를 매개로 공동연구를 실시간으로 진행할 수 있는 소프트웨어를 개발하는 것이었다.

세른 소재 가속기센터는 다양한 국가의 물리학자들이 모여 공동 연구를 수행하는 가속기 연구소다. 이 센터의 물리학자들은 국가마다 고유한 시스템으로 운용되는 컴퓨터를 매개로 공동 연구를 진행해야 했다. 따라서 상호 간 소통이 불가능한 컴퓨터를 이용해 실시간으로 데이터를 함께 처리하고 의견을 교환하는 것이 꼭 필요했다.

구체적으로 주어진 기술적 문제를 버너스-리는 HTTP를 고안해 해결할 수 있었다. HTTP는 텍스트와 그래픽을 TCP/IP로 발신/수신하는 것을 핵심 내용으로 한다. TCP/IP가 상이한 시스템으로 작동되는 알파넷을 묶어 인터넷을 형성한 소프트웨어라면, HTTP는 상이한 시스템으로 운용되는 PC 이더넷을 묶어 소통시키는 소프트웨어다. HTTP는 PC 간 소통을 전 지구적인 차원으로 확장함으로써 인터넷이 21세기 산업의 플랫폼으로 거듭나는 단초를 제공했다. 다행히 HTTP의 출현과 비슷한 시기에 바우처Boucher 법안이 미국회를 통과했다. 바우처 법안은 인터넷이 소통의 장에서 사업의 장으로 확장될 수 있는 법적 기반을 마련해줬다. 이것이 인터넷이 산업의 플랫폼으로 거듭날 수 있었던 배경이다.

제9 이정표: HTTP 출현과 함께 창업된 닷컴 벤처기업들

제9 이정표는 'HTTP 출현과 함께 우후죽순으로 창업된 '닷컴.com사들'이다. 새롭게 창업된 닷컴 벤처기업들이 겪은 기복의 곡선은 가히 역동적이었다. 성공과 실패가 아주 빠르게 판가름 났다는 뜻이다. 개발된 기술들 간에 적자생존의 법칙이 빠르게 적용되면서 개발된 기술의 수요가 회사의 성패를 빠르게 결정지었다. 아래에서는 초학제 간 교육의 측면에서 주요 닷컴들의 성장 과정을 소개해보려 한다.

HTTP가 등장한 시기 인터넷은 PC를 소유한 소비자들에게는 사물 전시장 역할을 했다. 이에 따라 전시장의 간편한 길잡이 역할을 해주는 소프트웨어가 필요해졌다. '모자이크 Mosaic'는 길잡이의 필요성을 빠르게 간파해 개발된 소프트웨어였다. 모자이크는 앤드리슨M. Andreessen이 21세의 젊은 나이에 그 필요성을 적기에 포착해 창안한 소프트웨어다. 모자이크의 등장은 인터넷에 전시되는 사물 목록을 획기적으로 증가시키는 단초로 작용했다. 그리고 빠르게 길어진 사물 목록은 역으로 더 빠르게 작동되는 길잡이 소프트웨어를 필요로 했다. 이는 길잡이 소프트웨어와 전시된 사물 목록 수가 선순환적으로 서로를 이끌어줬음을 뜻한다. 그 결과 인터넷은 기술과 산업과 사업이 유기적으로 얽히면서 엄청난 규모로 발전할 수 있었다.

길잡이 소프트웨어에 힘입어 넷스케이프Netscape사와 시스코Cisco Systems사가 창업됐다. 이를 통해 길잡이 소프트웨어 기술은 활기찬 발전을 거듭하면서 IT 산업의 핵심인 탐색 엔진의 등장을 이끌어냈다. 특히 시스코는 라우터를 개발해 비약적인 성공을 거둔 벤처기업으로 잘 알려져 있다. 라우터 기술은 상향 조정된 IMP 기술과 일맥상통한다. 즉 상이한 시스템으로 운용되는 컴퓨터 간에 빠른 길잡이 역할을 담당하는 것이 라우터 기술의 핵심 기능이다. 덕분에 인터넷이 빠르게 운용되는 네트워크로 거듭나면서 엄청난 수의 PC가 한데 묶여 작동될 수 있었다.

시스코는 부부 동반으로 창업된 벤처기업이다. 남편 보삭 L. Bosack은 펜실베이니아대학 전자공학과 출신으로, 스탠퍼드대학 전산학과에서 석사 학위를 받은 뒤 학과의 기술 담당 요원으로 일했다. 보삭 부부는 전산학과에 소속된 마거릿잭슨홀Margaret Jackson Hall 1층에서 라우터를 개발한 뒤 집 거실에서 시스코를 창업했다.

같은 시기 잭슨홀 2층에서는 실리콘그래픽Silicon Graphic사를 창업한 클락J. Clark이 기술 개발에 전념하고 있었다. 3층에서는 선마이크로시스템SUN Microsystems사를 창업한 벡톨샤임 A. Bechtyolsheim이 기술 개발을 진행 중에 있었다. 독일 태생인 벡톨샤임은 스탠퍼드대학에서 석사 학위를 받은 컴퓨터 하드웨어 엔지니어였다. 그는 스탠퍼드대학 경영학 석사 2인방과, 캘리포니아주립대학의 소프트웨어 귀재였던 조이B. Joy와 공동으로 창업했다. 회사 이름은 스탠퍼드대학네트워크 Stanford University Network의 약자인 SUN으로 지었다. SUN은 전자공학, 경영학, 전산공학이 접점을 이뤄 창업된 대표적인 벤처기업이다.

선마이크로시스템은 워크스테이션에 사업의 초점을 맞춰 빠르게 성장했다. 워크스테이션은 규모는 PC보다 조금 크지만 뛰어난 기능을 지닌 소형 컴퓨터를 가리킨다. PC가 감당하기에 벅찬 작업을 능률적으로 수행할 수 있다는 장점 덕분에 연구용 컴퓨터로 애용돼왔다. 따라서 워크스테이션은 시대적 요구 사항을 충족한 맞춤형 제품이라 하겠다. 위에서 소개한 닷컴들은 모두 같은 대학 연구 인력이 같은 홀에서 기술 개발을 동시에 진행하면서 세계 굴지의 기술 기반 벤처기업을 창업한 사례들이다. 여기서 스탠퍼드대학의 실사구시 교육 문화와 연구 문화가 여실히 드러난다. 스탠퍼드대학에 진취적인 문화가 정립된 데는 그 대학과 평생을 함께한 터만 교수의 업적이 주효하게 작용했다.

닷컴의 연이은 창업으로 IT 산업은 본격 가동되기 시작했고 일단 개발된 산업 기술은 빠르게 차세대 기술로 진화·발전했다. 먼저 길잡이 소프트웨어로 등장한 모자이크는 차세대 길잡이 기술인 탐색 엔진으로 이어졌다. 탐색 엔진의 활용 지평이 폭발적으로 확대되면서 현재 IT 산업의 핵심을 이루는 세계적인 벤처기업들이 연이어 출현했다. 아마존닷컴 Amazone.com이 대표적인 예다. 아마존은 시애틀에서 베조스 J. Bezos가 역시 자신의 차고에서 창업한 벤처기업이다. 베조스는 프린스턴대학에서 전자공학과 전산공학을 복수 전공해 졸업한 뒤, 뉴욕의 월스트리트에 진출해 투자의 귀재로 변신한 공학자였다. 아마존은 공학자가 투자가로 다시 스타트업 기업가로 변신을 거듭하며 이뤄낸 IT 사업 작품이다. 즉 전공 분야를 넘어 활기찬 기업가 정신을 발휘해 이룩한 작품인 셈이다.

아마존에 이어 야후Yahoo와 구글이 출현해 탐색 IT 산업을 본격 가동한 것은 널리 알려진 사실이다. 중국계 태생인 제리 양J. Yang은 야후를, 페이지L. Page와 브린S. Brin은 구글을 창업했다. 모두 스탠퍼드대학 출신으로 창업의 준비 작업은 스탠퍼드대학원 시절에 이뤄졌다. 두 기업을 비롯해 새롭게 창업된 벤처기업들은 스탠퍼드대학의 활기찬 창업 지향적 교육 문화를 가감 없이 보여준다. 스탠퍼드대학이 기존 기업체가 필요로 하는 정예 인력을 육성하는 차원을 넘어, 새로운 기업의 창출에 기여하는 대학의 사명을 솔선수범하고 있음도 말해준다. 특히 스탠퍼드 벤처기업들이 세계 굴지의 기업으로 성장해온 사실에서 대학의 새로운 임무가 막중함을 확인할 수 있다.

인공지능에 승부를 건 구글과 아이폰의 애플

구글은 작은 규모로 창업된 벤처기업이 빠른 성장을 거듭한 대표적인 사례다. 25세의 젊은 나이로 구글을 창업한 페이지와 브린은 스탠퍼드 전산학과 박사 학위를 받은 공학자들이다. 이들은 1998년 박사 학위를 받는 동시에 대학 기숙사 방에서 구글을 창업했다. 구글이 점차 자리를 잡으면서 회사 본부를 기숙사 방에서 차고로 옮겼다. 이처럼 지극히 소박한 환경 속에서 창업된 벤처기업이 세계적인 초일류 IT 기업으로 성장한 사실은 우리에게 큰 교훈을 전해준다. 즉 이들이 정부의 도움 없이 오직 대학에서 습득한 최신예 기술로 승부를 걸며 창업했다는 사실이다. 최신예 기술이 대학원 교육과 직결돼 창출된 사실과 더불어, 공학도가 기술에 대한 자신감을 기반으로 창업에 임하는 도전 정신 또한 주목할 만하다. 기술을 유일한 자산으로 창업된 구글의 빠른 성장은 기술의 위력을 단적으로 보여준다.

구글의 총 매출액은 회사가 설립되고 4년 뒤인 2002년에는 4억 달러, 2003년에는 14억 달러에 달했다. 2005년에는 61억 달러, 2007년에는 165억 달러로 엄청난 성장을 거뒀다. 매출액이 엄청난 속도로 증가한 배경에는 구글의 활기찬 약진과 함께 폭발적인 성장을 거듭한 인터넷 탐색 사업이 자리해 있다. 구글은 기술 개발의 향방을 미래를 바라보는 예리한 안목으로 치밀하고도 담대하게 설정했다. 우선 폭발적으로 증가할 정보량을 예측하면서 거대 데이터를 자율적으로 관리하는 기술 개발에 역점을 뒀다. 애초부터 거대 정보의 관리와 인공지능 알고리즘에 승부를 걸었던 것이다. 돌이켜 보면 정보 관리를 인간 지능만이 아닌 인공지능에 의존하기로 한 것은 기술의 발전 전망을 정확히 읽은 슬기로운 결단이었다.

구글은 또한 하드웨어와 소프트웨어의 균형을 맞추고자 노력했다. 사내에 컴퓨터를 충분히 확보하면서 광섬유로 연결된 데이터 센터를 다수 설치한 결과, 정보를 여러 곳에 중첩 저장한 것은 물론 저장된 정보의 안전성도 확보할 수 있었다. 그뿐 아니라 인공지능 알고리즘을 외국어들을 상통시키는 매체로까지 확장했다. 즉 영어와 다수의 외국어들 그리고 23개의 외국어들 중 임의로 한 쌍을 선택해 번역을 담당하는 알고리즘을 개발했다. 문장을 가다듬는 자동 편집 작업도 가능하도록 했다. 이 같은 정보처리 기술은 거대 데이터 관리 기술과 인공지능 기술의 전초적 표본이라 해도 과언이 아니었다.

구글의 혁신은 여기서 그치지 않았다. 전 세계 2만 5,000여 개의 도서관이 보유한 3,200만 권의 서적을 디지털화하는 작업에도 심혈을 기울였다. 이는 기술의 위력을 단적으로 보여주는 과학사적 업적이자 문화사적 쾌거였다. 이집트의 역사적 문화유산인 알렉산드리아도서관이나 세계에서 가장 큰 규모를 자랑하는 미국의 국회도서관에 비견되는 국가 차원의 문화 사업인 까닭이다. 독자를 원하는 도서에 빠르게 접속시켜주는 유연성 역시 함께 제공되는 문화 사업의 일환이었다. 이처럼 좁은 기숙사 방에서 소박하게 창업된 벤처기업이 알렉산드리아도서관이나 미 국회도서관이 상징하는 역사적 업적에 비견되는 업적을 달성했다는 점에서, 기술의 위력을 실감하지 않을 수 없다.

구글은 이어 클라우드 컴퓨팅 구축에도 동참했다. 덕분에 PC 이용자들은 PC를 저비용으로 사용하면서도 업그레이딩이나 인펙션에서 자유로워질 수 있었다. 클라우드 컴퓨팅이 4차 산업혁명의 핵심 요소로 자리 잡았다는 것은 널리 알려진 사실이다. 이 같은 최첨단 기술을 적기에 간파해 개발에 집중한 구글의 미래 지향적 안목은 감탄을 불러일으킨다. 한편 현 시점에서 가장 큰 관심을 모으고 있는 화두는 자율 주행 승용차와 이를 운용하는 거대 데이터 관리 기술이다. 알파고AlphaGo가 상징하는 인공지능과 인간의 감성마저 인식할 수 있는 딥 러닝Deep Learning도 눈길을 끈다. 여기에 개입되는 거대 데이터 관리 기술의 중요성을 적기에 간파한 구글은 그 개발을 선도하며 자율 주행 승용차 사업에도 적극 가담하고 있는 중이다.

구글닷컴은 우리 모두가 애용하는 소통의 창이다. 우리는 이를 통해 때와 장소를 가리지 않고 원하는 소식과 정보를 광속으로 주고받을 수 있다. 교환되는 소통의 내용은 자율형 비서가 정리·보관해준다. 또한 원하는 논제를 입력하기만 하면 관련 문헌이 즉각 줄지어 나타난다. 원하는 지식과 정보를 간편하고 신속하게 접하게 됐다는 뜻이다. 도서관이 아 닌 집 책상에서 질서정연하게 전해주는 정보의 문헌에 접할 수 있는 특전은 정보혁명이 제공하는 문화사적 혁신의 일환 이다. 그 결과 영어는 국제 공통언어가 되어 정보 탐색의 길 잡이 역할을 톡톡히 하고 있다.

한편 애플은 아이폰iPhone을 등장시켜 우리의 생활 패턴마 저 크게 바꿔놓고 있다. 지하철을 타거나 길을 걸을 때면 아 이폰이 가져온 생활양식의 변화를 실감할 수 있다. 이와 같 이 인터넷 기반 벤처기업들은 정보혁명을 앞다퉈 촉발했고 4차 산업혁명 들어서는 치열한 기술의 각축전에 돌입했다. 기술의 각축전은 국가 차원에서 전 세계적으로 빠르게 확산 되고 있다. 그 결과에 따라 국가 간 상대적 위상이 새롭게 정 립될 가능성을 배제할 수 없는 상황이다.

인터넷 구축의 관건은 실사구시 연구 문화와 정예 인력의 도전 정신

인터넷은 20세기 과학기술의 전당에 비유할 수 있다. 새 롭게 펼쳐지는 4차 산업혁명의 플랫폼을 제공하는 동시에 과학기술의 지평을 넓히는 인프라를 제시하고 있다는 뜻이 다. 아울러 국가 간 경쟁력을 결정짓는 각축장 역할도 하고 있다. 이처럼 커다란 역사적 의의를 지니는 인터넷은 원래는 냉전의 부산물이었다. 앞서 말했듯 스푸트니크 발사에 수반 된 결과물이었다. 주어진 기술적 문제를 해결하는 과정에서 자연스럽고 활기차게 형성된 기술의 결정체이기도 했다. 문 제의 핵심은 국가 안보를 위해 분산형 통신 시스템을 갖추는 동시에 컴퓨터 간 소통의 혜택을 누리려는 욕망에 있었다.

흥미로운 것은 인터넷 구축의 주역에 젊은 너드가 다수 포함돼 있었다는 사실이다. 너드들은 타인이나 정부의 시선에 개의치 않고, 자신의 소신과 취향에 따라 자발적으로 시대적 도전과제와 문제점을 간파해 도전에 응전했다. 여기에는 기술적 호기심에서 출발해 새로운 기술의 창출을 가져올 수 있는 기회를 포착하는 기술 전문인으로서의 자신감과 도전 정신이 주효했다. 너드들은 특히 컴퓨터 기능을 활용·관리하면서 인공지능을 심어줄 수 있는 가능성에 매료됐다. 그 결과 20세기 과학사를 새롭게 쓰는 데 커다란 기여를 할 수 있었다. 이들은 논문을 다수 발표하지도 않았고 피인용 지수도 높지 않았다. 그럼에도 이정표적 업적의 주인공들로서, 국가 경쟁력에 막강한 힘을 실어준 현대판 과학과 공학의 참된 엘리트들이었다.

인터넷의 성공적 구축에 주효했던 핵심 비결은 미국의 공학학술원이 펴낸 평가 보고서 「The impact of academic research on industrial performance」에서 잘 드러난다. 보고서는 정보 통신, 의료 기구, 항공, 보급 조달, 금융 산업 위주로 미국 대학의 연구가 산업 발전에 미친 기여도를 심도 있게 분석하고 있다. 이를 통해 인터넷 구축에 대학이 어떤 기여를 했는지 구체적으로 확인할 수 있다. 보고서는 인터넷이 산업계와 대학과 정부가 유기적으로 얽혀 함께 이뤄낸 이채로운 성공 사례로서, 대학의 낮은 장벽이 성공의 주원인이었음을 강조하고 있다. 상아탑의 낮은 벽은 과학과 공학 엘리트들이 산·학·관 영역을 자유롭게 넘나들 수 있는 유연한 환경을 제공했다. 덕분에 엘리트들은 시대가 요구하는 기술적 문제점을 넓은 안목으로 다각도의 측면에서 간파할 수 있었다. 또한 상아탑의 낮은 벽을 넘으며 자연스럽게 이뤄진 정예 인력의 네트워크를 활용해 문제 해결을 위한 협동의 팀을 최적의 조건으로 구성할 수 있었다.

맞춤형 교육으로 더불어 사는 삶을 선도하는 대학

인터넷 구축은 유연한 실사구시 연구 문화와 위험을 무릅쓴 도전적 연구 자세가 가시적인 업적과 성공으로 향하는 지름길임을 보여준다. 주목할 것은 다학제 간 교육과 초학제 간 교육이 요즘 새롭게 등장한 것이 아니라는 사실이다. 반대로 이미 오래전부터 학생들 스스로 맞춤형 형식으로 습득해온 교육 형태였다. 이들 교육의 효능이 오랜 기간 산업 현장에서 입증돼왔다는 사실에도 주목할 필요가 있다.

이미 말했듯 가시적 성공에 이르는 첫 단계는 바로 올바른 문제를 적기에 간파하는 것이다. 올바른 문제란 시대가 그 해결책을 절실하게 요구하는 기술적 문제를 가리킨다. 올바른 문제를 간파하는 능력이야말로 이정표적 업적의 뿌리에 해당된다. 구체적으로 중요한 문제를 스스로 발견할 수 있을 때 이에 대한 해결책을 모색하는 강한 의지와 동기가 자연스럽게 뒤따를 수 있다. 한마디로 올바른 문제의 자발적 발굴이 문제 해결의 핵심 관건인 셈이다. 올바른 문제는 구체적이고 실용적이어야 하며 시대적 요구 사항들을 담고 있어야 한다. 이는 산업 현장에서 항상 찾아볼 수 있다. 또한 문제가 주어지면 최적의 팀을 구성해 함께 해결해가는 것도 중요하다.

위의 내용을 염두에 두고 인터넷 구축을 촉발한 모함 기술과 함께 인터넷 개발에 얽힌 요건을 고찰해보려 한다. 이를 통해 산업 현장에서 역동적으로 표출된 기초과학의 참된 위력을 확인할 수 있다. 인터넷 구축에 대학이 기여한 바는 부연할 필요가 없다. 앞서 강조했듯 대학이 산업에 미친 영향은 구체적이고 가시적이며 핵심적이었다. 디지털 통신의 모함 기술인 패킷 스위칭이 박사 논문의 결과물이었던 사실이 그 증거다.

인터넷은 컴퓨터 간 소통을 전제로 한다. 컴퓨터 간 소통의 근저에는 IMP 소프트웨어가 자리해 있다. IMP 소프트웨어가 대학교수의 기술 작품이었던 사실도 이미 언급한 바 있다. 인터넷은 상이한 시스템으로 운용되던 알파넷들이 TCP/IP 소프트웨어를 매개로 묶여 형성된 것이다. 이 같은 이정표적 소프트웨어를 창안하고 실제로 검증까지 한 것 역시 대학의 업적에 속한다.

PC의 등장으로 인터넷은 산업과 사업의 장으로 지평이 넓어졌다. 그 결과 거대 정보의 관리 기술과 다양한 컴퓨터 기술의 컨버전스에 힘입어 4차 산업혁명의 터전으로 자리매김했다. 주목할 것은 4차 산업혁명을 선도하고 이에 활기를 불어넣은 닷컴들 다수를 대학이 직접 키워냈다는 점이다. 창업을 위한 기반 기술이 대학 내에서 직접 개발된 사실은 대학의 새로운 사명을 대변한다. 전통적으로 대학의 사명은 정예 인력을 육성하고 새로운 지식을 창출하는 데 있었다. 이는 유럽 대학들이 이뤄낸 찬란한 업적들이 입증해준다. 창출된 지식에 창의적 활용이 가세하면서 대학은 창업의 기반과 동력을 함께 제공해주는 핵심 기관으로 성장해가고 있다. 나아가 자신이 위치한 지역의 경제를 활성화하고 국가 경쟁력을 향상하는 역할도 맡고 있다. 대학은 이처럼 더불어 사는 삶을 선도하고 있는 새로운 사명을 써 내려가는 중이다.

개인의 차원에서 주어진 스펙을 충족해 취업에 성공하고 사회로 진출하는 것은 매우 중요하다. 양질의 일자리에 대한 취업 경쟁이 치열해진 지금은 더더욱 그렇다. 하지만 스펙의 충족에 머무르지 않고 새로운 기술에 승부를 거는 과학자와 공학자들이 국가의 참된 엘리트인 것도 부인할 수 없는 사실이다. 4차 산업혁명에 들어선 현 시점에서, 과학과 공학 엘리트들은 대학의 기존 사명을 다시 쓰며 우리나라의 미래를 책임지는 버팀목 역할을 톡톡히 해낼 것이다.

쇼클리의 트랜지스터,
디지털 혁명을 촉발한 세기적 발명품

    트랜지스터는 디지털혁명을 촉발한 원천 기술이자 인터넷의 모체 기술이다. 여기서는 트랜지스터의 발명 동기와 그 과정을 실사구시 연구문화의 관점에서 알아보려 한다. 특히 발명에 가담한 현대판 과학자와 공학자들의 활약상을 상세히 고찰할 생각이다. 이를 통해 초학제 간 교육의 정수와 함께, 실용에 바탕을 두고 연구에 도전해 가시적 업적을 창출한 초일류급 과학과 공학 엘리트들의 연구 철학을 만나볼 수 있다.

트랜지스터, 디지털혁명과 인터넷의 원천 기술

    트랜지스터는 20세기 과학기술의 하이라이트이면서 문화사적 혁신을 촉발한 세기적 발명품이다. 인류의 발명품 가운데 트랜지스터만큼 기초과학의 근본원리와 유기적으로 얽혀 이뤄진 사례는 찾아보기 어렵다. 'transistor'는 'transferred resistor'를 줄인 용어로 인가되는 전압에 따라 그 값이 제어·조절되는 저항을 일컬어 지은 것이다. 즉 외부에서 인가된 전압에 신속히 반응해 출력 전류가 조절되는 반도체소자의 기본 기능을 압축해 표현한 용어다.

기술의 측면에서 트랜지스터는 진공관이 진화·발전한 연장선상에서 이뤄진 발명품이다. 기계적으로 작동되는 스위치, 전압으로 작동되는 진공관 그리고 트랜지스터로 이어지는 스위치 기술은 산업사의 중심에 자리하는 핵심 기술이다. 진공관과 트랜지스터 간 규모의 차이는 전시실을 가득 채우는 규모인 ENIAC 컴퓨터와 동전 크기만 한 마이크로프로세서의 차이에 비견될 수 있다. 진공관이 ENIAC의 기본 세포였듯 트랜지스터는 마이크로프로세서의 기본 세포인 까닭이다. 진공관과 트랜지스터는 기능 면에서도 차이가 크다. 이는 초보 단계의 미약한 계산 기능과 날로 세련되고 정교해지는 인공지능 기능을 비교해볼 때 잘 드러난다.

이미 말했듯 트랜지스터는 디지털혁명을 촉발한 모함 기술이라는 의의를 지닌다. 디지털 기술의 기본 비트인 1과 0은 트랜지스터 작동으로 간결하게 표출된다. 1과 0은 트랜지스터에 전류가 흐르는 상태와 흐르지 않는 상태로 구분된다. 1이 0으로 또 0이 1로 바뀌는 스위칭 속도는 트랜지스터 성능을 결정짓는 핵심 지표다. 트랜지스터는 산업 현장에서 야기된 기술적 문제를 해결하는 과정에서 발명됐다. 여기서 산업 현장이란 당시 통신 기술의 정점을 점하고 있던 벨연구소를 가리킨다. 통화선의 스위치 작동을 기계적인 방법에서 전기적인 방법으로 대체해 스위칭 속도를 증가시키는 것이 문제의 핵심이었다. 즉 빠른 전자 스위치를 개발해 장거리 통화를 비롯해 통신 사업의 기능과 영역을 확장하는 것이 벨연구소의 연구 목표였다. 이를 구상한 켈리는 미래 기술을 향한 꿈을 품은 물리학자이면서 그 꿈을 슬기롭게 실현한 전문 연구 관리인이었다.

인터넷 형성 과정에서 살펴본 대로, 돋보이는 결과를 창출하려면 우선 실용에 직결되는 구체적 문제가 주어져야 한다. 문제를 해결하는 전문적인 연구 관리 또한 이뤄져야 한다. 전문적인 연구 관리란 수준급 연구원들을 선별해 과도한 규제나 행정 업무에 구애받지 않고 연구에 전념할 수 있도록 유연한 환경을 제공해주는 것을 말한다. 이에 못지않게 중요한 것은 연구 관리자의 자질, 다시 말해 연구 성과를 정확하게 파악하고 객관적으로 평가할 수 있는 전문 지식과 능력이다. 아울러 미래 기술을 예리하게 간파하고 모색하는 혜안도 중요하다. 물리학자 켈리는 필요한 요건들을 두루 갖춘 미래 지향적 전문 연구 관리인이었다. 그렇다면 트랜지스터는 어떤 과정으로 발명됐을까?

트랜지스터 발명으로 노벨상을 함께 받은 산업 현장의 물리학자들

1947년 12월 16일은 트랜지스터 발명이 공포된 역사적인 날이다. 이날 물리학자 브래튼W. Brattain과 바딘J. Bardeen은 고체 소재로 제작된 스위치 겸 전류 증폭기의 작동을 처음 공개했다. 이로써 디지털 시대와 실리콘 밸리 시대의 문이 열리기 시작했다. 발표된 발명품은 바로 'PCTpoint contact transistor'였다. PCT 구조가 창안된 배경에는 표면 물리 현상

초일류 과학기술 국가를 생각한다

과 이에 관련된 이론들이 줄지어 있다.

PCT 소자는 p 형 반도체 기판 위에 점처럼 작은 2개의 n 형 전극이 서로 가까운 위치에 놓여 있는 구조를 띤다. 여기서 n 형이란 전자는 다수 운반체를 형성하는 반면 양전하를 지닌 양공陽孔. hole은 소수 운반체를 형성하는 것을 가리킨다. n 형과 달리 p 형은 홀이 다수 운반체를 형성하고 있는 것을 뜻한다. 따라서 2개의 n 형 전극의 단면은 전자가 다수 운반체를 이루는 얇은 n 층이 양공이 다수 운반체를 이루는 p 층 위에 쌓여 있는 구조라 할 수 있다. 그 이유는 n 층이 p 기판 위에 형성돼 있기 때문이다. 요컨대 p 형 기판이 가까이 위치한 두 n 형 전극을 이어주는 것이 PCT 구조의 기본 골격이다.

두 n 형 전극 사이에 전압을 인가하면 증폭된 전류가 출력되는데 이를 트랜지스터 작동transistor action이라고 부른다. 트랜지스터 작동은 두 전극의 거리가 짧을수록 더 선명하게 표출되는 특성이 있다. 따라서 관측된 트랜지스터 작동 현상을 정량적으로 파악하는 것이 발명의 핵심 관건이었다. 표면적으론 간단한 현상처럼 보이지만, PCT 구조에서 두 전극에 전압을 인가해 증폭된 전류를 출력하는 물리 현상을 파악하는 데는 천부적 재능과 불굴의 노력이 필요했다.

이를 충족해준 이가 바로 물리학자 쇼클리였다. 그는 관측된 트랜지스터 작동 현상을 양자역학의 기본 원리에 입각해 정량적으로 분석해냈다. 분석 내용을 기반으로 PCT 구조의 작동 기능을 그대로 유지한 채 양산에 적합한 구조를 별도로 고안해내는 창의성도 발휘했다. 트랜지스터가 발명되던 당시 양자역학은 기초과학의 돋보이는 이정표를 이루며 새롭게 조성된 최신예 물리학 이론이었다. 이후 빠르게 발전하면서 다양한 원자와 분자 현상을 정량적으로 기술하는 기초과학으로 거듭났다.

'BJTbipolar junction transistor'는 쇼클리가 PCT 구조를 창의적으로 진화·발전시킨 반도체소자의 이름이다. PCT가 처음 공개된 지 두 달이 지나 또 하나의 트랜지스터인 BJT가 등장한 셈이다. 트랜지스터를 발명한 공적으로 쇼클리, 브래튼, 바딘 등 물리학자 3인방은 1956년 노벨 물리학상을 공동 수상했다. 파급의 측면에서 크게 돋보인 노벨상이었다. PCT와 BJT는 시장 원리에 의해 판도가 냉정하게 판가름 났다. 시장 원리의 핵심은 트랜지스터 작동의 신뢰성과 안정성 그리고 양산 가능성이다. 특히 양산 가능성은 저렴한 제작 단가를 함의하는 중요한 의의를 지닌다. 이 같은 시장 원리에 의해 PCT는 산업사의 뒤안길을 걷게 된 반면, BJT는 세기적 발명품으로 급부상하며 실리콘 시대를 열어줬다.

BJT를 발명한 쇼클리의 천부적 재능은 두 가지 형태로 발휘됐다. 우선 관측된 트랜지스터 현상을 기초과학의 기본 원리first principle에 기반해 정량적으로 기술하는 빼어난 학문적 재능으로 나타났다. 다음으로 분석 결과를 토대로 양산에 직결될 수 있는 소자 구조를 창안하는 창의적 재능으로 나타났다. 발굴한 지식을 실용으로 연결하는 창의성이야말로 현대판 과학과 공학 엘리트가 지녀야 할 핵심 자질이다. 쇼클리의 돋보이는 천재성 역시 지식의 창의적 활용 능력에서 찾아볼 수 있다. BJT 발명의 경우 연구 목적이 명확히 설정돼 있었던 덕분에, PCT의 작동 성능을 기반으로 실용 가능한 구조를 고안하는 작업이 동시다발적으로 진행될 수 있었다. 실용의 깊이와 폭을 감안할 때 쇼클리의 창의성은 20세기를 장식하는 세기적 발상이 아닐 수 없다.

기초과학의 대표적 특산물 트랜지스터

잠시 트랜지스터 작동 원리를 소개해보려 한다. 여기서 기초과학이 산업 현장에서 발생한 문제를 해결하는 데 직결돼 활용된 대표적인 사례를 확인할 수 있다. 트랜지스터 작동의 기본 원리를 규명하는 것은 결코 쉬운 일이 아니다. PCT를 발명한 두 물리학자인 브래튼과 바딘의 능력에 비춰 볼 때 그렇다는 뜻이다.

브래튼은 미네소타주립대학에서 박사 학위를 받은 뒤 벨 연구소에 입사해 오랜 기간 연구 개발에 전념한 뛰어난 실험 물리학자였다. 표면 물리를 전공한 그에게 트랜지스터 개발은 안성맞춤인 연구 과제였다. 트랜지스터 작동이 근본적으로 표면 물리 현상에 깊이 밀착돼 있기 때문이다. 최초의 트랜지스터로 등장한 PCT는 실험물리와 이론물리의 합작품이었다. 실험이 브래튼의 몫이었다면 이론은 바딘의 몫이었다. 브래튼과 바딘은 한 팀을 이뤄 끊임없이 소통하고 의견을 교환하면서 PCT 구조에 함께 다가설 수 있었다.

이론물리학자 바딘은 위스콘신주립대학에서 학사와 석사 학위를 받은 전자공학자였다. 졸업 후 잠시 석유 회사에 입사해 석유 자원을 공학적으로 탐색하는 작업을 했다. 학부 시절에는 수학에 남다른 흥미를 보이며 수학의 기반을 공고히 다졌다. 물리학에도 깊은 관심이 있어서 당시 새롭게 대두돼 물리학 발전에 새로운 활력소를 제시한 양자역학 강의를 경청했다. 바딘의 교육 과정 역시 초학제 간 교육이 개별적 차원에서 맞춤형 형식으로 자발적으로 이뤄진 사례다. 그는 자원 탐색 작업을 중단하고 물리학의 명문대인 프린스턴 대학에서 물리학 박사 학위를 받았다. 그 후 벨연구소에 입사해 쇼클리 연구팀에 소속되면서 브래튼과 팀을 이뤄 트랜지스터 개발에 전념했다.

바딘은 PCT 발명으로 노벨상을 받은 뒤 일리노이주립대학 교수로 지내며 그 대학을 고체물리학의 명문대로 격상했다. 초전도 이론으로 노벨상을 또 한 번 수상하는 영예를 누리기도 했다. 물리학자가 노벨상을 두 번이나 수상하는 영예는 아직까지 바딘만의 몫이다. 이는 바딘의 비범한 재능을 단적으로 보여준다. 안타깝게도 바딘은 브래튼과 공동으로 오랫동안 노력한 끝에 고안한 소자 구조에서 관측된 PCT의 작동 원리를 규명하지는 못했다. 규명 작업은 위에서 말한 대로 쇼클리가 차지했다. 트랜지스터 현상에 내재된 물리 현상을 밝혀내는 것이 결코 쉽지 않은 일임을 말해주는 대목이다.

BJT 개발에 발휘된 쇼클리의 창의성

PCT 작동에 내재된 개념은 복잡한 것이 아니었다. 그것은 '소수 운반체의 주입'이란 간결한 구절로 요약될 수 있다. 소수 운반체의 주입이란 PCT 구조에서 전자가 n 형 전극에서 그 아래 기판에 자리한 p 영역으로 주입되는 현상을 가리킨다. 즉 n 영역에서 다수 운반체로 존재하던 전자가 p 영역으로 주입되면서 소수 운반체가 되는 현상이 그것이다. 이처럼 간단명료한 현상을 어째서 바딘을 비롯한 다수 과학자들은 밝혀내지 못했을까? 그에 대한 답변은 포텐셜 장벽potential barrier에서 찾을 수 있다. 다시 말해 n 영역과 p 영역이 접해 있는 표면에 전자가 n 영역에서 p 영역으로 이동하는 것을 가로막는 장벽이 존재한다는 것이다.

P 영역으로 이동하는 전자가 직면하는 포텐셜 장벽은 p 영역에 이미 주입돼 음전하를 지닌 수용체acceptor 이온들에 의해 형성돼 있는 장벽이다. 즉 수용체들이 주입되는 전자와 같은 음전하를 띠면서 같은 음전하 간에 작용하는 쿨롬 척력에 기반해 형성된다. 따라서 포텐셜 장벽은 전자들이 뛰어넘을 수 없는 장벽으로 간주되면서, 전자가 n 영역에서 p 영역으로 주입될 수 있는 가능성은 다수 과학자들의 사고에서 아예 배제됐다. 쇼클리는 그 가능성을 간과하지 않았다. 여기서 누구도 생각해보지 않은 가능성을 새롭게 고찰하는 쇼클리만의 독창성과 담력을 엿볼 수 있다.

쇼클리는 나아가 두 n 형 전극 중 한 전극을 접지하고 다른 전극에 양전압을 가할 경우 즉 두 n 전극 간에 전압이 가해질 경우, 접지된 n 형 전극과 p 형 기판 사이에 형성된 포텐셜 장벽의 높이가 낮아지는 것을 간파했다. 이를 통해 낮아진 장벽을 넘어 전자가 기하급수적으로 p 기판으로 주입되는 물리 현상을 밝혀낼 수 있었다. 이처럼 전자가 n 영역에서 p 기판으로 주입되면, 양전압이 인가된 n 전극으로 쿨롬 인력에 이끌려 이동하면서 출력 전류를 발생시킨다. 여기서 p 형 기판에 흐르는 전류가 다수 운반체인 양공의 이동이 아닌 소수 운반체인 전자의 이동에 의해 출력되는 사실을 알수 있다.

하나인 소수 운반체에 비해 천문학적으로 많은 다수 운반체가 존재하는 사실을 감안해볼 때, 트랜지스터의 출력 전류가 소수 운반체의 이동에 의해 발생하는 사실을 밝혀낸 것은 쇼클리의 비범한 안목을 입증해주는 사례라 하겠다. 쇼클리는 트랜지스터 작동 현상을 물리학 원리에 기반해 명쾌하고도 간결하게 간파한 결과 PCT의 출력 전류를 정량적으로 기술할 수 있었다. 이는 다음과 같은 2단계로 요약된다. 우선 두 개의 n 형 전극 간에 전압이 인가되면 접지된 전극 부분에 존재하는 전자들은 낮아진 포텐셜 장벽을 넘어 p 기판으로 기하급수적으로 주입된다. 다음 단계로 주입된 전자들은 쿨롬 인력에 의해 p 기판을 따라 양전압이 인가된 n 전극으로 운송되면서 전류 고리를 완성한다. 그 결과 증폭된 출력 전류가 흐르게 되는 것이다.

주목할 것은 쇼클리의 창의성이 트랜지스터 현상을 규명한 데서 그치지 않았다는 점이다. 그는 규명된 작동 원리를 토대로 양산에 적합하면서도 동일한 현상을 표출하는 새로운 구조를 창안했다. 즉 구체적으로 주어진 문제를 해결하는 동시에 그 해결책을 바탕으로 안전하고 용이하게 이용될 수 있는 새로운 구조를 창안하는 창의성을 발휘했다. 기초과학 지식의 창의적 활용은 산업혁명을 촉발해 궁극적으론 기초과학 지식의 지평 자체를 넓히는 역할을 한다. 트랜지스터 발명과 함께 촉발된 반도체 산업의 발전과 그에 따라 확장된 기초과학의 지평이 그 증거다.

양자역학에 기반한 트랜지스터 작동 원리

쇼클리가 고안한 BJT는 지극히 간결한 구조를 띤다. 일례로 n-p-n 형 BJT의 경우 p 형 반도체 기판 위에 2개의 n 형 영역을 서로 가까운 거리에 자리하도록 한 것이 기본 골격이다. 얼핏 PCT 구조와 거의 차이가 없어 보이지만 n 형 영역을 도입하는 방법론에서 근본적인 차이가 존재한다. 즉 BJT 구조는 양산에 적합한 형식으로 n 영역을 주입할 수 있게 설계됐다. 창의성이란 간결하면서도 세심한 배려에 따르는 것임을 말해주는 대목이다.

쇼클리의 BJT 발명은 두 단계로 요약될 수 있다. 첫 단계는 PCT의 작동 현상을 기초과학의 기본 원리에 기반해 간결하게 파악하는 것이다. 다음 단계는 간파된 내용을 세심한 안목으로 활용해 실제 이용이 가능한 구조를 창안하는 것이다. 특히 일괄 공정batch process이 가능한 구조를 도입한 것이 핵심 비결이었다. BJT 구조는 이처럼 두 개의 다이오드가 근접한 거리에 n-p, p-n 형식으로 서로 맞물려 형성된 구조로 정리된다. 두 전극에 전압을 가하면 접지된 다이오드는 전자를 n 영역에서 p 영역으로 주입하는 역할을 담당한다. 반면 양전압이 인가된 다이오드는 p 형 기판으로 운송돼온 전자를 받아들이는 일을 맡는다. 이로 인해 전류 고리가 완성되면서 출력 전류가 흐르는 현상이 발생하는 것이다.

주목할 것은 트랜지스터의 작동 원리가 양자역학의 기초 이론에 직결됐다는 사실이다. 트랜지스터가 발명될 당시 새롭게 등장해 물리학계의 지대한 관심을 불러일으켰던 양자역학의 최신 원리들은 산업 현장으로 신속하게 이전돼 문제의 해결책을 강구하는 데 핵심적인 기여를 했다. 에너지띠 energy band의 개념이 대표적이다. p형 기판으로 주입된 전자들이 에너지띠 속에서 천문학적 숫자의 이온들과 충돌을 피하며 자유롭게 운송될 수 있다는 것이 에너지띠의 기본 특성이다. 에너지띠 현상은 물체의 이중성에 수반된 양자역학의 고유 이론으로 최신예 기초과학 이론이 산업 현장에서 직접 활용됐음을 뜻한다.

쇼클리가 주창한 소수 운반체의 주입은 현재 다양한 구조로 제작된 트랜지스터 작동에 일관되게 적용되는 기본 원리를 이룬다. 20세기의 반도체소자로 널리 알려진 '모스펫Metal Oxide Semiconductor Field Effect Transistor, MOSFET'은 이런 기본 원리에 기반해 작동되는 대표적인 사례다. 모스펫이 우리나라 반도체 산업을 이끌어주는 트랜지스터란 사실은 잘 알려져 있다.

모스펫, 우리나라 반도체 산업을 이끌어준 트랜지스터

BJT 발명에 이어 쇼클리는 바로 위에서 언급한 모스펫 구조도 고안했다. 다만 그 구조는 30년대에 이미 유럽에서 창안돼 특허권까지 확보돼 있었다. 모스펫은 지극히 단순한 구조로 규모의 축소와 양산이 용이한 강점을 지닌다. 일례로 NMOSn-channel MOSFET의 경우 p 형 반도체 기판에 두 개의 작은 n 영역을 설정해 소스source와 드레인drain 전극을 만들어 놓은 것이 기본 골격이다. 기판 위로 절연체 막을 깔고 게이트gate 전극을 소스와 드레인 사이에 달아주면 전체 구조가 완성된다. 모스펫은 이처럼 일괄 공정에 전적으로 부합하는 간결한 구조를 띠고 있다. 덕분에 평판 공정에 의한 양산이 가능해지면서 20세기 반도체 산업의 주역을 담당할 수 있었다.

NMOS의 작동 원리는 구조만큼이나 간결하다. 게이트 전극에 양전압을 인가하면 쿨롬 인력에 의해 전자들이 소스 전극에서 절연체 표면 인근으로 주입된다. 그러면 표면에 집결된 전자들이 소스와 드레인에 인가된 전압에 의해 드레인 쪽으로 운송되면서 출력 전류를 발생시킨다. 그야말로 간단 명료한 작동 원리다. 흥미로운 것은 이렇게 설계된 구조에서 실제로 흐르는 전류가 계산된 수준보다 훨씬 낮은 수준으로 흐르는 현상이 관측됐다는 사실이다. 이에 따라 전류가 낮게 출력되는 원인을 규명해 극복해야 하는 기술적 문제점이 자연스럽게 대두됐다.

그 해답을 제시한 이는 PCT를 발명한 바딘이었다. 바딘은 반도체와 절연체가 접해 있는 표면에 전자의 표면 상태가 존재할 수 있다는 점에 주목했다. 즉 표면으로 끌려온 상당수의 전자가 표면 상태 안에 갇혀 움직이지 못하게 됨으로써 출력 전류에 기여할 수 없다는 것이다. 그 결과 이론적으로 예측된 수준보다 낮은 전류가 흐르게 된다. 표면 상태는 모든 반도체소자의 공정에 불가피하게 개입되는 중요한 물성 파라미터다.

쇼클리는 한걸음 더 나아가 전자의 표면 상태를 원론적으로 규명했다. 다시 말해 표면 상태가 양자역학의 근본원리에 입각해 실제로 존재하는 물리적 실체라는 것을 밝혀냈다. 트랜지스터 발명은 기초과학 지식이 문제 해결에 직결돼 적용되는 동시에, 기초과학 역시 새롭게 발전하는 선순환적 관계를 이룸을 보여주는 모범적인 사례다. 그러므로 모스펫이 성공적으로 작동되려면 전자의 표면 상태 수를 감소시킬 수 있는 기술 개발이 필수적이었다. 기술 개발의 요건이 60년대가 돼서야 충족되면서 모스펫은 성공적으로 작동될 수 있었다. 모스펫 소자의 개념이 특허에 등록된 지 무려 30년이 지나서야 비로소 이뤄진 업적이었다.

전자의 표면 상태를 성공적으로 감소시킨 이는 벨연구소의 수석 연구원fellow이었던 강대원 박사다. 서울대학교 공과대학 출신인 그는 오하이오주립대학에서 박사 학위를 받은 뒤 벨연구소에 입사해 탁월한 업적을 성취한 최정예급 엔지니어였다. 모스펫이 반도체 산업에서 차지하는 비중과 파급효과를 생각하면 강대원 박사가 성취한 업적의 중요성은 부연할 필요가 없다. 그의 업적은 우리나라 과학계의 진정한 긍지다. 강대원 박사는 요즘 일상생활에 광범위하게 이용되고 있는 비휘발성 메모리 제품인 USBUniversal Serial Bus의 기반 특허권도 갖고 있다. 이 역시 돋보이는 업적이 아닐 수 없다.

트랜지스터의 발명 과정에서 나타난 쇼클리의 업적은 다음과 같이 요약될 수 있다. 좀처럼 풀리지 않았던 트랜지스터 작동 원리를 양자역학의 기본 원리에 기반해 간파한 한편, 상용화될 수 있는 트랜지스터 구조를 창안하는 창의력을 발휘했다는 점이다. 여기서 물리학자가 졸업 후 산업 현장으로 직진해 기초과학의 위력을 배경으로 이정표적 업적을 달성한 사례를 만나볼 수 있다. 이 같은 실사구시 과학 문화가 미국 기업에 활력소를 불어넣으면서 미국이 과학의 중심권을 차지하는 동력을 제공한다는 것이 전반적 견해다.

물리학 박사 학위를 받자마자
산업 현장으로 직진한 쇼클리

쇼클리는 세계적인 명문대인 칼텍Caltech의 물리학과를 졸업했다. 졸업 후 MIT로 진학해 슬레이터J. Slater 교수의 지도로 1936년 물리학 박사 학위를 받았다. 슬레이터 교수는 당시 과학의 중심권이었던 독일로 유학을 가 새롭게 정립된 양자역학을 습득한 뒤 귀국해, 미국 물리학 발전에 크게 기여한 저명한 물리학자였다.

쇼클리의 논문 주제는 고체 내에 존재하는 에너지띠에 관한 것이었다. 앞서 말했듯 에너지띠는 전자나 양공이 입자성과 파동성을 동시에 지니는 물질의 이중성에 수반된 신비로운 물리적 실체로, 반도체소자 작동의 핵심 기반을 이룬다. 에너지띠 안에 존재하는 전자나 양공이 자유롭게 운송됨으로써 전류가 출력되기 때문이다. 에너지띠의 기본 속성은 다음과 같다. 전자나 양공이 각기 주어진 에너지띠 안에 존재할 경우, 고체를 형성하는 천문학적으로 많은 원자들의 장벽을 넘어 마치 진공에 있는 것처럼 자유롭게 이동할 수 있다는 것이다. 에너지띠 안에 존재하는 전자의 질량이 진공 속에 존재할 때의 질량보다 더 가벼울 수 있다는 사실은 신비로움을 더해준다. 결론적으로 트랜지스터의 출력 전류는 에너지띠 안에 존재하는 전자나 양공이 자유롭게 움직이며 이동할 수 있다는 점에 전적으로 의존한다.

박사 학위를 받자마자 쇼클리는 벨연구소로 직진해 연구 생활을 시작했다. 벨연구소를 선택한 것은 데이비슨C. Davisson 박사와 함께 연구하고 싶어서였다. 데이비슨 박사는 벨연구소에서 전자가 입자성과 파장성을 동시에 지닌다는 신비스런 자연현상을 실험적으로 입증한 실험물리학자였다. 그는 전자의 회절 현상에서 발생하는 간섭 무늬를 실제로 관측하는 과학사적 쾌거를 이뤄냈다. 간섭 현상은 파장이 지니고 있는 고유 특성으로 관측된 간섭 무늬는 전자의 파장성을 입증하는 데이터가 될 수 있다. 이 같은 획기적 관측으로 데이비슨은 노벨 물리학상을 받았다. 입자의 대명사 격인 전자가 때론 빛과 같이 행동한다는 사실은 자연현상의 신비 자체다.

벨연구소에 입사한 쇼클리는 데이비슨 박사 그룹에 들어가지 못했다. 대신 진공관 부서에 배정돼 관련 기술을 익히면서 자신만의 독창성을 발휘하기 시작했다. 그 결과 그의 생애는 트랜지스터 발명을 비롯해 끊임없이 창출된 창의적 발명품들로 넘쳐날 수 있었다. 2차 대전이 발발하면서 쇼클리는 벨연구소를 잠시 떠나 컬럼비아대학 연구소에서 잠수함 전에 대비하는 연구를 맡았다. 그곳에서 정밀 폭격을 위한 유도 시스템과 함께 비행기 고도를 정확하게 측정할 수 있는 계측기를 고안했다. 그는 이처럼 전시에 과학자에게 부여되는 책무를 성심껏 효율적으로 수행했다. 창의성을 무기 개발에도 발휘해 국방성의 자문 위원으로 위촉되는 영예를 누리기도 했다.

2차 대전이 종료된 1945년 벨연구소로 복귀한 쇼클리는 1955년까지 10년 동안 트랜지스터 개발 프로젝트를 이끌었다. 이 기간은 그의 생애에서 가장 활기차게 창의성이 발휘된 시기였다. 그는 BJT 트랜지스터를 발명하는 한편 그와 다른 구조를 지닌 소자들도 고안했다. 소자의 작동 원리를 정량적으로 파악해 그 성능을 향상하는 구체적 방안도 제시했다. 특히 그가 수립한 p-n 접속 다이오드p-n Junction Diode의 작동 원리는 반세기가 훨씬 지난 지금까지도 모든 관련 교과서의 표준 이론으로 채택되고 있다. 필자는 다이오드의 작동 원리를 강의할 때마다 그 이론의 심오함과 명료함 그리고 간결함에 감탄을 금할 수 없었다.

융복합 기술의 거장 쇼클리가 보여준 간략한 사고방식

이미 말했듯 트랜지스터 작동의 주된 역할은 전하의 운송체인 전자와 양공이 맡고 있다. 이들의 움직임에 따라 전류가 출력되기 때문이다. 전자의 존재를 처음 발견한 사람은 케임브리지대학의 톰슨 교수였다. 하지만 전자와 같은 맥락에서 양전하를 띤 채 전하를 운송하는 양공 개념을 도입한 사람은 다름 아닌 쇼클리였다. 양공은 반도체를 구성하는 원자가 수용체로 교체될 때 발생하는 물리적 상태를 간결하게 다루고자 도입된 개념이다. 수용체 원자가 지닌 외각 전자 수와 양성자 수는 수용체로 대체된 원래 원자가 지닌 외각 전자와 양성자 수보다 한 개씩 작은 특성이 있다.

한 개의 외각 전자의 부재를 쇼클리는 한 개의 양공이 도입된 물리적 실체로 대체했다. 이를 통해 소자에서 출력되는 전류를 전자와 양공의 움직임이라는 대칭적인 맥락에서 간단명료하게 기술할 수 있었다. 나아가 수용체가 주입된 반도체의 전자적 특성 역시 도너donor가 주입된 반도체의 전자적 특성과 대칭적 맥락에서 양공에 기반해 간결하게 규명할 수 있었다. 양공 개념을 도입해 반도체소자의 작동 원리를 획기적으로 간소화한 쇼클리의 업적은 간단한 사고방식의 전형적 규범이다.

쇼클리는 나아가 소자를 제작하는 공정 기법을 새롭게 제시했다. 특히 공정의 핵심인 도너와 수용체 원자를 반도체에 주입하는 방법으로 기본 물리 현상을 활용했다. 그가 제시한 확산diffusion과 이온 이식ion implantation 기법은 반세기가 훨씬 지난 지금까지도 표준 공법으로 광범위하게 활용되고 있다. 그는 소자들을 묶어 다양한 각종 회로들을 설계한 것은 물론 반도체 소재를 키우는 방법론도 제시했다.

쇼클리는 이처럼 기초과학의 정수인 물리학을 비롯해 전자공학, 재료공학 등 다양한 공학 분야를 아우르는 반도체 기술 전반에 돋보이는 업적을 성취했다. 기초과학의 저력을 바탕으로 다양한 분야의 지식을 산업 현장에서 스스로 습득한 것은 물론 창의적으로 활용하기까지 했다. 그의 업적의 바탕에는 스스로 수행한 초학제 간 교육의 효능과 실사구시 연구 철학이 깔려 있었다.

창조적 실패야말로 성공을 향한 지름길

쇼클리의 연구 철학과 자세는 노벨상 수상 시 그가 행했던 기념 강연에서 잘 드러난다. 핵심만 소개하면 다음과 같다.

"지금껏 제가 관여해온 모든 연구 과제들을 선택하는 데 중요한 영향을 미친 요소는 실용 가능한 소자들을 발명해보려는 목적의식이었습니다. 보통은 구체적인 실용 위주의 연구에 임하면 연구의 질이 떨어진다고 합니다만 저는 그렇게 생각하지 않습니다. 제견해를 입증하는 맥락에서 실용을 위한 동기로 진행된 연구 과제에서 새롭게 창출된 반도체 물리를 여기서 발표하려 합니다."

"저는 1936년 박사 학위를 받은 직후 벨연구소에 입사하기로 했는데 그 이유는 데이비슨 박사 그룹에 속해 연구해 보고 싶어서였습니다. 막상 연구소에 가보니 켈리 박사는 저를 진공관 연구 프로젝트에 소속시켰습니다. 켈리 박사는 전화선을 기계적으로 스위치하는 대신, 전기적으로 작동해 스위치 속도를 늘리는 것이 자신의 꿈임을 수시로 피력했습니다."

"진공관 연구에 더 이상 관여하기를 원하지 않은 저는 응집 물리 연구에 전념할 수 있는 자유를 얻었습니다. 그러면서 응집 물리 효과를 전화선의 스위치 작동에 활용할 수 있는 가능성을 항상 염두에 두고, 스위치 기술 개발에 매진했습니다."

여기서 트랜지스터의 발명을 촉발한 기술적 문제의 본질을 확인할 수 있다. 그것은 바로 더 빠른 속도를 지닌 차세대 스위치를 고체로 제작된 스위치 개발을 통해 사업의 지평을 확장하는 것이었다. 쇼클리의 노벨상 수상 강연은 또한 발명이 성공을 거두려면 주어진 문제에 철저히 몰두하며 해결책이 나올 때까지 인내하는 자세를 강조하고 있다. 쇼클리의 연구 철학은 그의 회고록에서도 잘 드러난다. 그는 BJT의 태동 과정을 회고하며 '창조적 실패creative failure'의 중요성을 강조했다. 거듭된 실패 속에서 그 원인들을 정확히 파악하는 것이 성공을 향한 지름길이라는 것이 쇼클리의 신념이었다.

그는 구체적인 예로 PCT를 BJT 발명을 위한 창조적 실패로 간주했다. 즉 작동 과정과 원리를 간파하지 못한 실패의 원인을 과학적으로 밝혀낸 것이 BJT 발명의 핵심 관건이었다. 이는 실패의 합리적 관리가 성공의 관문을 열어주는 비결임을 말해준다. 여기서 합리적 관리란 실패 뒤에 숨겨진 과학적 콘텐츠에 주목해 이를 해명하는 것을 가리킨다. 쇼클리는 실용성을 지닌 구체적인 문제를 포착해 해결하는 과정에서 거듭되는 실패의 과학적 원인을 규명함으로써, 가시적 성과들을 끊임없이 창출해낼 수 있었다.

생각하려는 의지야말로 목적 달성의 원동력

쇼클리는 '생각하려는 의지will to think'에도 역점을 뒀다. 생각하려는 의지는 2차 대전이 진행되던 1940년 페르미 교수를 방문한 자리에서 처음 들은 말이었다. 페르미 교수는 당시 핵분열의 연쇄반응을 제어하는 연구에 몰두하고 있었다. 그가 핵분열의 연쇄반응을 실험적으로 입증해 맨해튼 프로젝트에 크게 기여한 것은 이미 언급했다. 페르미 교수의 생각하려는 의지에 대한 쇼클리의 풀이는 간결하고 명백하다. 즉 효율적인 생각을 구사할 수 있는 사고의 달인들은 끝없이 생각을 강요하는 지루한 과제에 좀처럼 쉽게 뛰어들지 않는다는 것이다. 다시 말해 원하는 결과가 창출될 수 있다는 확신이 생기지 않으면 생각하려는 의지는 찾아보기 어렵다는 뜻이다. 그러나 일단 확신이 생기고 나면 생각하려는 의지를 강하게 가동해 간결하고도 집중적인 생각으로 유종의 미를 거둘 수 있다는 것이 쇼클리의 해석이다. 자세한 설명은 쇼클리의 회고록 결론 부분을 소개하는 것으로 대신한다.

"생각의 꼬리를 잡는 데 얼마나 많은 시간이 필요했는지를 되돌아볼 때에야 자신이 얼마나 어리석었는지 실감하게 된다. 우리는 이런 우매함과 더불어 사는 법을 배우고 있다. 그런 한편 문제가 주어졌을 때 그에 개입된 연관성들을 애초에 인식했어야 했다는 사실도 뒤늦게나마 깨닫게 된다. 이처럼 완전하지는 못하나 인내심만이 궁극적으로 모든 것을 보답해준다는 사실을 인정하는 태도가 생각하려는 의지를 촉발하는 동력이 될 수 있다. 위험하고 비싼 대가를 요구하지 않는 한 실수를 걱정해서는 안 된다."

태양광 전지를 창안한 쇼클리의 미래 지향적 혜안

쇼클리의 노년기는 창업 활동으로 채워졌다. 1955년 벨 연구소를 사직하고 미국 서부의 샌프란시스코 지역으로 이주해 쇼클리반도체를 창업했다. 자신이 발명한 트랜지스터 기술을 사업으로 연결하려는 의도에서였다. 여기서 새롭게 개발된 기술로 한판 승부를 걸어보려는 벤처기업 정신을 접할 수 있다. 쇼클리가 창업한 벤처기업으로 정예급 젊은 과학자와 공학자들이 몰려들었다. 새롭게 개발된 트랜지스터 기술을 저명한 발명가에게서 직접 배우기 위해서였다. 이들은 트랜지스터 기술을 빠르게 습득하면서 실리콘 밸리의 핵심 인력으로 성장했다. 이런 점에서 쇼클리가 서부 지역으로 이주한 것은 실리콘 밸리의 형성에 큰 단초를 제공했다고 볼 수 있다.

소규모 벤처기업의 각박한 환경 속에서도 쇼클리의 발명은 생기를 띠어갔다. 산업의 최전선인 벤처기업에서 창안한 그의 발명품들은 실용성의 측면에서 단연 돋보인다. 태양광 전지가 단적인 예다. 태양광 전지는 스스로 수립한 p-n 형 접속 다이오드의 작동 원리를 슬기롭게 활용해 빚어낸 기술 작품이다. 무공해 태양광 에너지의 의의가 부각되고 있는 현 상황은 미래 지향적인 쇼클리의 안목을 새삼 확인시켜준다.

발명의 착상은 지극히 간결하고도 경이롭다. p-n 다이오 드에 태양광을 흡수시켜 그 에너지로 전자와 양공을 생성하 는 것이 첫 번째 단계다. 생성된 전자와 양공이 다이오드가 지닌 포텐셜 장벽에 의해 자동 분리되면서 외부에 걸어놓은 회로 고리가 완성되는 것이 두 번째 단계다. 이처럼 입사된 태양광 에너지를 전류의 출력으로 이어주는 것이 태양광 전 지의 기본 작동 기능이다.

좀 더 자세히 설명하면, 포텐셜 장벽이 존재하는 다이오 드 영역에서 생성된 전자는 포텐셜 장벽을 따라 아래로 굴러 떨어져 n 영역으로 이동한다. 반면 전자와 함께 생성된 양공 은 언덕 위로 굴러 올라가 p 영역에 합류한다. 이렇게 함께 생성된 전자와 양공이 자동 분리돼 각각의 영역에 합류하면 회로 고리가 완성되면서 전류가 흐르게 된다. 입사된 태양광 이 출력 전류로 이어지는 현상은 햇빛으로 충전돼 전류를 생 성하는 배터리의 역할과 다르지 않다.

태양광 전지는 현재 위성통신망 시스템과 휴대용 계산기 등에 광범위하게 활용되고 있다. 특히 공해를 발생시키지 않 으면서 태양광 에너지를 전력으로 직접 전환하는 푸른 에너 지의 핵심 기술을 대변한다. 지구온난화에 따르는 다양한 부 작용이 중요해진 현 시점에서 무공해 재생에너지 생산은 시 대적 사명에 속한다. 태양광 전지 기술의 중요성이 새삼 부각되는 이유다. 태양광 에너지를 수확해 전력 에너지를 생산하는 기술을 창업의 각박한 환경 속에서 창안한 쇼클리의 창의성에 경의를 표하지 않을 수 없다. 같은 시기 쇼클리는 로직 회로의 기본 요소인 시프트 레지스터shift register를 고안하기도 했다. 한마디로 그는 기초과학의 위력을 기반으로 광범위한 공학 분야에 창의성을 발휘해 가시적인 업적을 연이어 성취한 이정표적 정예 과학자이자 공학자였다.

비록 기업 경영에는 성공하지 못했지만……

안타깝게도 쇼클리에게는 스스로 창업한 기업을 성공적으로 이끄는 경영 능력이 없었다. 쇼클리반도체가 창업한 지 2년 만에 여덟 명의 젊은 과학자와 공학자들이 한꺼번에 회사를 떠나버린 것이다. 단체 이직의 배경에는 쇼클리의 경영 방식에 대한 불만이 깔려 있었다. 세밀한 부분까지 사원들의 활동을 간섭하는 이른바 마이크로매니징micromanaging의 경영 방식이 큰 불만 요소였다. 회사의 미래 먹거리 기술을 선정함에 있어 이들과 쇼클리 사이에 견해 차이가 노출된 것도 한몫했다. 결정적인 이유는 쇼클리가 엘리트들의 자존심에 신경 쓰지 못한 점에 있었다. 쇼클리는 사내 연구원을 두 그룹으로 나눈 뒤, 한 그룹에는 사내의 연구 개발 현황을 알려준 반면 다른 그룹에는 알려주지 않는 방식으로 연구를 진행했다.

후자 그룹에 속했던 연구원 가운데는 반도체 산업계에서 가장 널리 알려진 무어의 법칙을 발의한 연구자가 있었다. 무어는 자존심에 상처를 입고 동료인 노이스와 함께 쇼클리의 회사를 떠나 새로운 벤처기업을 공동 창업했다. 그 결과 새로운 이정표적 기술이 연이어 등장할 수 있었다. 쇼클리반 도체의 분열을 흔히 창의적 분열creative fission이라고 부른다. 분열을 통해 실리콘 밸리를 구축하는 핵심 동력이 창출될 수 있었기 때문이다. 결정적인 타격을 가져온 분열의 여파로 회사가 사양길에 접어들면서 쇼클리는 스스로 창업한 벤처 사와 작별을 고해야 했다. 이후 스탠퍼드대학 전자공학과 석좌 교수가 되어 후학들을 가르치며 여생을 보냈다.

쇼클리는 전 생애에 거쳐 과학기술사에 이정표적 업적들을 남기며 세상을 떠났다. 쇼클리의 서거 소식에 노벨 물리학상을 2회 받은 바딘은 간결하고도 온정에 찬 추모사로 자신의 애석한 심정을 토로했다. 바딘의 짧은 추모사에서는 물리학자로서의 쇼클리의 모습을 찾아볼 수 있다. "벨연구소에서 존John과 빌Bill이 함께 근무한 수년간은 우리 생애의 가장 짜릿하고 생산적인 시절이었다. 그는 우리의 추억 속에 우리 시대를 대표하는 과학의 거성들 가운데 하나로 살아남을 것이다." 여기서 존은 바딘 자신을, 빌은 쇼클리를 지칭한다. 바딘은 서로를 정답게 부르며 활기차게 진행했던 토론 장면을 떠올리며 쇼클리를 추모했다.

추모사에서 특히 주목할 것은 그들이 누렸던 활기차고도 짜릿한 토론이다. 토론 문화는 미국 기업체들에 깊이 뿌리내린 경영 문화이자 독특한 강점이다. 주어진 기술적 문제를 해결하는 창의적 발상을 유도하기 위해서는 지위와 무관한 자유롭고 진지한 토론이 이뤄져야 한다. 수평적인 토론 문화야말로 기술 개발을 선도하는 핵심 관건인 까닭이다. 이런 토론 문화가 확고히 정립돼 그 효능이 역동적으로 표출되고 있는 곳이 다름 아닌 미국 기업체들이다. 돌이켜 보면 쇼클리는 바딘의 재능을 일찍이 간파해 그를 자신이 주관하던 전기 스위치 개발 그룹에 영입했다. 두 사람은 서로의 재능을 존중하며 연구 개발에 함께 임한 동료이자 선의의 경쟁자였다.

소니 창업자가 한탄 어린 추모사를 남긴 이유

흥미롭게도 쇼클리를 향한 추모사들 가운데는 소니가 등장한다. 2차 대전 직후 발명된 트랜지스터는 새로운 산업의 등장을 예고했다. 이를 가장 먼저 간파한 회사가 바로 패전의 폐허에서 창업된 소니였다. 소니는 트랜지스터 기술의 의의와 산업적 전망을 예리하게 예측한 결과 그 특허권을 발명 초기에 불과 2만 5,000달러에 구매할 수 있었다. 소니는 BJT를 다량 생산해 라디오나 TV에 선도적으로 활용함으로써 초일류 가전 업체로 빠르게 비약했다. 쇼클리의 업적은 소니를 모리타와 합작으로 설립한 발명왕 이부카의 추모사에서도 확인할 수 있다.

> "전자 산업에 참여하고 있는 우리 모두는 그의 트랜지스터 발명에 큰 빚을 지고 있습니다. 그의 발명이 오늘의 전자 산업을 가능케 했습니다. 그의 업적이 없었다면 오늘의 세계는 전적으로 달라졌을 것입니다. 우리는 그가 전자 산업에 기여한 헌신적 공헌을 항상 기억하며 감사할 따름입니다."

트랜지스터가 발명된 50년대 중반에 필자는 물리학과 대학생이었다. 학부 과정 4년 동안 트랜지스터란 용어를 들어본 것은 몇 번 되지 않았다. 그것도 신문 기사 형식의 지극히 단순한 내용들뿐이었다. 그때 이미 일본의 가전 업계는 트랜지스터 발명의 산업적 의의를 간파해 그 기술의 특허권을 신속히 구매했던 것이다. 이를 통해 뛰어난 트랜지스터 공정 기법을 개척해 활용함으로써 일본을 가전 왕국으로 이끌 수 있었다. 일본 과학계가 지닌 미래를 바라보는 안목을 새삼 확인할 수 있는 대목이다. 아는 만큼 보이는 법!

쇼클리가 실리콘 밸리의 모세로 불리는 까닭은?

살펴본 것처럼 쇼클리는 기초과학 지식을 창의적으로 활용한 규범을 보여준 물리학자였다. 그는 미국의 모 일간지가 선정한, 20세기에서 가장 막강한 파급을 보여준 50인 명단의 최상위에 오르는 영광을 누렸다. 그가 발명한 트랜지스터가 4차 산업혁명의 모체 기술을 이룬 것을 보면 납득이 가는 부분이다. 다시 강조하지만 쇼클리의 천부적 재능은 실용과 직결된 기술적 문제를 간파하고 그에 대한 해결책을 창안하는 집중력에 있었다. 특히 그의 성공에는 '창조적 실패'와 '생각하려는 의지'가 주효하게 작용했다. 그에게는 실패의 원인을 과학적으로 규명해 성공의 비결을 찾는 노력과 함께, 생각하려는 의지를 마음껏 구사해 실패를 창의적 실패로 역전하는 능력이 있었다.

쇼클리는 BJT 특허를 비롯해 무려 90여 개에 달하는 특허를 획득했다. 반도체 물리의 고전으로 애독되는 두 권의 책을 산업 현장의 각박한 환경 속에서 저술하기도 했다. 기술의 상업화에는 성공하지 못했지만 실리콘 밸리 구축에 크게 기여한 사실은 인정해야 한다. 그의 명성을 좇아 모여든 젊은 과학도와 공학도들이 새로운 기술 개발을 선도하며 실리콘 밸리의 버팀목으로 거듭났기 때문이다. 이들의 빛나는 활약상은 '실리콘 밸리는 역시 인적 자원'이라는 표현에서 단적으로 드러난다.

쇼클리의 별명은 '실리콘 밸리의 모세Moses of Silicon Valley'다. 모세는 이스라엘 역사에 길이 남는 영도자였다. 그는 이집트에서 억압에 시달리며 노예 생활을 이어가던 이스라엘 민족을 약속의 땅인 가나안 복지로 이끌어줬다. 가나안 복지로 향하는 길은 시나이사막에 가로막힌 탓에 이를 통과하는 데 무려 40년의 세월이 걸렸다. 이스라엘 민족은 모세의 영도에 따라 요단강을 건너 마침내 약속의 땅인 젖과 꿀이 흐르는 가나안 복지에 이르렀다. 하지만 정작 영도자 모세는 요단강을 건너가지 못하고 가나안 복지를 멀리서 바라만 보며 일생을 마감했다.

마찬가지로 쇼클리는 오랜 기간 노력을 거듭해 개발한 기술을 상업화하고자 미 대륙을 횡단해 서부로 진출했지만, 실리콘 밸리의 젖과 꿀을 맛볼 수 없었다. 앞서 말했듯 8명의 과학자와 공학자들이 가나안 복지를 찾아 그가 창업한 회사를 떠났기 때문이다. 이것이 쇼클리가 실리콘 밸리의 모세라고 불리는 이유다. 역설적이게도 떠난 배신자들은 원래 과수원 터였던 실리콘 밸리를 창업의 가나안 복지로 바꾸는 주역이 됐다. 즉 쇼클리가 발명한 트랜지스터 기술을 창의적으로 활용해 산업에 직결한 결과 트랜지스터 발명의 진가를 드러 낼 수 있었다. 특히 배신자들의 지도자인 노이스는 '실리콘 밸리의 시장mayor of Silicon Valley'이란 별명이 붙을 만큼 돋보이는 성공을 거뒀다.

트랜지스터 발명은 과학기술의 혁신이자 문화사적 변혁

쇼클리는 유럽 과학의 백미인 양자역학을 깊이 습득해 그 이론을 관문 삼아 미시적 자연현상을 정량적으로 파악한 걸출한 물리학자였다. 파악한 내용을 기반으로 미시적 자연현상을 제어·조절해 실용에 직결하는 창의성을 발휘한 정예 응용물리학자이기도 했다. 특히 지식의 창의적 활용 능력을 돋보이게 발휘해 특허권을 100여 건이나 획득한 과학 엘리트 중의 엘리트였다.

트랜지스터 발명의 의의는 발명 후 촉발된 반도체 산업의 발전상에서 확인할 수 있다. 특히 과학기술과 산업이 선순환적으로 얽히며 역동적으로 발전해온 과정에서 두드러진다. 기술의 측면에서 트랜지스터는 스위치 기술의 정수를 이룬다. 스위치 기술은 디지털 산업의 핵심 기반으로 비중이 날로 커지고 있다. 스위치 기술은 애초엔 기계적인 방식mechanical switch으로 구현됐다. 이어 전자기 스위치electromagnetic switch가 등장하면서 스위치 작동 속도가 빨라졌다. 전류를 입력해 자기장을 만들어내고 그에 따른 자기력으로 더욱 빠른 스위치 작동이 이뤄진 덕분이었다.

전자기 스위치에 이어 차세대 스위치로 등장한 것이 바로 진공관이다. 진공관은 전구형 진공관 속에 음극과 양극이 삽입된 구조를 띤다. 두 전극 간에 전압이 인가되면 음극에서 전자가 방출돼 양극으로 끌려 운송되면서 전류가 흐르게 된다. 따라서 진공관의 경우 스위치는 전류가 흐르는 상태와 차단된 상태를 외부 전압으로 조절하는 방식으로 작동된다고 볼 수 있다. 한편 음극과 양극 사이에 제3의 전극이 삽입되면 출력 전류가 증폭된다. 이런 방식으로 진공관은 보다 넓은 지평에서 활용될 수 있었다. 진공관을 신경세포 삼아 제작된 ENIAC 컴퓨터가 단적인 예다. 진공관은 또한 라디오나 TV 같은 가전제품에도 폭넓게 이용되면서 가전산업의 발전을 이끌었다.

진공관에 이어 차세대 스위치로 등장한 것이 다름 아닌 처음 고안된 트랜지스터인 BJT다. BJT는 기술의 퀀텀 점프quantum jump, 즉 '양자 뛰기'를 대표하는 기술 작품이다. 퀀텀 점프란 상상을 초월한 급격한 도약을 가리킨다. BJT 출현을 계기로 다양한 차세대 트랜지스터가 연이어 빠르게 등장했다. 특히 모스펫 소자의 등장은 역사적 파급을 가져왔다. 구조의 단순함에 힘입어 소자 규모의 축소와 기능의 향상이 선순환적으로 이뤄진 까닭이다. 모스펫 기술은 집적회로로 빠르게 이어졌고 연이어 등장한 차세대 집적회로는 디지털혁명에 강력한 동력과 초석을 제공했다. 그 결과 인터넷은 사물 인터넷으로 확장되면서 4차 산업혁명의 플랫폼이 될 수 있었다.

양자 컴퓨터, 차세대 하드웨어 기술?

4차 산업혁명은 과학 교육의 혁신을 가져왔다. 과학기술의 지평이 확장되면서 새로운 분야와 기술이 끊임없이 출현한 덕분이었다. 초학제 간 교육 역시 빠르게 진행되는 교육 혁신의 일환이라 할 수 있다. 교육 콘텐츠의 혁신은 선순환적으로 이뤄지는 다양한 기술의 컨버전스에 따라 기존 학과를 재편성하는 차원을 이미 넘어서고 있다. 일례로 빠른 발전을 거듭하는 생명과학을 들 수 있다. 생물학은 물리학, 화학과 유기적으로 얽혀 생물과학으로 탈바꿈했다. 생물 현상을 정량적으로 파악할 수 있는 틀로 거듭났다는 뜻이다. 생명과학은 이어 공학과 얽히면서 생명공학으로 빠르게 확장되고 있다. 이는 생물과학 지식이 앞으로 체계적으로 활용되는 것은 물론, 건강 산업과 생명 산업이 새롭게 창출돼 삶의 질이 빠르게 바뀔 수 있음을 의미한다.

이 밖에도 빠르게 진행되는 분야의 컨버전스에 따라 새로운 분야가 속속 등장하고 있다. 바이오 정보학이 대표적이다. 바이오 정보학은 생물학과 정보학이 불가분하게 얽혀 생명 현상에 내재된 신비스런 정보를 정량적으로 탐색하는 새로운 분야다. 유전체학도 마찬가지다. 유전체학은 생물학과 거대 데이터 처리 기술이 얽혀 생명의 신비를 정량적으로 해독하는 새로운 분야로 볼 수 있다. 과학기술이 이처럼 역동적으로 진화·발전하는 데는 트랜지스터가 핵심 역할을 했다.

이미 말했듯 트랜지스터는 빠른 스위치를 발명해보려는 소박한 목적의식 아래 창조적 실패와 생각하려는 의지를 기반으로 발명됐다. 그 결과 정보혁명과 산업혁명의 물꼬를 트는 작은 기술의 샘이 될 수 있었다. 그 샘물에서 흘러내린 작은 물결은 거듭되는 기술의 컨버전스 현상에 힘입어 세차게 흐르는 강물로 바뀌면서, 문화사적 혁신으로 이어지고 있다. 트랜지스터 발명은 또한 기초과학의 위력이 산업 현장과 직결돼 발휘된 대표적 사례다. 이를 주도한 쇼클리는 물리학을 전공한 뒤 산업 현장으로 직진해 초학제적 과학자와 공학자로 거듭났다. 그러면서 과학과 공학을 아우르는 광범위한 분야에서 뛰어난 업적들을 연이어 성취했다. 한마디로 쇼클리는 기초과학을 상아탑에서 산업 현장으로 이끌어내어 그 위력을 보여준 기초과학자이자 응용과학자이면서 공학자였다.

현재 사용되고 있는 트랜지스터는 앞으로 새로운 형태의 소자로 진화·발전할 것이다. 분자 트랜지스터, 스핀트로닉스, 양자 컴퓨터 등이 가능한 차세대 하드웨어 기술로 알려져 있다. 이 가운데 어느 것이 차세대 주류 기술로 등장할지는 아직 가늠하기 이르다. 확실한 것은 머지않아 차세대 트랜지스터가 등장할 것이란 사실이다. 뒤에서는 BJT로 형성된 작은 샘물을 거세게 흐르는 큰 물줄기로 키워낸 정예 인력들의 활기찬 활약상을 알아보려 한다.

노이스의 집적회로,
4차 산업혁명의 모체 하드웨어 기술

쇼클리반도체를 함께 떠난 8명의 배신자는 초일류급 젊은 과학자와 공학자들이었다. 이들은 쇼클리의 부름을 영광으로 여기며 그가 창업한 벤처 사에 기꺼이 입사했다. 하지만 그의 운영 방식에 불만을 품으며 창업 활동에 함께 나섰다. 이들은 핵심 기술들을 연이어 개발한 끝에 20세기 산업의 백미인 반도체 산업을 이끄는 핵심 동력을 창출해냈다. 동시에 실리콘 밸리의 정예 인력으로 거듭난 결과 실리콘 밸리의 역동적인 기술 개발과 창업의 기상을 확립하는 데 크게 이바지했다.

집적회로를 창안한 실리콘 밸리의 시장 노이스

앞서 말했듯 실리콘 밸리는 '역시 인적 자원'이란 표현과 함께 인용되곤 한다. 인적 자원이란 생동하는 최신 전문 지식을 습득한 정예급 과학자와 공학자를 가리킨다. 이들과 어울려 창업의 어려운 관문을 함께 통과하는 경영인이나 인문

초일류 과학기술 국가를 생각한다

학의 인재 또한 포함한다. 이들은 필요시 스스로 타 분야의 지식을 터득할 수 있는 능력과 의지를 지녔다는 공통점이 있다. 터득한 지식을 활용해 창업에 임하는 도전 의식 또한 갖췄다.

쇼클리반도체를 함께 떠난 8명의 배신자들은 실리콘 밸리의 초창기 정예 인력이자 핵심적인 인적 자원이었다. 그룹의 지도자는 실리콘 밸리의 시장이란 별명이 붙은 물리학자 노이스였다. 화학자 무어는 그와 평생을 함께한 동료였다. 잘 알려진 대로 무어는 반도체 산업계의 황금 법칙인 무어의 법칙을 제안한 연구자였다. 아래에서는 이들의 활약상을 따라가면서, 이들이 벤처기업을 성공으로 이끈 비결과 함께 초학제 간 교육의 참된 의의와 효능을 알아보려 한다.

첫 번째 대상은 노이스다. 노이스의 생애는 벌린L. Berlin이 쓴 그의 전기 『The Man Behind The Microchip』에 상세히 나와 있다. 노이스는 미국의 곡창 지대인 아이오와주 작은 시골에서 목사의 아들로 태어나 그리넬단과대학을 졸업했다. 이름 없는 지방대학을 다니던 노이스는 큰 실수를 저질렀다. 기숙사 친구들과 어울려 음주 파티를 즐기다가, 갑자기 모험심이 발동해 한 친구와 대학 주변의 농가에 침입해 돼지 한 마리를 훔친 것이다. 파티를 즐기던 친구들은 훔친 돼지를 구워 먹으며 흥겨운 파티를 계속했다.

이 사건은 곧 큰 뉴스로 번졌다. 농촌 마을에서 가축을 훔치는 일은 예사로운 일이 아니었다. 퇴학과 막대한 벌금은 물론 수감될 가능성마저 있었다. 퇴학이 결정됐다면 실리콘 밸리의 시장은 탄생하지 못했을 것이다. 다행히 가족과 친지의 도움으로 사건은 마무리됐다. 대학 당국은 가축 주인에게 돼지 값을 제공했고 노이스는 한 학기 정학 처분을 받았다

정학을 마치고 복교한 노이스는 수학과 물리학을 집중적으로 습득한 끝에 최우수 성적으로 졸업한 뒤 MIT 물리학과로 진학했다. MIT의 엄격한 강의 수준과 전국에서 모여든 수재들과의 경쟁 속에서 처음에는 고전을 면치 못했지만, 난관을 잘 극복해 물리학 석사와 박사 학위를 받을 수 있었다. 이미 말했듯 박사 논문의 주제가 표면 물리였다는 사실에서 그가 트랜지스터에 큰 호기심과 애착심을 품고 있었음을 알수 있다. 쇼클리의 지도 교수였던 슬레이터 교수의 양자역학 강의에 큰 감명을 받은 것도 주제 선정에 한몫했다. 졸업 후 필코Philco사에서 일하던 중 물리학회에 논문을 발표했다. 관중석에서 이를 지켜본 쇼클리는 곧바로 전화를 걸어 자신의 회사에 들어올 것을 청했다. 노이스의 발표 능력에 감명을 받았기 때문으로 생각된다. 쇼클리의 업적과 창의성을 누구보다 잘 알고 있던 노이스는 이를 기꺼이 수락했다.

한편 캘리포니아주에서 태어난 무어는 산호세주립대학에서 화학을 전공했다. 학부 3년 차에 캘리포니아주립대학 버클리분교로 전학해 화학 학사 학위를 받았다. 졸업 후 세계적 명문 공과대학인 칼텍에서 화학 박사 학위를 받은 뒤, 존스홉킨스대학 부속 응용물리연구소의 연구원으로 보람 있는 생애를 시작했다.

무어는 연구소에서 진행되는 연구 과제들에 큰 흥미를 느끼지 못했다. 대부분의 연구 과제가 정부 지원으로 이뤄졌고 논문 발표가 연구 활동의 주 임무였기 때문이다. 좌절한 나

머지 자신이 속한 그룹이 발표한 논문에 들어 있는 단어들에 소비된 국민 세금을 계산해보기까지 했다. 그러던 중 쇼클리의 제안을 받고 기꺼이 수락했던 것이다. 사실 그는 상품을 제작해 판매할 수 있는 구체적이고 실질적인 연구 활동을 선호했다. 이 일화는 무어의 법칙을 비롯해 실사구시를 표방하는 무어의 과학관과 연구 철학을 잘 보여준다.

쇼클리를 함께 떠난 8인방은 페어차일드카메라Fairchild Camera사를 설득해 회사 내에 FS사를 창업하는 데 성공했다. 이를 주도한 노이스는 회사 경영을 맡아 경영인의 생애를 걸기 시작했다. 경영인 노이스의 강점은 그가 사내 여느 연구원 못지않은 전문 지식을 지닌 물리학자였다는 데 있었다. 그는 또한 기초과학의 심오한 콘텐츠를 새로운 기술의 창출과 상품으로 잇는 독보적인 창의력도 갖고 있었다.

노이스가 사내에 식당을 하나만 둔 이유

노이스의 창의성과 전문 지식은 쇼클리반도체에서 근무하던 2년 동안 '네거티브 레지스턴스negative resistance' 현상에 주목해 몰두한 사실에서 잘 드러난다. 네거티브 레지스턴스 현상은 양자역학의 고유 특성으로 당시로선 상상을 초월하는 신비로운 현상이었다. 기본 내용은 지극히 이채롭고 간결하다. 입력 전압이 증가하면 출력 전류도 함께 증가하는 것이 보편적 현상이다. 다만 특수한 경우 전압이 증가해도 전류가 오히려 감소하는 현상이 발생한다는 것이 네거티브 레지스턴스 현상의 의미다. 그 현상의 저변에는 전자가 높은 포텐셜 장벽을 뚫고 관통하는 이른바 터널링tunneling 현상이 놓여 있다.

터널링 현상은 고전물리학의 관점에서는 도저히 용납될 수 없는 현상이다. 이와 달리 입자성과 파동성을 동시에 지닌 전자는 높은 포텐셜 장벽을 관통할 수 있다는 것이 양자역학의 고유 지론이다. 네거티브 레지스턴스 현상의 의의를 간파한 노이스는 그 효과를 실용화할 수 있을 것으로 보고, 쇼클리에게 기술 개발을 건의했다. 쇼클리는 노이스의 제안을 받아들이지 않았을 뿐만 아니라 논문 발표조차 허용하지 않았다. 트랜지스터를 제작해 상품화하고 시장을 확보하는 것이 회사의 주 업무였기 때문으로 보인다.

쇼클리가 부정적 반응을 보인 지 1년이 지나 노이스의 착안과 같은 내용을 담은 논문이 발표됐다. 논문의 주인공은 동경대학 물리학과 출신인 에사키 레오나江崎玲於奈였다. 에사키는 네거티브 레지스턴스 개념을 기반으로 터널링 다이오드를 제작해 그 작동 성능을 발표했다. 이 공로를 인정받아 1973년 노벨 물리학상을 받았다. 쇼클리가 노이스의 제안을 수용했다면 노이스는 에사키와 공동 수상자가 될 수 있었을 것이다.

노이스의 과학관은 미국 과학 문화의 뿌리 깊은 전통을 이어받아 지극히 실용적이었다. 그는 기술의 내용보다 필요성에 더 큰 관심을 보였다. "기술적 차원에서 짜릿한 흥분을 자아내는 것은 기술의 쓸모 있는 필요성뿐"이란 말을 남기기까지 했다. 동시에 기술의 유용성을 끊임없이 발굴해 실용으로 이어주고자 노력을 기울였다. 노이스는 이처럼 미국의 실사구시 과학 문화를 대변한 것은 물론 몸소 실행에 옮긴 창의적인 기초과학자의 전형이었다.

흥미로운 것은 노이스 역시 무어와 마찬가지로 정부가 지원하는 기술 개발에는 관심을 보이지 않았다는 사실이다. 그는 연구원들이 유종의 미를 거두는 데 충분한 인센티브가 없는 채로 정부 주관 과제에 참여한다는 우려를 피력했다. 사기업체에서 추진되는 기술 개발은 지향 목표부터 구체적이고 실질적인 까닭에, 연구 성과 또한 거의 자명한 수준에서 투명하게 평가될 수 있다. 성공할 경우에는 그에 준하는 보상도 어김없이 따른다. 반면 정부가 지원하는 기술 개발은 연구비가 낭비될 소지가 없지 않다. 연구 결과의 평가 역시 논문 발표에 중점을 두면서 불투명하게 행해질 가능성을 배제하기 어렵다.

노이스와 무어는 정부 주도의 기술 개발 사업은 물론 정부 지원에도 관심을 보이지 않았다. 반대로 소박한 자세로 스스로 구상한 기술 개발에 철저하게 임하며 세기적 업적을 함께 이뤄냈다. FS사를 운영하면서 노이스는 혁신적인 경영 문화를 도입하는 창의성을 발휘했다. 그의 경영 철학은 임원진과 일반 직원들 사이에 차별을 없애고자 사내 식당을 하나만 갖춘 데서 여실히 드러난다. 그러자 모든 사원들이 편안한 마음으로 자유롭게 식탁에 함께 앉아 진지한 대화를 나누는 환경이 마련될 수 있었다. 발생한 기술적 문제점을 식사와 함께 나눌 수 있었던 것은 물론이었다.

사내 식당을 하나만 둔 것은 이처럼 회사를 수평적으로 운영하는 분위기를 조성하기 위함이었다. 노이스는 명령을 하달하는 대신 사원들과 진지한 기술적 논의를 통해 동기부여와 자발적 협조를 유도하고자 했다. 이런 식으로 FS사가 처음부터 수평적 운영의 틀을 갖추며 발족한 결과, 사원들은 자발적인 노력으로 활기찬 성과를 창출해낼 수 있었다. 더불어 유연하고 역동적인 분위기와 경영 문화가 회사 내에 깊이 뿌리내릴 수 있었다. 그뿐 아니라 노이스는 스톡옵션 제도를 도입해 회사가 거둔 이익을 사원 모두 공유하도록 했다. 경영진과 사원의 경계가 모호해질 정도의 수평적인 환경 속에서 운영되는 혁신적 기업 문화가 실리콘 밸리의 전통으로 자리매김한 데는 노이스의 기여가 아주 컸다.

'빠르고 조잡한' 사고방식의 효율성과 혁신성

노이스의 기본 사업 전략은 트랜지스터를 효율적으로 양산해내는 것이었다. 가볍고 우수한 성능의 전자 제품을 제작하는 데 트랜지스터가 요긴하게 이용될 수 있기 때문이었다. 회사 초창기에는 트랜지스터의 개당 판매 가격이 당시 달러 가치로 150달러에 달했다. 1센트도 안 되는 지금의 제작비에 비하면 천문학적인 수치다. FS사가 창업된 즈음에는 공산 진영과 민주 진영 간 냉전이 크게 고조돼 있었다. 최신형 무기 제작이 다량 요구되면서 가볍고 성능이 뛰어난 전자 제품의 수요가 크게 늘어났다. FS사는 날로 커지는 트랜지스터의 수요에 힘입어 무난한 성장을 이루는 환경과 여건을 갖출 수 있었다.

노이스는 사내의 기술 개발 과정에서도 독창성을 발휘했다. 그는 연구원들을 두 팀으로 나눈 뒤 하나의 연구 개발 과제를 동시다발적으로 진행하도록 했다. 선의의 경쟁을 유도하는 한편 연구 활동에 창의적 자유를 주기 위해서였다. 노이스는 유연한 기술 개발 분위기를 통해 연구원들의 능동적이고 자발적인 노력과 협조를 이끌어냈다. 그 결과 반도체 산업의 근간을 이루는 핵심 기술들이 작은 벤처기업에서 연이어 창출될 수 있었다.

평판 공정planar process이 대표적인 예다. 평판 공정은 많은 수의 소자를 한 평판 위에서 동시다발적으로 함께 제작하는 공정 기술을 가리킨다. 양산에 꼭 필요한 이 핵심 공정 기술을 창안한 엔지니어는 8인의 배신자들 가운데 한 명인 어니 J. Hoerni였다. 그는 반도체 표면을 안정화하는 방법으로 산화막을 공정 과정에 도입하는 창의성을 발휘한 공정의 귀재였다. 어니가 창안·도입한 공정 방식들은 반세기가 지난 지금까지도 표준 공정 방식으로 이용되고 있다.

평판 공정의 유연성을 간파한 노이스는 그 기술을 집적회로 제작에 접목했다. 집적회로는 트랜지스터와 함께 20세기 기술의 백미로, 과학사와 반도체 산업사에 길이 남을 이정표적 기술이다. 4차 산업혁명이 집적회로를 구현하는 하드웨어 기술에 기반해 있는 것은 이미 알려진 사실이다. 집적회로의 발상은 요즘 회자되는 '창의'란 용어의 진정한 의미를 대변한다. 창의란 드러커의 말처럼 실질적 이용을 염두에 두고 기술과 기술을 연결하는 능력을 말한다. 앞의 사례들은 창의적 기술 전문인으로서의 노이스의 뛰어난 자질과 재능을 입증해준다.

경영인으로서의 노이스의 업적과 혜안도 간과할 수 없다. 이는 회사의 주력 상품인 트랜지스터의 판매 단가를 과감히 낮추는 사업 전략에서 찾아볼 수 있다. 그는 판매 단가를 낮춰 트랜지스터의 수요를 촉진하는 방식으로 주문량을 늘리고자 했다. 다량 주문은 다량 생산을 유도할 것이며 그에 따르는 양산 기술의 발전은 트랜지스터 생산 단가를 낮출 수 있다는 점에 착안한 전략이었다. 이는 양산에 따르는 구체적 공정 과정을 정확히 파악하는 능력이 있을 때 가능한 사업 전략이다.

노이스는 트랜지스터의 낮은 판매 단가와 낮은 생산 단가가 선순환적으로 맞물려야 회사가 번창할 수 있음을 간파했다. 여기서 기술의 전문 지식과 경영이 접목될 때 어떤 장점이 발생하는지 엿볼 수 있다. 트랜지스터 공정 기술의 빠른 발전이 차세대 트랜지스터를 신속하게 개발하는 동력을 제공할 수 있다는 사실도 확인할 수 있다. 이런 노이스의 사업 전략을 무어는 '산업의 법칙'이라고 불렀다.

기술 개발 과제를 성공으로 이끄는 비결은 간결한 사고방식과 긍정적 연구 자세다. 간결한 사고방식은 물리학 거장 페르미의 고유 특성이면서 쇼클리의 연구 철학이기도 했다. 간결하고도 명확한 접속 다이오드 작동 모델이 그 증거다. 마찬가지로 노이스 역시 간결한 사고방식으로 기술 개발에 임했다. 그는 '빠르고 조잡한quick and dirty' 사고방식을 선호했다. 즉 대략적이고 직관적인 감각으로 문제의 윤곽을 잡은 뒤 기술 개발에 임했다. 소요되는 시간의 10퍼센트를 이용해 90퍼센트의 업적을 달성하는 이 방식은 현재 산업 현장에서 복잡한 문제를 다루는 데 효과적으로 이용되고 있다.

물리학자 노이스가 새로운 미래 기술을 감지하는 능력을

갖췄다는 사실은 마이크로프로세서의 발명 과정에서 뚜렷하게 드러난다. 경영인으로서의 노이스의 능력은 그가 창업한 인텔이 세계 굴지 기업으로 성장·발전한 사실이 잘 증명해준다. 기술의 측면에서 FS사가 이뤄낸 업적은 가히 이정표적이었다. 평판 공정과 집적회로 기술은 20세기의 세기적 기술 목록이라고 해도 과언이 아니다.

삼총사의 활약으로 집적회로 기술의 최강 기업이 된 인텔

노이스의 업적은 여기서 그치지 않는다. 인텔을 창업한 뒤 집적회로 기술을 마이크로프로세서에 접목한 창의성에서도 잘 드러난다. 집적회로의 킬러 앱이 마이크로프로세서인 것은 널리 알려진 사실이다. 마이크로프로세서가 20세기의 핵심기술을 이루는 컴퓨터의 모체 하드웨어 기술이기 때문이다. 일단 개발된 마이크로프로세서가 차세대 마이크로프로세서로 연이어 진화·발전해 인터넷과 사물 인터넷의 등장을 앞당긴 사실도 잘 알려져 있다.

인텔은 노이스와 무어가 합작해 1968년 창업한 벤처기업이다. 과학관과 연구 철학이 같았던 두 사람은 FS사를 벗어나 좀 더 활기찬 회사를 창업하기로 했다. 그 결과 세워진 회사가 인텔이다. 'Integrated Electronics'를 줄인 'Intel'이란 이름은 인텔이 집적회로에 초점을 맞춰 창업된 벤처기업임을 나타낸다. 이미 말했듯 집적회로는 4차 산업혁명의 핵심 동력인 인공지능과 자동화 기술의 모체 하드웨어 기술이다.

인텔의 발전 과정을 알려면 '초창기 삼총사'를 꼭 살펴봐야 한다. 초창기 삼총사란 물리학자 노이스와 화학자 무어

그리고 화공학자 그로브를 일컫는 표현이다. 여기서 인텔이 과학자와 공학자를 핵심 인력으로 발족된 벤처기업임이 잘 드러난다. 이들 3인방이 인텔의 발전에 기여한 내용은 물론 M. Malone의 저서 『The Intel Trinity』에 상세히 나와 있다. 아래에서는 3인방의 업적을 기술과 교육의 관점에서 소개하려 한다.

인텔이 인적 자원의 보고임은 부연할 필요가 없다. 노이스, 무어와 함께 삼총사를 이루는 그로브는 헝가리 태생 난민 출신의 공학자였다. 1964년 FS사에 입사한 뒤 노이스와 무어를 따라 인텔에 합류했다. 3인방은 각자 소속된 분야에서 일류급 과학자와 공학자의 지위를 확보했다는 공통점이 있다. 초학제 간 교육을 산업 현장에서 스스로 습득해 익히며 그 효능을 오래전부터 실천을 통해 구체적으로 증명한 과학자들이기도 했다. 성공적인 창업 활동으로 축적한 재산 일부를 공익사업과 졸업한 모교에 희사했다는 점도 빼놓을 수 없다.

흥미롭게도 이들은 공통점만큼이나 차이점도 뚜렷했다. 각자의 개별적 특성들이 조화를 이루면서 작게 시작된 벤처사를 세계적인 초일류 기업체로 발전시킬 수 있었다. 먼저 물리학자 노이스의 강점은 새로운 기술이 주어졌을 때 그 필요성을 예리하게 간파하는 데 있었다. 기술의 시장성을 정확히 예견하는 혜안과 주어진 문제의 전반적 윤곽을 빠르게 파악하는 지적 능력도 일품이었다. 이를 기반으로 노이스는 실리콘 밸리의 시장으로 성장할 수 있었다.

화학자 무어는 깊고 섬세한 지식을 갖춘 인재였다. 다시 말해 사내에서 진행되는 모든 기술 개발 현황을 미세한 부분까지 섬세히 파악해 꼼꼼히 챙기는 기술의 달인이었다. 무어의 법칙이 반세기에 걸쳐 적중된 사실이 이를 입증해준다. 숨은 변수가 많은 산업 현장에서 그처럼 오랫동안 적중되는 법칙을 찾아보기란 결코 쉽지 않다. 이런 강점을 기반으로 무어는 사내의 기술 개발을 총괄하는 일을 도맡았다. 무어의 박사 학위 전공 분야는 화학이었지만 부전공은 물리학이었다는 사실에서, 자발적으로 맞춤형 학제 간 교육을 습득한 사례를 새삼 확인할 수 있다.

인텔의 경이로운 성공에 힘입어 무어는 노이스와 함께 억만장자의 반열에 올랐다. 모교인 칼텍에 현재까지 가장 큰 금액을 희사한 졸업생이라는 명예도 안고 있다. 하지만 정작 자신은 소박한 생활로 일관했다. 맞춤형 셔츠가 아닌 검소한 옷차림으로 매일의 작업에 성실히 임했다.

끝으로 화공학자 그로브의 강점은 새로운 분야의 지식을 독자적으로 빠르게 터득할 수 있는 능력에 있었다. 주어진 과제에 온 정열을 쏟아 목적을 달성하는 집중력도 뛰어났다. 유체역학fluid mechanics을 전공한 그가 물리학과 전자공학 기술을 토대로 창업된 기업에 빠르게 적응할 수 있었던 것은 이런 강점 덕분이었다. 그로브는 회사의 중추 임무를 총괄적으로 주관하는 책무까지 맡았다. 여기서 중추 임무란 개발된 기술을 상품화하는 핵심 업무를 가리킨다. 가장 힘들고 어려운 작업이면서 회사의 입지를 결정짓는 중차대한 임무라 할 수 있다.

새로운 기술을 앞서 개발해 기술의 선도자 위치를 점하는

것은 모든 기술 집약적 회사가 지향하는 목표다. 기술의 선
도자가 돼야 회사의 경쟁력이 향상될 수 있기 때문이다. 4차
산업혁명이 역동적으로 진행되는 현 시점에서 기술의 선도
자가 누리는 강점은 여느 때보다도 막강해졌다. 기술의 선도
자 위치를 확보하는 일 못지않게 중요한 것은 개발된 기술을
양산에 접목해 상품화하는 일이다. 회사의 진정한 저력은 기
술의 효율적인 상품화 능력에 있다.

인텔의 강점인 양산 능력과 상품화 능력을 키우는 데는
그로브의 집중력이 결정적인 역할을 했다. 인텔은 기술 개발
프로젝트를 첫 단계부터 아예 양산 과정에 통합해 일괄 진행
하는 정책을 택했다. 기술의 개발 단계와 양산 단계를 하나
의 과정으로 만들었다는 뜻이다. 그로브는 이를 실천으로 옮
기는 데 크게 기여한 공학자이면서, 공학자에서 과학자와 경
영인으로 거듭난 초학제적 엘리트였다.

일본의 빠른 추격을 새로운 기술 개발로 따돌리다

이처럼 능력이 뛰어난 삼총사를 주축으로 창업된 인텔은
새롭고 참신한 기술을 바탕으로 어떤 난관도 돌파할 수 있다
는 확고한 신념 속에서 출발했다. 인텔의 성공 비결은 새로운
차세대 기술을 끊임없이 개발해 최적의 조건으로 활용한 데
서 찾아볼 수 있다. 최적의 조건을 달성하는 첫 단계는 최신
기술로 제작된 상품을 다른 기업체보다 먼저 출품해 시장을
독점하는 것이다. 이에 못지않게 중요한 후속 단계는 후발 주
자들이 추격해오기 전에 출품한 상품을 차세대 상품으로 스
스로 재빨리 교체하는 것이다. 그래야 다른 회사의 추격을 허

용하지 않으면서 독보적인 시장의 비율을 유지할 수 있기 때문이다. 인텔은 기술을 먼저 개발해 선도자 위치를 선점하고 지속적으로 확보하는 방식으로 끊임없이 발전해왔다.

아무리 뛰어난 인적 자원이 있다 해도 새로운 기술을 선도하는 위치를 유지하는 것은 쉽지 않은 일이다. 이를 위해서는 수많은 실패의 관문을 통과해야 한다. 기술의 장인 무어는 성공보다 실패에서 더 많은 것을 배울 수 있다고 늘 강조했다. 이는 쇼클리가 주창한 창의적 실패와 상통하는 연구 철학이다. 실제로 인텔 내에서는 실패하는 사람만이 빠르게 승진할 수 있다는 말이 풍미했다. 이는 실패가 성공의 관문임을, 다시 말해 많은 실패의 고비를 넘기며 실패를 거울 삼아 끊임없이 노력하는 것이 성공의 비결임을 말해준다. 한마디로 성공은 실패의 슬기로운 극복과 관리의 산물인 셈이다.

인텔의 초창기 사업 전략은 메모리 소자를 양산해 컴퓨터에 이용하는 데 초점이 맞춰졌다. 인텔은 D램 기술을 최초로 개발해 성공적으로 양산했다. 흥미로운 것은 D램이 현재 우리나라의 먹거리 소자 역할을 톡톡히 하고 있다는 사실이다. 현재 우리나라의 반도체 산업계가 차세대 D램 기술 개발을 연이어 선도하면서 전 세계 메모리 사업을 석권하고 있는 것은 우리나라의 진정한 긍지다. 인텔은 또한 반도체 산업의 핵심 기술인 MOSMetal Oxide Semiconductor 기술을 처음 개척했다. MOS 기술은 20세기의 트랜지스터로 널리 알려진 모스펫의 모체 기술이다. 그로브는 메모리 셀의 양산을 비롯해 회사의 주력 상품을 성공적으로 개발하는 데 핵심 역할을 했다.

그런데 인텔의 앞길에 먹구름이 끼기 시작했다. 먹구름이 란 바로 일본 반도체 회사들의 빠른 등장을 가리킨다. 일본의 반도체 회사들이 인텔의 선도적 반도체 기술을 빠르게 추격 해오고 있었다. 사실 일본 산업계는 다른 국가들에 앞서 실리 콘 밸리에서 새롭게 창출되고 있는 첨단 반도체 산업을 예의 주시해왔다. 반도체 산업의 밝은 전망을 예견한 끝에 국가 차 원에서 반도체 산업에 신속히 동참하는 결단을 내렸다.

일본 산업계는 자신에게는 쇼클리나 노이스 같은 세기적 천재가 없다는 사실을 인정하고 현실적인 산업 전략을 세웠 다. 새로운 반도체 기술을 선도적으로 개발하거나 기술의 창 의적 혁신을 이루는 과업은 뒤로 미루고, 효율적인 양산 체 제를 갖추는 데 노력을 집중했다. 그 결과 양질의 노동력을 키워내 초일류급 양산 체제를 구축할 수 있었다. 또한 협조 에 유연하게 대응해주는 은행들을 활용하는 한편, 반도체 산 업 발전에 역점을 둔 국가의 산업 정책과 공생 관계를 맺었 다. 이는 일본의 반도체 산업체들이 최고의 효율성과 정밀성 을 지닌 양산 체제를 갖추는 데 일조했다. 고품질의 반도체 칩이 더 빠르고 저렴하게 시장에 공급되면서 칩 공정 수율은 90퍼센트 수준까지 올라갔다.

반면 반도체 기술의 종주국인 미국 반도체 회사들의 평균 수율은 70퍼센트 수준에 머물렀다. 여기서 양국 간 칩의 생 산 단가와 품질의 차이가 확연히 비교된다. 다시 말해 일본 의 체계적이고 창의적인 공정 기술의 개발 능력과 함께 인텔 이 직면한 먹구름의 심각성을 확인할 수 있다. 하지만 인텔 은 여기서 주저앉지 않았다. 창업의 이념대로 새로운 기술의 개발로 역경을 극복하고 활기찬 발전을 거듭할 수 있었다.

우리나라가 메모리 산업을 주도할 수 있었던 비결

인텔의 발전 과정을 알아보기에 앞서, 반도체 산업 초기에 일본이 이룬 업적과 함께 우리나라가 성취한 업적을 간략히 소개해보려 한다. 위에서 말했듯 월등한 공정 기술을 바탕으로 일본은 저가 공세를 앞세워 반도체 시장을 석권했다. 이는 동양권 국가가 20세기 산업의 백미인 반도체 산업에서 독보적 위치를 차지한 성공 사례였다. 성공의 배경에는 새롭게 조성되는 기술의 시장성과 산업적 전망을 정확히 간파한 일본 엘리트 집단의 혜안이 깔려 있었다. 특히 미래 산업을 슬기롭게 예측해 이에 적합한 과학 정책을 수립하는 집단적 판별 능력이 주효했다.

도시바Toshiba사는 소자의 공정 기술과 함께 일상생활에 광범위하게 사용되고 있는 USB 개발에도 적극 참여했다. USB의 모체 기술인 플래시 EEPROMElectrically Erasable and Programmable Read Only Memory 셀은 현재 인터넷에 광범위하게 활용되고 있는 메모리 산업의 핵심 품목이다. 일본 반도체 회사들의 빠른 추격에 시달리던 인텔은 플래시 EEPROM 기술도 서둘러 개발해 큰 성과를 거뒀다.

자랑스럽게도 D램과 플래시 칩을 비롯한 메모리 산업의 전 영역을 석권하고 있는 국가는 다름 아닌 우리나라다. 이런 핵심 기술을 보유한 삼성반도체와 하이닉스의 활약상은 우리나라가 최정예 기술과 양산 체제를 갖춰 운용할 수 있는 국가라는 사실을 말해준다. 새로운 기술을 창의적으로 추격해 그 정점을 점할 수 있는 능력을 지니고 있음도 보여준다. 성공의 배경에는 반도체 기술의 산업적 전망을 간파해 기술의 백지 상태에서 참여하는 용단을 내린 산업계의 혜안이 깔려 있다. 특히 설정된 목적을 빠른 시일 내에 구현한 우리나라 공학도들의 숨은 노력과 업적이 주효했다. 이런 점에서 빠른 속도로 진행되고 있는 4차 산업혁명에서도 우리나라가 지금에 버금가는 업적을 이룰 가능성을 배제할 수 없다.

4차 산업혁명의 핵심 동력은 소프트웨어 기술이다. 소프트웨어 기술 개발이야말로 미래 산업의 향배를 결정짓는 핵심 관건이다. 하드웨어 기술의 중요성 역시 간과해선 안 된다. 세련된 고차원의 소프트웨어 기술을 운용하려면 최첨단 반도체 하드웨어 기술이 꼭 필요하기 때문이다. 이를 볼 때 4차 산업혁명의 시대에도 우리나라의 전망은 밝은 편이다. 우수한 반도체 하드웨어 기술의 인프라를 이미 견고히 갖추고 있기 때문이다. 또한 우리에게는 차세대 첨단 기술을 개발할 수 있는 저력과 개발된 기술을 성공적으로 운용한 경험이 축적돼 있다. 남은 관건은 국가 차원의 슬기로운 과학 정책, 그리고 우리나라를 이끌 정예 인력들이 4차 산업혁명에 임하는 적극적이고 긍정적인 자세다.

반도체 산업 초기에 빠른 동참으로 돋보이는 발전을 꾀한 일본의 과학 정책은 중요한 시사점을 전해준다. 우선 일본 산업계의 집단적 안목이 적중했다는 사실을 들 수 있다. 이를 바탕으로 일본의 반도체 기업체들은 새로운 기술을 빠르게 추격하는 동시에 우수한 제조 기술을 개척함으로써, 전 세계 가전 사업 시장을 석권할 수 있었다. 당시 필자는 국제학회에 여러 차례 참석하면서 흥미로운 장면을 목격했다. 일본 엔지니어들이 학회에서 발표되는 내용들을 빠짐없이 수집하는 모습이 이채로웠다. 그들의 자랑 품목인 카메라로 발표 내용을 여럿이 함께 빠짐없이 필름에 담는 모습은 지금도 인상적으로 남아 있다. 과거 명치유신의 근대화 과정에서도 일본의 과학자와 공학자들은 이처럼 철저한 자세로 새로운 지식을 수집·습득했으리라는 생각도 했다.

마이크로컴퓨터에 비견되는 호프의 범용 로직 칩

살펴본 것처럼 인텔은 일본 반도체 산업체들의 빠른 약진에 고전을 면치 못했지만, 회사의 창업 이념대로 새롭고 혁신적인 기술을 개척해 역경을 돌파할 수 있었다. 미국 반도체 산업의 궁극적 보루를 지켜낼 수 있었던 것도 물론이다. 역설적이게도 역경을 새로운 발전의 기회로 반전시키는 동력은 일본의 비지컴Busicom사가 제공했다. 비지컴은 인텔과 공동으로 기술 개발에 임할 계획을 세웠다. 비지컴이 태평양 너머에 있는 기업과 기술 개발을 공동 진행하려 한 데는 노이스의 국제적 명성이 주효했다.

일본 반도체 업계는 일찍부터 노이스의 활약상에 주목해왔다. 일본 기업체의 핵심 기술 요원들은 노이스가 FS사를 성공적으로 이끌며 발전시킨 이정표적 기술과 경영 능력을 꼼꼼히 살피며 깊이 존경했다. 특히 평판 공정 기술에 기반해 트랜지스터들을 간편하게 연결하는 방식으로 집적회로를 등장시킨 업적에 주목했다. 반도체 산업의 지평을 한 차원 넓혀준 창의적 발상 능력을 높이 산 일본은 노이스가 자기 나라를 방문할 때마다 과학기술의 영웅으로 환대했다.

당시 반도체 시장의 주력 상품은 휴대형 계산기였다. 이미 HP와 TI가 우수한 성능의 포켓 계산기를 시장에 출품해 놓은 상황이었다. 일본의 캐논Canon사와 카시오Casio사가 연이어 계산기를 출품하면서 휴대용 계산기 분야에서 각축전이 전개되기 시작했다. 휴대폰 분야에서 각축전이 전개되고 있는 지금의 상황과 비슷하다고 하겠다. 비지컴 역시 계산기 사업에 적극 동참하고자 집적회로를 활용해 차세대 계산기를 개발하기로 했다. 이를 위해 명성이 널리 알려진 노이스의 인텔과 기술 개발 협약을 맺었다.

협약 내용은 다음과 같았다. 역할을 분담해 비지컴이 계산기 기능을 지시하는 회로를 설계하면 인텔은 설계된 회로 칩을 제작한다는 것이었다. 즉 인텔이 비지컴의 파운더리 역할을 담당한다는 내용이었다. 이를 위해 비지컴은 공정 현장에서 설계에 직접 임할 수 있도록 설계 인력을 인텔에 파견했다. 한편 인텔은 사내 엔지니어였던 호프T. Hoff에게 계약된 공동 과제가 무난하게 진척될 수 있도록 돌보는 책무를 맡겼다.

호프는 렌슬레이어공과대학을 졸업한 뒤 스탠퍼드대학에서 전자공학 박사 학위를 받은 젊은 공학자였다. 그는 학위를 받자마자 새로 창업된 인텔에 12차 고용인으로 입사했다. 공동 기술 개발팀을 이루게 된 비지컴의 설계 인력과 인텔의 호프는 MOS 기술을 바탕으로 최신 계산기 칩을 제작하기로 의견을 모았다. 그런데 칩 설계에 관한 구체적 방법에서 의견이 갈렸다. 비지컴 측은 계산기의 다양한 기능마다 전담 프로그램을 별도 설계해 그에 따른 개별적 칩을 설계하는 방식을 택했다. 즉 입력된 데이터를 관리해 계산을 실시한 뒤 출력된 결과를 프린터에 연결해 디스플레이하는 기능을 별도의 칩이 담당하도록 하는 방식이었다.

호프는 비지컴의 방법이 과도하게 복잡한 구조로 설계돼 있음을 감지했다. 그는 계산기 기능마다 무려 3,000개에서 5,000개에 이르는 트랜지스터를 사용해 프로그램 회로를 제작해야 한다는 점에 주목했다. 이럴 경우 여러 개의 칩으로 이뤄진 계산기를 효율적이고 저렴하게 양산하기 어렵다는 것이 호프의 생각이었다. 비지컴이 제안한 설계 방식의 취약점을 감지한 호프는 이를 대체할 방안을 스스로 모색했다. 그 결과 범용 로직 칩이 핵심 방안으로 고안됐다. 범용 로직 칩은 계산기의 다양한 기능을 총괄적으로 관리·수행하는 능력을 하나의 칩이 갖추도록 설계하는 방안이었다. 즉 하나의 칩 면적 위에 매 기능을 담당하는 회로들을 서로 다른 지역에 둔 다음 이 회로들을 전기적으로 연결하는 설계 방식이었다. 한마디로 중앙 프로세서 단위를 설계하는 방안이라 할 수 있었다.

호프는 개별 기능만을 전담하는 여러 개의 칩을 로직 칩으로 대체함으로써, 프로그램 회로 공정에 개입되는 트랜지스터 수를 감소하고자 했다. 이런 목적으로 고안된 로직 칩은 계산기의 개별 기능은 최적으로 간소화한 프로그램으로 지시하고 나머지 프로그램들은 메모리 셀에 저장해두는 방식으로 설계됐다. 저장해둔 프로그램을 다시 불러와 필요한 기능에 사용할 수 있도록 유연성을 부여하는 것이 핵심적인 착안점이었다. 이런 점에서 호프가 설계한 로직 칩은 컴퓨터의 기본 기능을 수행하는 마이크로컴퓨터Microcomputer에 비견될 수 있다.

마이크로프로세서,
차세대 인터넷과 인공지능 산업의 모체 기술

범용 로직 칩을 고안한 호프는 비지컴에 그들이 제안한 설계 방식을 수정해볼 것을 건의했다. 비지컴 측은 호프의 건의를 받아들이기보다 원래의 방안을 그대로 채택하기로 결정했다. 낙담한 호프는 범용 로직 칩의 개념을 노이스에게 직접 보고하며 그의 견해를 타진했다. 소프트웨어 기술에는 문외한이었던 노이스는 설계 지식의 백지 상태에서 호프에게 질문을 던지며 고안된 설계 내용을 파악하고자 애썼다. 노이스가 던진 질문에 답하면서 호프는 그의 신속한 파악 능력에 경탄을 금치 못했다. 노이스는 자신의 천부적 재능을 통해 설계 내용의 윤곽을 빠르고 정확하게 파악할 수 있었다.

더불어 로직 칩이 지닌 실용성도 예리하게 간파했다. 범용 로직 칩이 미니 컴퓨터로 발전할 수 있는 가능성을 예견했다는 뜻이다. 그뿐 아니라 로직 칩이 자동차를 비롯해 다양한 스마트 가전제품에도 사용될 수 있음을 직감했다. 자율주행 자동차가 본격 등장하기 시작한 현 시점에서 돌이켜 보면 미래를 예리하게 읽은 노이스의 혜안에 경탄을 금할 수 없다. 로직 칩의 실용성에 확고한 신념을 갖게 된 노이스는 호프에게 개발을 지시했다. 그 결과 하드웨어 아키텍처에 능통한 호프, 소프트웨어 엔지니어 마조르s. Mazor, MOS 실리콘 게이트 기술의 전문가인 물리학자 파빈F. Fabin으로 구성된 개발팀이 꾸려졌다. 인텔이 일본 반도체 산업계의 저가 공세에서 벗어나 새롭게 도약하는 기술적 발판을 확보하는 첫 단계였다.

마이크로프로세서는 한마디로 칩 내에 작동하는 마이크로컴퓨터를 가리킨다. 즉 인공지능형 전자 산업의 모체 기술이면서 각종 아날로그 시스템의 두뇌에 해당된다. 또한 PC 시대를 열어주는 기반 하드웨어이기도 하다. PC의 등장으로 인터넷 망이 4차 산업혁명의 플랫폼으로 빠르게 이어진 사실을 감안할 때 마이크로프로세서 발명의 의의는 자명해진다. 마이크로프로세서 발명을 계기로 인텔은 메모리 사업을 접고 급격히 팽창하는 PC 산업과 얽혀 선순환적인 발전을 거듭했다. 나아가 차세대 마이크로프로세서를 연이어 출품해 PC 시장의 독보적 위치를 선점했다. 지능형 전자 산업의 발전에 크게 기여한 점도 빼놓을 수 없다.

주목할 것은 차세대 마이크로프로세서가 연이어 등장할 수 있었던 데는 끊임없이 이뤄진 트랜지스터 규모의 축소가 주효했다는 사실이다. 규모가 축소되면 소자의 작동 속도가 빨라질 수 있기 때문이다. 또한 칩에 내장되는 소자 수가 증가할 경우 칩의 기능이 보다 다양해지고 정교해지는 장점이 있다. 칩이 빠르게 작동되는 장점이 따르는 것은 물론이다. 이에 힘입어 소자의 크기는 인텔의 주도로 무어의 법칙에 따라 반세기 동안 지속적으로 축소돼왔다. 트랜지스터의 규모를 선도적으로 축소하고 PC 사업의 주역을 담당함으로써 인텔은 세계적인 초일류 반도체 업체로 성장했다. 일본을 비롯해 우리나라, 대만 등 동양권 반도체 산업체들의 거센 추격과 도전에도 불구하고 미국의 반도체 산업이 지탱될 수 있었던 구체적인 배경이다.

미국의 선진 과학 문화의 지평을 넓혀준 노이스

잘 알려진 대로 마이크로프로세서는 산업 현장에서 발생한 기술적 문제를 해결하는 과정에서 발명됐다. 문제의 핵심은 계산기의 작동 프로그램 회로를 효율적으로 양산할 수 있도록 소프트웨어를 최적으로 단순화하는 데 있었다. 잠시 발명의 단초에 주목할 필요가 있다. 단초란 바로 주어진 임무에 적극적이고 능동적으로 임하는 기술 전문인의 자세를 가리킨다. 호프에게 주어진 임무는 비지컴이 설계한 방안을 구현하는 회로의 공정이 차질 없이 진행되도록 살피는 것이었다. 이 과정에서 호프는 비지컴이 창안한 설계의 타당성에 회의를 품고 개선책을 강구하고자 자발적인 노력을 기울였다. 전문인의 장인 정신이 발휘된 모범적인 사례가 아닐 수 없다. 부여된 임무를 넘어 효율적인 대안을 스스로 탐구하는 자세는 촉박한 회사의 환경 속에서 쉽게 찾아보기 어렵다.

호프는 새로운 설계 방안을 탐구하는 데 그치지 않고 고안된 방안을 최고 경영자인 노이스와 논의하는 적극성을 보였다. 어느 기업체를 막론하고 최고 경영인은 회사의 전반적 운영을 책임져야 하는 중차대한 의무를 지닌다. 따라서 다른 회사와 맺은 용역과 관련된 기술적 문제를 구체적으로 간파하는 것은 예사로운 일이 아니다. 여기서 노이스의 기술 집약적인 경영관과 인텔의 유연하고 수평적인 경영 분위기가 잘 드러난다. 호프의 장인 정신과 창안 기술에 대한 확고한 신념도 엿볼 수 있다.

마이크로프로세서 발명의 주역은 호프만이 아니었다. 함께 개발팀을 이룬 마조르와 파빈도 중요한 역할을 담당했다. 이 발명에 힘입어 3인방은 국가 발명가의 명예의 전당National Inventors Hall of Fame에 이름을 올리는 영예를 누렸다. 프로세서 발명의 단서를 제공한 비지컴의 설계 담당자 시마Shima의 간접적인 공헌도 빼놓을 수 없다.

노이스의 업적 역시 간과해선 안 된다. 노이스의 공헌은 다양한 차원에서 이뤄졌다. 먼저 그가 수립한 회사의 수평적 운영 체제와 기술 개발 문화를 들 수 있다. 수평적인 기술 개발 문화에 힘입어 호프는 회사의 최고 경영인인 노이스에게 로직 칩에 대한 기술적 논의를 자연스럽게 제안할 수 있었다. 이는 회사의 촉박한 환경 속에서 찾아보기 어려운 사례다. 특히 피라미드식으로 상하 체계가 엄격히 수립된 회사 환경에서는, 최고 경영자와 신입 엔지니어가 기술적 문제를 진지하게 논의하는 모습은 상상조차 하기 어렵다. 이런 점에서 노이스가 수립한 수평적 운영 체제가 마이크로프로세서 발명에 결정적인 역할을 했다고 하겠다.

무엇보다도 노이스의 중요한 업적은 로직 칩을 개발하기로 결정했다는 점에 있었다. 창업된 기업체에 산적한 업무에도 불구하고 새로운 과제를 채택해 한정된 인적·물적 자원을 투입하는 것은 결코 쉬운 결정이 아니다. 새롭게 채택된 과제로 인해 이미 진행 중인 과제에 큰 차질이 빚어질 수도 있기 때문이다. 일본 반도체 산업체들의 거센 압력으로 고전에 처했던 인텔의 입장에서는 더더욱 그랬다. 어려운 결단을 내린 노이스는 마이크로프로세서 개발을 적극 독려하면서 홍보 활동도 병행했다. 이런 노이스의 기여가 없었다면, 마이크로프로세서 개발이 불가능한 것은 물론 호프가 창안한 로직 칩의 개념은 빛을 보지 못했을 것이다.

이 같은 업적 덕분에 노이스는 국가과학공로훈장National Medal of Science을 받는 영광을 누렸다. 국가과학기술학술원 National Academy of Science 회원으로도 추대됐다. 무어와 함께 국제전자공학회의 명예의 전당IEEE Hall of Fame에 오르기도 했다. 노이스가 누린 명예의 목록은 산업 현장에서 성취한 업적에 충분히 보답해주는 미국의 선진 과학 문화를 여실히 보여준다. 노이스가 누린 최고의 명예는 민초 과학자와 공학자들이 지어준 별명일 것이다. 실리콘 밸리의 시장이란 별명에서 그가 민초들에게 얼마나 큰 애정 어린 존경심을 받았는지 알 수 있다. 심지어 고등학생들은 그의 이름이 새겨진 티셔츠를 입고 다니기도 했다. 과학 엘리트를 경외하는 과학 문화는 미국을 과학의 중심권으로 이끈 동력으로 작용했다.

비록 노벨 물리학상을 받는 영광은 누리지 못했지만……

마이크로프로세서의 개발을 비롯해 노이스는 다방면에서 인텔을 세계적인 초일류 기업체로 이끌었다. CEO 자리를 무어에게 넘겨준 뒤에도 미국 반도체 산업계의 대변인으로 활약했다. 다수의 반도체 기업이 컨소시엄 형태로 설립한 세마테크SEMATECH사의 최고 경영자로 부임해 초대 경영을 맡은 것이 그 증거다. 세마테크는 첨단 기술 개발에 주력

초일류 과학기술 국가를 생각한다

하고자 설립된 회사로, 정부의 막강한 지원을 배경으로 빠르게 추격해오는 외국 회사들에 맞서기 위한 미국 반도체 산업계의 공동 대응책이었다.

인텔이 마이크로프로세서를 기반으로 발전하던 시기는 실리콘 밸리가 역동적으로 팽창하던 시기와 맞물린다. 이는 1975~1983년 사이 1,000여 개의 벤처기업이 창업된 사실에서 잘 드러난다. 활발하게 이뤄진 창업 활동으로 실리콘 밸리는 과학자와 공학자들의 꿈을 실현하는 메카로 성장했다. 다시 말해 기술 기반 일자리를 창출하는 온상으로 자리매김했다. 8명의 배신자가 쇼클리반도체를 떠난 뒤 10년 동안 실리콘 밸리에서 창출된 일자리 수는 무려 1만 2,000개에 달했다.

미국의 작은 농촌에서 태어나 세기적 업적을 이뤄낸 실리콘 밸리의 시장은 1990년 62세의 나이로 돌연 세상을 떠났다. 사후 노이스는 '디지털 시대의 영웅'이란 평가를 받았다. '시대정신을 선도하는 실리콘 밸리의 엔진'으로 추모되기도 했다. 그의 업적에 걸맞은 추모사가 아닐 수 없다. 노이스는 발명 자체에 머무르지 않고 발명의 콘텐츠를 가다듬어 산업에 성공적으로 접목한 과학자로 평가받았다. 과학 지식을 창의적으로 활용한 전범을 보여줌으로써 20세기 전자 산업에 강력한 영향력을 행사한 과학자로 인정받은 것이다.

그뿐 아니라 새로운 산업혁명을 촉발하고 20세기를 변혁한 인물이란 칭송도 받았다. 지금까지도 현대판 과학자의 참된 모델이면서 영감을 불러일으키는 발명가이자 창업가로 불리고 있다. 파급의 측면에서 역사적으로 저명한 정치인조차 넘보지 못하는 차원에서 추모되고 평가받은 것이다. 창의적 발명가이자 창업의 달인이었던 노이스는 초학제적 교육을 산업 현장에서 스스로 습득해 그 효능을 유감없이 발휘한 과학 엘리트 중의 엘리트였다.

과학 엘리트란 심오한 과학 지식을 지니는 것은 물론 이를 활용해 국력을 키우고 국가 경제를 활성화하는 데 기여하는 인재를 말한다. 특히 양질의 일자리를 창출해 더불어 사는 사회를 구현하는 데 앞장선 인재를 가리킨다. 비록 62세의 많지 않은 나이로 세상을 떠났지만 노이스는 돋보이는 성공 신화를 이룩한 행운아였다. 작게 시작한 벤처기업을 세계적인 초일류 기업으로 이끈 행운아이기도 했다.

그럼에도 불구하고 노벨 물리학상을 받는 영광만은 누리지 못했다. 그의 빛나는 생애에 유일한 아쉬움일 것이다. 역설적이게도 노이스가 세상을 떠난 지 10년 뒤인 2000년에 전자공학자 켈리가 집적회로를 창안한 업적으로 노벨 물리학상을 받았다. 노이스는 켈리와 비슷한 시기에 집적회로 개념을 창안한 것은 물론, 인터커넥트 개념을 도입해 집적회로의 구현 방안까지 제시했다. 이는 노이스의 창안이 진일보한 집적회로의 발상이었음을 말해준다. 세상을 일찍 떠나지만 않았다면 그는 틀림없이 노벨상을 켈리와 공동 수상했을 것이다. 노벨 물리학상이 노이스를 두 번이나 스쳐 지나간 것은 노벨상 위원회가 더 아쉽게 느껴야 할지도 모른다. 20세기 과학자 가운데 시대정신을 가장 예리하게 간파하고 돋보이는 업적을 남겨 지대한 파급을 가져온 물리학자를 수상 명단에 포함하지 못했기 때문이다.

과학자의 기본 책무는 자연현상을 수학의 정교한 언어로 파악해 새로운 지식을 창출해내는 데 있다. 이는 유럽 대학이 이뤄낸 빼어난 업적이 입증해준다. 이에 못지않게 중요한 책무는 파악된 지식을 창의적으로 활용해 산업 기술로 이어주는 것이다. 산업혁명을 촉발해 문화사적 혁신을 유도한 것이 대표적인 사례다. 그뿐 아니라 빠르게 발전하는 산업 기술이 기초과학과 유기적으로 얽혀 기초과학의 지평을 넓혀주는 사실도 과학사는 거듭 보여주고 있다.

　　노이스는 과학 지식의 창의적 활용을 실현한 현대판 과학자의 참된 면모를 보여준 엘리트 중의 엘리트였다. 실리콘 밸리는 현재 모든 국가가 따라 이루고 싶어 하는 모범 사례로 자리매김했다. 노이스는 별명대로 실리콘 밸리의 상징적 시장이었다. 정부가 임명한 시장이 아니라 실리콘 밸리에 거주하는 과학자와 공학자들의 존경을 받는 상징적 존재였다. 관치와 무관하게 과학 지식의 자산 하나만을 바탕으로 자수성가해 스스로 얻은 영광의 별명이라는 점에서, 그 가치는 더욱 빛나 보인다.

그로브의 맞춤형 평생교육과
배움을 위한 가르침

끝으로 인텔의 3인방 가운데 그로브의 활약상을 소개해 보려 한다. 그로브의 생애는 초학제 간 교육의 본질과 효능을 역동적으로 보여주는 사례다. 그는 자연 계열 분야는 물론 인문 계열 분야까지 심도 있게 습득하면서 이를 강력한 동력으로 삼아 활기찬 활동을 펼쳤다.

억압과 시련에 맞선 그로브의 흙수저 생애

인텔의 초대 회장인 노이스는 벤처기업을 창업하는 주역을 맡으며 회사 발전에 불을 지폈다. 그는 창업과 발명의 대명사로 알려질 만큼 세기적 업적을 이뤄낸 물리학자였다. 2대 회장인 무어는 검소한 생활로 일관한 화학자이면서 겸허한 자세로 사내 기술 개발을 꼼꼼히 챙긴 기술의 달인이었다. 그로브는 인텔의 3대 회장이었다. 그는 매일을 인생의 마지막 날인 것처럼 열심히 살면서 회사를 치밀하고 용의주도하게 운영한 공학자였다. 3인방의 뛰어난 업적 덕분에 인텔은 오랫동안 초일류 기업군의 정점을 차지할 수 있었다.

그로브의 생애는 테들로우R. Tedlow가 쓴 전기 『Andy Drove』에 자세히 나와 있다. 아래에서는 초학제 간 교육의 관점에서 그의 생애를 조명해볼 것이다. 그로브의 삶은 노이스나 무어와 달리 평탄치 못했다. 그는 헝가리의 수도 부다페스트에서 태어나 2차 대전의 거센 물결에 휩쓸렸다. 나치 정권이 유대인에게 자행한 억압과 따돌림을 온몸으로 겪기도 했다. 2차 대전 후 헝가리가 철의 장막 속에 갇히면서 그로브는 또 한 번 시련을 겪어야 했다. 학부 시절 공산 체제에 반기를 든 데모에 참여한 여파로 사랑하는 부모님을 뒤로한 채 미국 행에 올랐다. 그로브의 탈향은 마치 해방 후 고향을 등지고 월남한 북한 학생들을 연상시킨다.

혈혈단신으로 뉴욕에 도착한 그로브의 첫 임무는 학업을 잇고자 대학에 들어가는 것이었다. 무일푼인 그에게 사립대학은 고려 대상이 되지 못했다. 다행히 수업료가 거의 없다시피 한 뉴욕시립대학CCNY에 입학할 수 있었다. 당시 CCNY가 명문대 못지않은 알찬 교육 프로그램으로 운영된 덕분에 재학생들의 수준은 명문대 학생들의 수준에 뒤지지 않았다. 이런 이유로 뉴욕에 거주하는 많은 유대계 자녀가 CCNY에 입학했다. 전성기에는 학부 졸업생들 가운데 노벨상 수상자가 다수 배출되기도 했다.

입학 후 처음 택한 물리학 과목에서 그로브는 낙제점을 받는 수모와 충격을 겪는다. 하지만 이에 굴하지 않고 특유의 집중력과 노력을 발휘한 끝에 재수강한 물리학 과목에서 A 학점을 받아냈다. CCNY 학부 시절 그로브의 삶은 학습과 독서와 아르바이트로 일관했다. 밤늦게까지 공부한 그는 콜라 값을 아껴가며 푼돈까지 저축했다. 모국 헝가리에 두고 온 부모님을 모셔오고자 적금을 들었기 때문이다. 이는 당시 우리나라 유학생들의 일화라 해도 이질감이 느껴지지 않는다.

그때만 해도 우리나라는 전형적인 빈곤 국가였다. 졸업 후 미국 유학길에 오르는 것은 부유한 집안의 금수저 자녀가 아니면 거의 불가능했다. 민초들의 흙수저 자녀가 어쩌다 행운으로 유학길에 오르기라도 하면, 그로브처럼 후진국에서 받은 미진한 학부 교육을 만회하고자 엄청나게 노력해야 했다. 모처럼 푼돈이 생기면 고국에 계신 부모님의 생활비에 보태려 송금하는 것이 흙수저 유학생들의 관행이었다.

초학제 간 교육의 참된 규범을 보여준 그로브

CCNY를 우수한 성적으로 졸업한 그로브는 세계적인 명문대로 알려진 캘리포니아주립대학 버클리분교의 화공학과로 진학해 박사 학위를 받았다. 졸업하자마자 8인의 배신자가 창업한 FS사에 입사한 뒤 노이스와 무어를 따라 새로 창업된 인텔로 옮겨갔다. 새로 입사한 그로브에게 노이스는 이채로운 선물을 안겨줬다.

당시 인텔에서는 사원들이 사내에서 진행되는 기술적 업무에 관해 보고서를 작성하는 것이 관례였다. 그로브가 작성한 첫 보고서를 노이스가 자세히 읽어보고 그에게 면담을 요청했다. 신입 사원이 작성한 기술 개발 보고서를 최고 경영자가 직접 읽어보고 구체적으로 점검해보는 것은 희귀한 사례에 속한다. 특히 기술적 문제를 다룬 보고서를 점검하며 논의를 제안하는 것은 거의 찾아보기 어렵다. 노이스의 기술 집약적인 경영 문화를 여실히 보여주는 일화다.

입사 후 그로브는 배움과 가르침의 나날을 보냈다. 특히 배움의 지평이 끊임없이 확장됐다. 학부 시절에 전공했던 화학은 화공학으로, 이어 응용물리와 반도체소자 물리 분야로 넓어졌다. 확장의 범위는 여기서 그치지 않았다. 그로브는 제품의 양산 과정에 개입되는 모든 공학 분야를 부지런히 익혔다. 학구열은 급기야 회사를 효율적으로 경영하는 방법을 전하는 경영학으로 이어졌다. 그의 배움의 여정은 진정한 의미에서 자발적으로 습득한 참된 초학제 간 교육의 규범이었다.

헝가리 태생인 그로브에게 영어는 높은 장벽이 되지 못했다. 반대로 성공으로 이끌어주는 편리한 도구 역할을 했다. 영어를 본고장 사람들 못지않게 구사할 수 있었던 것은 그의 그칠 줄 모르는 독서열 덕분이었다. 분야를 가리지 않고 독서에 매진한 그는 마침내 자신의 뜻을 품위 있는 어휘로 간결하게 표현해 전달할 수 있었다.

요즘 신문지상에는 영어 단어를 단기간 내에 효율적으로 암기할 수 있는 기법을 가르쳐준다는 광고가 종종 실린다. 하지만 외국어에 통달하려면 수능 시험에 임하듯 암기나 기법에 의한 방식에만 의존해선 안 된다. 그보다는 끊임없는 독서를 통해 외국어에 익숙해지는 것이 가장 효과적이고 올바른 방법이다. 특히 다양한 분야의 전문 서적과 교양서적을 애독할 필요가 있다. 전문 지식은 물론 안목의 지평을 크게 넓힐 수 있기 때문이다. 품위 있는 어휘와 문구를 독서를 통한 문맥 이해에서 자연스럽게 익힐 수도 있다. 특히 단어는 요령 있는 암기로 그 뜻을 개별적으로 외우고 익히기보다는 문맥 속에서 파악하는 것이 효과적이다.

그로브는 다른 전공 내용을 신속히 습득해 통달한 뒤 자신만의 방식으로 정밀하게 설명할 수 있었다. 이런 사실은 그의 저서『반도체소자 물리와 기술Physics and Technology of Semiconductor Devices』에 자세히 나와 있다. 그로브가 인텔에 입사해 백지 상태에서 물리학과 전자공학을 스스로 습득해 터득한 트랜지스터 작동 원리를 설명해주는 교과서와도 같은 책이다. 그로브의 간결하고도 정교한 설명에 매혹된 수많은 독자들이 그의 저서를 애독했다. 후속 판이 나오기를 고대하는 독자들의 반응을 감지한 출판사가 속편 저술을 요청했지만, 빠른 승진에 따른 엄청난 업무량 탓에 요청에 응하지 못했다고 한다.

배움과 가르침, 교육과 산업의 선순환적 얽힘

필자 역시 그로브의 저서에 매료된 경험이 있다. 한때 필자는 전공 분야인 레이저 물리학의 한계를 벗어나 반도체 물리를 습득해보고 싶은 의욕에 사로잡혔다. 관련 서적을 다수 읽으며 반도체소자의 작동 원리를 이해해보려 했지만, 소자 작동에 스며 있는 물리 개념들을 간파하기가 쉽지 않았다. 이런 경험을 통해 새로운 분야를 자력으로 습득하기란 결코 쉽지 않다는 사실을 깨달았다. 우연한 기회에 그로브의 저서를 탐독한 필자는 그간 품었던 의문점이 대부분 명쾌히 해소되는 기쁨을 맛볼 수 있었다. 모호하게 느껴지던 기본 개념도 명확히 이해할 수 있었다. 필자는 간결하고도 정교한 그의 설명 방식에 매료됐다. 특히 소자 작동 원리를 개진하고 자 그가 도입한 기본 물리 개념에 깊은 감명을 받았다.

경이로운 것은 그로브가 대학교수가 아니었다는 사실이 다. 그는 기술 개발은 물론 제품 양산에까지 혼신의 노력을 기울여 매일의 바쁜 일정을 소화해야 했던 산업 현장의 공학 자이자 경영인이었다. 그런 상황에서 대학에서보다 기초과 학 지식을 더 명확히 파악해 정교히 저술했다는 사실에 경외 심마저 느꼈다. 배움과 가르침을 통해 통달한 지식을 그로브 는 틀림없이 제품 제작에 직결해 적극 활용했을 것이다. 특 히 공정된 소자의 작동을 정량적으로 파악해 그 성능을 향상 하는 데 크게 기여했을 것으로 생각된다. 이런 점에서 그로 브의 생애는 초학제 간 교육을 평생교육의 일환으로 습득하 며 그 효능을 산업 현장에서 구체화한 귀중한 사례라 할 것 이다.

뛰어난 강의와 저술 능력에도 불구하고 그로브는 교수직 자체에는 흥미를 느끼지 못했다. 그의 삶은 배움과 가르침의 얽힘이자 연속이었다. 가르침이 배움의 지름길이라고 굳게 믿었기 때문이다. 그는 사내에서 수행되는 기술 개발과 연계 된 기반 지식과 기술적 문제점을 사원들에게 정규적으로 강 의하는 한편, 기술 개발에도 적극 동참했다. 나아가 기술 개 발을 산업 현장의 연구 활동으로 격상했다. 이 같은 학구적 태도에 비춰 볼 때, 그로브가 세밀한 기술적 문제점까지도 연구원들과 긴밀히 논의하며 기술 개발을 진행했을 것임을 쉽게 유추할 수 있다.

그로브는 경영인으로서 기술 개발 과제를 지시하는 동시

에 과학자와 공학자로서 기술적 토의를 수행했다. 이를 통해 경영인과 전문 기술인의 입지 모두를 지켜낼 수 있었다. 미국의 강점은 인텔처럼 수평적이고 학구적인 운영 문화를 지닌 기업체가 다수 존재한다는 데 있다. 그의 가르침이 사내에만 국한되지 않았다는 사실도 흥미롭다. 강의 분야 역시 반도체 물리와 반도체공학 등 과학기술 분야에 한정되지 않았다.

인근에 위치한 캘리포니아주립대학 버클리분교와 스탠퍼드대학에서 그는 경영 현장에서 직접 체험하며 습득한 지식을 토대로 경영학 강의를 맡기도 했다. 산업 현장의 공학자가 초일류 경영대학원에서 경영학 강의를 제공한 예는 거의 찾아보기 어렵다. 전 생애 동안 광범위하고 일관되게 기울인 그로브의 학구적 노력은 초학제 간 교육의 규범을 제공하기에 충분하다. 이런 노력의 결과 그는 가르침을 통해 폭넓게 터득한 지식을 토대로 인텔을 최적의 방식으로 운영하며 그 기반을 공고히 다질 수 있었다.

기술 본위의 수평적 운영이 돋보이는 인텔

경영의 측면에서 그로브는 메모리 사업을 뒤로하고 노이스가 불을 지핀 마이크로프로세서 사업에 집중하기로 결정했다. 일본 반도체 업체들이 주던 메모리 사업의 중압에서 벗어나 마이크로프로세서에 회사의 승부를 걸기로 한 것이다. 인텔은 차세대 마이크로프로세서를 연이어 출품함으로써 마이크로소프트, IBM과 윈윈 전략을 구사하며 함께 PC 사업을 주도할 수 있었다. 모든 PC에 'Intel Inside' 로고가 부착될 만큼 회사의 브랜드를 공고히 다진 것은 물론이었다. 인텔이 가장 성공적으로 운영되는 하이테크 회사의 반열에 오를 수 있었던 이유다.

32비트 80386은 인텔이 1985년에 출시한 마이크로프로세서다. 칩 안에 무려 27만 5,000개의 트랜지스터가 내장된 최신형 제품이었다. 곧이어 차세대 486칩이 등장하면서 마이크로프로세서는 명실공히 컴퓨터 기능을 대행했다. 특히 1996년도에 등장한 펜티엄Pentium은 동전보다 얇고 우표보다 작은 칩에 320만 개의 트랜지스터가 내장된 최신 기술의 결정체였다. 초당 1억 개의 지시 사항을 수행할 수 있을 만큼 빠른 작동 성능을 지닌 중앙 처리 칩의 대표적 산물이기도 했다.

무어의 법칙이 시사하는 대로 집적회로 기술은 혁신적으로 진화·발전하면서 컴퓨터의 발전을 선도했다. 집적도를 논할 때 이타니움Itanium을 지나칠 수는 없다. 이타니움은 손톱만 한 면적을 지닌 20개 층에 총 17억 5,000만 개의 트랜지스터가 내장된 제품이다. 최초의 트랜지스터로 등장한 PCT의 규모와 비교해보면 기술의 진화 속도를 실감할 수 있다. 이후 펜티엄의 등장으로 컴퓨터는 단순한 계산 도구에서 정보를 관리·관장하는 도구로 진화·발전했다. 그 결과 사물인터넷과 탐색 엔진의 기반을 제공하는 한편 각종 기구가 소통하는 연결 고리 역할을 했다. 나아가 화상 회의를 통한 '움직이는 사무실'을 가능케 함으로써 산업체의 운영 양식마저 바꿔놓고 있다. 요즘 시도되고 있는 자택 근무가 구체적인 증거다.

이 같은 경이적인 업적을 인텔이 성취할 수 있었던 배경에는 그로브의 경영 방식과 경영 철학이 깊이 자리해 있다. 그로브는 노이스와 무어가 보여준 모범을 따라 평사원들과 똑같이 칸막이 사무실에서 근무하며 인텔을 수평적으로 운영했다. 경영자만이 사용하는 별도의 화장실은 물론 없었고 별도의 승강기도 따로 설치하지 않았다. 또한 높은 지위에서 우러나오는 힘보다 지식에서 나오는 힘이 더 중시되는 철저한 기술 본위의 분위기를 도입했다. 한마디로 회사에 기술적 문제가 발생했을 때 이를 해결할 수 있는 지식과 능력의 소유가 무엇보다도 중시되는 운영 문화를 확립한 것이다.

그뿐 아니라 온전히 열린 분위기에서 신입 사원을 채용했다. 세계적으로 저명한 대학을 졸업했다는 지원자의 이력은 참고 사항이 되지 못했다. 그보다는 지원자의 지식이 회사의 발전 방향에 구체적으로 기여할 수 있는지를 채용 기준으로 삼았다. 이 같은 수평적이고 실력 위주의 환경 속에서 그로브는 공학자답게 동일한 입력으로 최적의 출력을 창출하는 데 경영의 초점을 맞췄다. 또한 자신만의 경험을 바탕으로 경영 철학을 담은 책을 저술함으로써 많은 독자들이 애독하고 탐독할 수 있는 자료를 제시했다. 그의 저술 활동이 이공 계열 분야를 넘어 경영 분야로까지 확대됐다는 사실은 초학제 간 교육의 돋보이는 효능이라 할 것이다.

창조적 파괴와 변화, 그로브의 경영 철학

그의 저서 『고출력 경영High Output Management』에서는 최적의 출력을 창출하는 방안이 나온다. 이보다 높은 차원의 경영 철학은『편집증 환자만이 살아남는다Only the Paranoid Survive』에서 찾아볼 수 있다. 이 저서가 말하는 기본 운영 철학은 사업이 진행되는 전반적 추세와 주변 정보를 항상 호시탐탐 살피며 예민하게 고뇌하는 자세에 방점을 두고 있다. 저서의 또 다른 핵심은 쇼클리의 창조적 실패에 비견되는 '창조적 파괴'다. 창조적 파괴는 기술의 적자생존 법칙에 기반한 사업 전략이다. 최신 기술로 제작된 상품을 출시하자마자 차세대 상품을 신속히 개발함으로써, 출시된 상품을 타 회사가 모방하기 전에 스스로 파괴한다는 뜻이다. 그래야 타 회사가 추격해오는 것을 사전에 방지할 수 있기 때문이다.

그러므로 그로브의 사업 전략은 새로운 기술을 선도하고 선도자 위치를 유지하는 최적의 전략이라 할 수 있다. 이는 인텔의 창업 이념과 전적으로 부합되는 사업 전략이다. 새로운 기술에 승부를 걸고 창업된 인텔의 창업 이념을 보존하려면 창조적 파괴의 방법으로 선도자 위치를 지켜야 하기 때문이다. 이처럼 기술에 대한 확고한 신념으로 실천에 옮길 때만이 창업된 기업이 죽음의 계곡을 무사히 통과할 수 있다는 사실을 그로브의 인텔은 실증해준다.

창조적 파괴 외에 그로브 저서의 핵심은 바로 '변화'다. 그의 저서는 변화를 집중 관리하고 이를 기반으로 도약해가는 것을 핵심 내용으로 한다. 그로브는 온몸으로 변화에 대비할 것을 강조했다. 특히 큰 변화에 대비해 마음을 단련하고 가다듬는 것이 중요하다고 봤다. 변화에 적극 대응할 수 있도록 만반의 준비 태세를 갖출 것도 주문했다. 변화에는 언제나 시련이 뒤따른다. 시련은 반드시 극복돼 반전의 계기로 이어져야 한다는 것이 그의 경영 철학이었다. 그로브는 항상 주변 상황을 예민하게 간파해 감지하고 그에 따라 일어날 수 있는 모든 가능성들을 파악해 대비해야 함을 강조했다. 변화에 언제 어떻게 대응할 것인지 스스로 결정할 수 있는 능력이 변화를 관리하는 핵심 관건인 까닭이다. 특히 대응 시점을 스스로 선택할 수 있어야 함을 그로브는 거듭 강조하고 있다.

이어 변화의 관리는 말이 아닌 실천과 행동으로 이뤄져야 한다고 역설했다. 기업체를 접게 되는 것이 대부분 석연치 않은 결정이나 판단에 기인하기보다는, 스스로의 직분에 충실하지 못한 데 따른 미진한 행동이라는 점도 강조했다. 그뿐 아니라 그로브는 위험을 비켜가려면 항상 노심초사할 필요가 있다고 했다. 위험은 대개 다른 회사들과의 경쟁에서 생겨나지만, 새로운 방식으로 업무를 수행해야 할 단계에서 초래되기도 한다는 것이 그의 지론이었다. 그에 따르면 가장 심각한 위험은 업무 수행에 필수적으로 이용돼온 기존 기술이 가치를 상실하고 기능을 발휘하지 못할 때 생겨난다. 즉 변화된 환경이 요구하는 새로운 기술과 사고방식을 외면하고 기존 기술과 사고방식에 매달릴 때 심각한 위험이 따른다는 것이다.

변화의 물결에 뒤처져 초래되는 위험부담을 그로브는 회사의 주력 사업 분야가 사양길로 접어들 때를 예로 들어 설명했다. 사업 분야가 사양길에 접어들면 사내 인력의 기술은 그 가치를 상실하고 그들의 능력도 무기력해진다. 준비되지 않은 상태에서 주변 환경이 변할 경우 기술과 능력이 빠르게 쇠락하면서 가장 심각한 위험이 초래될 수 있다는 뜻이다. 변화에 대한 그로브의 생각을 자세히 언급하는 데는 이유가 있다. 변화에 대비해 능동적으로 관리하는 것이야말로 우리나라의 미래를 이끌 과학과 공학 엘리트들에게 요구되는 필수 책무이기 때문이다.

4차 산업혁명이 역동적이고 폭넓게 진행되고 있는 지금, 주변 환경이 빠른 속도로 변화하는 것은 피할 수 없는 현실이다. 이에 발맞춰 대학 교육 또한 빠르게 재정비되고 있다. 변화하는 교육 환경에 누구보다도 먼저 대응해야 하는 주인공이 다름 아닌 과학도와 공학도라는 것은 자명한 사실이다. 산업혁명은 산업의 혁신적 재편성과 취업 구조의 대대적 변화를 함의한다. 따라서 취업 상황이 전반적으로 불투명해지고 불확실해지는 현실을 피하기란 거의 불가능하다. 이런 점에서 그로브가 역설한 변화의 창조적 관리는 기업체 운영은 물론 불투명한 미래에 임해야 하는 과학도와 공학도들에게 유효할 것으로 생각된다.

단호한 결단과 새로운 기술의 무장이 중요한 이유

변화를 관리해 역전의 기회로 전환할 수 있는 객관적 방법을 모색하는 것은 결코 쉬운 일이 아니다. 이런 맥락에서 그로브가 제시한 변화의 대응책은 그 유용성이 한층 돋보인다. 원론적이고 추상적인 차원이 아닌 변화에 임하는 마음의 자세에 방점을 두며 객관적인 방안을 제시해주기 때문이다. 또한 결단의 강도와 노력의 크기에 따라 관리의 성패가 결정되기 때문이다. 이런 점들을 염두에 두고, 스스로 거쳐온 이민자의 경험을 토대로 그로브가 피력한 관리의 방안을 직접 인용해보려 한다. 우선 그는 변화되는 환경을 이민의 장도에 오르는 것에 비유했다.

"변화에 수반되는 상황은 새로운 나라로 이민 가는 것과 비슷하다. 짐을 싸 들고 익숙한 환경에 작별을 고하며 떠나는 것이다. 익숙한 환경이란 언어와 문화가 통하고 이웃과 가깝게 어울려 지내는 환경을 뜻한다. 즉 좋거나 싫거나 간에 어떤 일이 어떻게 전개돼 나갈지 미리 예측할 수 있는 친숙한 환경을 가리킨다."

"이제 새로운 곳으로 떠나는 것이다. 습관과 언어가 새롭고 위험성과 불확실성이 새롭게 다가오는 곳으로 떠나는 것이다."

이어서 그로브는 변화된 환경에 소극적이고 감상적인 자세로 대응하는 자세를 경고했다.

"이런 때일수록 두고 온 과거를 되돌아보고 싶은 충동에 사로잡힐 수도 있다. 그것은 비생산적일 뿐이다. 과거에 있었던 일들을 그리워하며 감상적으로 느끼는 것을 삼가야 한다. 다시는 그런 일이 일어나지 않을 것이기 때문이다."

적극적인 자세로 변화된 환경에 적응하고 그 속에서 거듭나기 위해서는, 새로운 기술을 습득하고 그 기술로 무장할 것을 독려하고 있다. 지닌 바 모든 역량을 변화된 새로운 환경에 적응하는 데 발휘할 때 작지 않은 보상이 따른다는 것이 그로브의 생각이다.

"지닌 바 모든 에너지를 남김없이 쏟아부어 새로운 세계에 적응하며, 그곳에서 번창하고 성공하는 데 필요한 새로운 기술을 익히고 그 기술로 무장해야 할 것이다."

"옛 고장은 한정된 기회를 줬거나 아예 기회조차 주지 못했을 것이지만, 새로운 고장에서는 활기찬 미래가 열릴 수 있다. 그 미래는 그동안 스쳐간 모든 위험성을 보상하고도 남을 만큼 값질 것이다."

그로브는 새로운 환경에 처하게 되면 과거를 돌아보지 말고 미래를 향해 모든 역량을 다해 힘차게 매진할 것을 강조했다. 정든 고국을 뒤로하고 신대륙에 이주해 모든 열정을 쏟아부은 그의 삶의 여정은 그가 주창한 변화의 관리를 행동으로 보여준다. 그는 작은 나라에서 태어나 작게 시작했다. 고국을 등지고 새롭게 정착한 나라에서는 낙제점을 시작으로 대학 교육에 임했다. 하지만 좌절하지 않고 온 정성과 에너지를 다해 학업에 열중한 결과 세계적인 명문대에서 박사 학위를 받을 수 있었다.

학위 획득 역시 작은 시작에 지나지 않았다. 그는 전 세계 과학자와 엔지니어들이 선망하는 실리콘 밸리에 진입했다. 그런 다음 최신 반도체 기술을 토대로 새롭게 설립된 인텔에서 벤처기업의 성공 신화를 써 내려갔다. 그는 자신의 모든 능력과 에너지를 쏟으며 매일을 열심히 살았다. 매일을 배우고 가르치며 직무에 충실하면서 보람 있게 살았다. 그 결과 회사의 정점에 오를 수 있었고 인텔을 세계적인 초일류 기업으로 키워낼 수 있었다. 노이스, 무어와 함께 과학 엘리트 반열에 오른 것은 물론이었다.

원하기만 했다면 대학에 머무르며 교수로 크게 성공할 수도 있었을 것이다. 타고난 강의 능력을 십분 발휘하는 한편 알찬 논문을 발표하며 새로운 지식의 창출에도 기여했을 것이다. 교수직을 탐탁찮게 여겼던 그로브는 주저 없이 산업 현장에 뛰어들었다. 그 속에서 이용 가능하고 지대한 파급을 가져올 수 있는 기술을 개발하는 데 선도적인 역할을 했다. 개발된 기술을 양산에 연결하는 동시에 차세대 기술 작품을 출시하는 일에도 적극 참여했다. 이는 막대한 수의 일자리 창출과 가시적 업적으로 이어졌을 뿐만 아니라, 국가의 경쟁력을 제고하는 효과도 가져왔다.

그로브는 여기서 머무르지 않았다. 일본 반도체 산업계의 빠른 추격과 막강한 압력을 극복하며 미국 반도체 산업의 보루를 지켜냈다. 이 모든 업적이 돋보이는 것은 정부의 지원이나 관치에 의존하기보다 자신의 정직한 땀과 의지로 성취했기 때문이다. 그로브는 4차 산업혁명을 촉발하는 핵심 기반 기술을 제공하는 선도적 역할도 마다하지 않았다. 이는 과학자와 공학자의 측면에서 볼 때 업적이기에 앞서 영광이자 행운이었다. 푼돈을 아껴가며 저축한 결과 그로브는 부모님을 새로운 고장으로 모셔오는 아들의 직분도 성실히 이행했다. 수업료도 거의 받지 않고 우수한 학부 교육을 제공한 CCNY에 감사의 뜻으로 거액을 기부하기도 했다. 성공한 벤처기업가들이 모교에 정성껏 기부하는 미국의 아름다운 문화가 드러나는 대목이다.

그로브의 평생교육, 배움과 가르침의 행진

인텔은 전 세계에서 가장 눈길을 끄는 초일류 기업으로 자리매김했다. 모든 PC에 'Intel Inside' 로고가 붙어 있을 만큼 전성기를 이루던 시기에는 전 세계적으로 10만여 개의 일자리를 창출하며 반도체 산업을 주도했다. 하지만 최근 들어 1만 2,000여 개의 일자리를 줄여야 할 만큼 그동안 주력으로 삼았던 프로세서 산업이 축소됐다. 이는 우수한 기술과 인력을 지닌 기업체라 해도 번영만을 누리기 어렵다는 사실을 말해준다. 인텔의 경우 아이폰의 등장으로 PC 시장이 축소되기 시작한 것이 주된 이유였다. 주력 사업에 집중하면서 반도체 사업의 시대적 추이를 적극 수용하지 않은 것도 문제였다.

현재 인텔은 마이크로프로세서 사업 외에 사물 인터넷에 맞춘 사업을 새롭게 시도하고 있다. 특히 센서형 칩과 연결 기기용 칩 개발에 초점을 맞췄다. 이 역시 그로브가 주창한 변화의 관리가 행동으로 구체화된 사례라 할 것이다. 아울러 4차 산업혁명이 불러일으키는 도전의 응전이 얼마나 거센지도 보여준다.

그로브의 생애는 배움의 행진이면서 배움을 위한 가르침의 행진이었다. 그의 배움은 우수한 성적을 획득해 스펙을 갖춘다는 의미가 아니었다. 반대로 새롭게 전개되는 산업 현장에 뛰어들어 역동적인 직무를 이어받고 성공적으로 수행하기를 자청한다는 뜻이었다. 주목할 것은 그가 초학제 간 교육을 수십 년이나 앞서 스스로 선택해 산업 현장에서 홀로 습득했다는 사실이다. 우리나라의 미래를 이끌 과학과 공학

엘리트들이 따라해볼 가치가 있는 모범적인 맞춤형 교육이
아닐까 한다.

터만의 실리콘 밸리,
과수원 터가 4차 산업혁명의 터전으로 거듭나다

실리콘 밸리는 활기찬 창업의 산실이다. 20세기 산업의 백미인 반도체 산업은 실리콘 밸리를 중심으로 창출됐다. 인터넷 구축에 필수적인 이정표적 업적들 역시 실리콘 밸리에서 다수 이뤄졌다. 특히 인터넷이 창업의 플랫폼으로 거듭나는 결정적 동력을 제공한 곳이 실리콘 밸리인 것은 잘 알려진 사실이다.

과학자와 공학자들의 메카로 자리매김한 실리콘 밸리

실리콘 밸리는 꿈을 지닌 과학자와 공학자들이 선망하는 메카로 자리매김했다. 자신의 실력과 노력만으로 승부를 걸어볼 수 있는 선망의 장소가 된 것이다. 실리콘 밸리는 현재 과학기술과 산업이 서로를 이끌며 선순환적으로 발전하는 플랫폼을 제공하고 있다. 이를 통해 국가 경쟁력을 키우는 동력이 육성되는 것은 물론이다. 흥미로운 것은 이런 역사적 랜드마크가 정부 주도로 이뤄진 산물이 아니었다는 사실이다. 정부가 특정 지역을 선정해 국가 과학기술 센터로 발족한 방식이 아니란 뜻이다. 그보다는 미국의 초일류 과학과 공학 엘리트들의 활기찬 활약이 자연스럽게 빚어낸 노력의 결정체다. 실리콘 밸리는 미국의 민초들이 지닌 실사구시 과학 문화의 역동성과 유연성을 보여주는 빛나는 사례다.

실리콘 밸리의 형성에는 물리학자 2인과 전자공학자 1인의 활약이 주효했다. 물리학자 가운데 한 명은 세기적 발명가 쇼클리였다. 그의 별명이 실리콘 밸리의 모세인 사실은 이미 언급한 바 있다. 유대인의 영도자인 모세는 이스라엘 백성을 이끌고 험난한 시나이사막을 횡단해 가나안 복지로 인도했다. 마찬가지로 쇼클리는 트랜지스터를 발명해 실리콘 밸리 구축에 커다란 기여를 했다. 그의 명성에 이끌려 몰려든 젊은 인재들은 실리콘 밸리의 핵심 인력이자 현대판 과학과 공학 엘리트로 거듭났다.

나머지 물리학자는 다름 아닌 노이스다. 앞서 말했듯 노이스는 쇼클리를 따라온 무리 가운데 한 사람으로 실리콘 밸리의 시장이라는 별명을 지닌다. 그는 모세가 건너지 못한 요단강을 건너 실리콘 밸리에 앞서 진입한 뒤 젖과 꿀을 만끽했다. 또한 젊은 과학자와 공학자들의 존경을 한몸에 받으며 그들의 마음속 시장으로 인정받았다. 노이스는 진정한 의미에서 드러커가 주창한 창의적인 물리학자였다. 앞서 말했듯 창의란 기술과 기술을 연결하는 능력을 기반으로 가시적인 업적을 창출하는 것을 가리킨다. 이런 점에서 평판 공정과 집적회로 기술을 그리고 집적회로 기술과 마이크로프로세서 기술을 연결한 노이스의 능력은 가시적 업적의 규범이자 전형이라 할 만하다.

그뿐 아니라 노이스는 산업사를 다시 쓰는 업적을 성취했다. 자신이 창업한 벤처기업에서 집적회로, 마이크로프로세서 등 역시 자신이 개발한 하드웨어 기술 작품을 4차 산업혁명을 촉발하는 원동력으로 제공했다. 이는 노이스가 20세기 과학과 공학 엘리트 중의 엘리트임을 증명해준다.

터만, 대학의 연구 문화를 정립한 실리콘 밸리의 대부

실리콘 밸리의 3인방 중 마지막 인물인 터만은 '실리콘 밸리의 대부Father of Silicon Valley'로 널리 알려진 전자공학자다. 그는 미래를 정확히 통찰하는 안목을 지닌 뛰어난 교육자였다. 현대판 교육과 연구 문화를 새롭게 정립한 교육의 선구자이기도 했다. 아울러 학부 시절부터 초학제 간 교육을 스스로 습득해 그 효능을 몸소 보여준 참된 스승이자 공학자였다. 아래에서는 그의 생애를 간략히 알아보며 초학제 간 교육의 뿌리를 이해해보려 한다. 특히 그가 보여준 참된 현대판 스승의 면모와 함께 대학의 사명을 산업과 직결한 실용적 교육관을 살펴볼 것이다. 덧붙여 그가 자신의 꿈을 구현하고자 노력한 결과 실리콘 밸리가 형성된 이정표적 성공담도 소개해보려 한다. 그의 빛나는 생애는 길모어C. Gillmor가 쓴 『Fred Terman at Stanford』에 자세히 나와 있다.

터만은 1901년 미국의 곡창지로 이름난 인디애나주에서 태어나 교수로 평생을 보냈다. 교수로 있는 동안 현대판 대학 교육의 참신한 패러다임을 새롭게 다시 쓰며 실리콘 밸리의 대부로 거듭났다. 물리학자 노이스가 인근 아이오와주의 작은 농촌에서 태어나 실리콘 밸리의 시장으로 거듭난 것과 통하는 대목이다. 이는 미국이 유연하고도 열린 사회임을 증명해준다.

터만은 스탠퍼드대학의 심리학과 교수였던 아버지를 따라 샌프란시스코 지역으로 이주한 뒤 무려 72년 동안 스탠퍼드대학과 함께했다. 그가 학부 시절부터 자청해 받은 대학 교육은 광범위한 분야를 아우르는 초학제 간 교육 자체였다. 그는 스탠퍼드대학 기계공학과에서 학부 교육을 시작했다. 전공과목인 기계공학은 곧 화학으로 바뀌었고 경제공학engineering economics, 경제학, 정치학으로 수강 범위가 넓어졌다. 이에 그치지 않고 전자공학, 수학, 물리학, 화학 등 이공계열 학과목들도 수강했다. 그 결과 터만은 학사 학위 취득에 필요한 총 학점의 두 배 이상을 받으며 졸업할 수 있었다. 심지어는 외국어인 프랑스어도 수강해 습득했다.

졸업 후 터만은 같은 대학 대학원에서 전자공학 석사 학위를 그리고 MIT 전자공학과에서 박사 학위를 받았다. 1861년 창립된 MIT는 터만이 입학할 즈음엔 보스턴테크Boston Tech로 불렸다. 보스턴테크에서 그는 화학을 부전공으로 택했고 물리와 수학 과목을 다수 수강했다. 학업을 마친 뒤에는 스탠퍼드대학으로 돌아와 평생 교수직에 몸담았다. 그는 스탠퍼드대학을 세계 초일류 대학으로 발전시킨 뛰어난 공과대학 학장이었다. 한마디로 대학의 사명을 재정립한 현대판 교육자의 모범이었다.

터만 업적의 백미는 스탠퍼드대학을 주변 지역의 경제 성장을 촉진하는 동력으로 이끈 점에 있다. 그는 대학과 산업체가 유기적으로 얽혀 공생할 수 있는 산학 협동의 새로운 틀을 성공적으로 정립했다. 그가 품었던 대학 관은 현재 대학의 역할과 사명을 대변하는 정석으로 자리 잡았다. 이런 점에서 그를 대학 교육의 참된 선각자라 할 수 있겠다.

터만은 교수의 책무를 간단명료하게 명시했다. 즉 교수는 특정 분야에서 진정한 전문 지식과 능력을 지녀야 한다는 것이었다. 이는 외부에서 연구비를 받아 논문을 양산하는 능력만으론 교수의 자격을 충족할 수 없으며, 명 강의는 심오한 전문 지식을 토대로 할 때 가능해지는 것임을 말해준다. 그는 강의 능력의 중요성을 역설했다. 대학의 핵심은 교수의 질과 능력에 달려 있다는 것이 그의 기본 신념이었다. 터만은 이처럼 가르침과 연구의 균형을 맞추고 실천에 옮길 수 있는 교수의 능력과 자질이 대학의 본질임을 강조했다. 연구와 가르침이 상호 보완적이어야 한다는 점도 그가 역점을 둔 교육자의 자세였다.

가르침과 연구가 상호 보완적이기보다는 상호 경쟁적일 수밖에 없는 것이 지금의 현실이다. 발표되는 논문 수와 피인용 지수가 교수의 업적 평가는 물론 정부의 연구비 지원에 필수적이기 때문이다. 이와 달리 터만은 졸업 후 사회로 진출해 가시적 업적을 이룰 수 있는 정예 인력을 양성하는 것이 대학의 사명이라는 교육 철학을 지니고 있었다. 가르침과 연구를 상호 보완적 차원에서 병행하는 방식으로 자신의 교육 철학을 행동으로 옮겼다. 특히 교과서 저술에 많은 노력을 기울였는데 그가 집필한 교재 분량은 무려 6,000페이지에 달했다. 그가 교수의 직분을 한평생 헌신적으로 이행한 사실을 입증해주는 자료가 아닐 수 없다.

계산공학과 생명공학을 예견한 터만의 혜안

터만은 바람직한 지향 목표를 나열하는 작업은 누구나 쉽게 할 수 있다고 했다. 설정한 지향 목표를 구현하는 노력과 실천이야말로 핵심 관건임을 주장했다. 말로 그치는 원론적 진술이 아닌 구체적 행동의 중요성을 강조했다는 뜻이다. 터만의 교육 철학은 현재 초학제 간 교육의 기반을 이룬다. 이는 학부 시절 그가 스스로 선택해 습득한 광범위한 영역의 과목에서 잘 드러난다. 동시에 그는 특화된 전문 분야 역시 심도 있게 습득해야 함을 강조했다. 심도 있게 습득한 전공 분야의 지식에 기반해 초학제적인 넓은 안목으로 타 분야를 습득할 필요가 있다는 것이었다.

구체적으로 터만은 공학을 전공하는 학부생의 경우 과학 분야는 물론 사회과학과 인문 계열 과목도 수강할 필요가 있다고 했다. 즉 경제학을 비롯해 윤리와 역사, 외국어에 이르기까지 넓은 안목으로 임할 것을 권장했다. 그의 교육 철학은 초학제 간 교육이 전 생애에 걸쳐 반드시 개별적으로 이뤄져야 한다는 필연성에 기반해 있다. 평생교육의 일환인 초학제 간 교육을 스스로 습득하는 데 필요한 기반 지식을 학부 교육이 제공해야 한다는 것이 그의 소신이었다. 4차 산업혁명이 빠르게 진전되는 현 시점에서 볼 때 터만의 선견지명은 큰 경탄을 불러일으킨다.

터만은 특히 언어나 글로 표현하는 발표 능력을 키울 것을 강조했다. 발표 능력이 사회 진출 시 중요한 역할을 한다는 이유에서였다. 학생들의 발표 능력을 키우는 것은 우리나라 대학 교육의 주 임무이기도 하다. 터만은 이처럼 공학도들에게 인문학의 문외한이 되지 않는 동시에 기초과학 지식을 심도 있게 터득해야 함을 강조했다. 특히 현대판 공학자들은 최소한 물리와 화학, 수학에 깊은 조예가 있어야 한다고 했다. 이는 곧 등장하게 될 지식 기반 산업을 예견하며 피력한 교육 철학으로 볼 수 있다.

터만이 지금 시점에서 훈계를 한다면 계산과학과 생명과학도 필수 분야에 포함했을 것 같다. 흥미로운 것은 그가 생명공학을 가까운 장래에 등장할 중요한 분야로 예견했다는 사실이다. 이렇게 광범위한 영역의 교육을 실천에 옮기는 바람에 터만은 국가공학사인증위원회National Accreditation Committee와 마찰을 빚기도 했다. 초학제적인 넓은 안목으로 학업에 임할 경우 선택된 전공 분야에 대한 교육을 충분히 받을 수 없다는 우려 때문이었다. 우려에도 불구하고 그의 교육 철학은 조금의 굽힘이 없었다. 그는 더 나아가 학제 간 학사 제도와 대학 간 공동 박사 학위 제도를 제안하기까지 했다.

터만의 학문적 열정과 소신은 교육에만 국한되지 않았다. 그는 레이더와 직결된 전파공학radio-engineering 분야를 전공하며 전문 지식을 깊게 다졌다. 그의 탁월한 전문 지식이 널리 알려지면서, 2차 대전 중 레이더 기술 개발을 위해 창설된 하버드대학의 레이더연구소Radiation Research Laboratory 소장으로 초빙됐다. 이 연구소에서 이뤄낸 탁월한 업적은 그에게 하버드대학 명예박사 학위를 안겨줬다. 그는 또한 과학자와 공학자의 명예의 전당인 국가과학학술원National Academy of Science

회원으로도 추대됐다.

살펴본 대로 터만은 교육과 연구에 큰 발자취를 남겼다. 무엇보다도 현대판 대학의 패러다임을 다시 쓰는 동시에 실제로 구현하는 기반을 적극 다지는 데 이바지했다. 미래를 예견하는 예리한 안목으로 국가 경제를 활성화하는 동력을 대학이 직접 선도·창출해내는 초석을 다진 것이다. 터만이 학생들에게 적극 격려하며 해준 충고는 간단명료했다. 대학을 졸업한 뒤 상아탑을 떠나 산업 현장에 익숙해지고 현장 감각을 터득해야 한다는 것이었다. 성공적인 창업 활동을 통해 사회에 가시적으로 기여하는 현대판 과학과 공학의 진정한 엘리트로 성장해야 한다고도 했다.

제자였던 휼릿과 패커드가 그의 권유에 따라 차고에서 벤처기업 1호를 창업한 것은 잘 알려진 사실이다. 세계 굴지의 계측기 회사로 성장한 HP가 창업된 차고는 캘리포니아 주의 역사적 장소로 지정됐다. 터만은 출근할 때 가끔씩 차고 앞을 지나며 주차된 차량 수를 헤아려보곤 했다. 회사 앞마당에 주차된 차량 수를 통해 그날의 작업 분량을 가늠했다는 것이다. 터만이 제자들의 창업 활동에 지대한 관심이 있었음을 보여주는 일화다. 그는 제자들에게 석사나 박사 학위를 받은 뒤 산업 현장으로 진출할 것을 권유했다. 이는 첨단 지식 기반 산업이 등장해 고차원의 공학 기술과 직결될 것을 예견한 그의 안목에서 비롯됐다. 또한 기초과학 지식을 슬기롭게 활용할 수 있는 능력이 기업의 성공 여부를 결정하게 될 것임을 예견했다. 이후 전개된 역사는 그의 안목이 적중했음을 증명해주고 있다.

실리콘 밸리, 미래 지향적인 산학 협동의 터전

터만의 업적은 여기서 그치지 않았다. 업적의 정점은 미래 지향적 산학 협동의 새로운 틀을 구축한 데서 찾을 수 있다. 이를 통해 그는 산학 협동의 성공 신화를 창출할 수 있는 기반을 마련했다. 그가 수립한 산학 협동의 새로운 틀에 따라 창출된 결과들은 그가 이뤄낸 업적의 깊이와 폭을 잘 보여준다. 터만은 대학 주변의 과수원 터를 스탠퍼드산업공원 Stanford Industrial Park으로 지정한 뒤, 새롭게 개발된 최신 기술을 토대로 설립된 기업체를 산업공원 내로 유치하고자 노력을 기울였다. 이렇게 형성된 산업공원은 비약적인 발전을 통해 오늘날의 실리콘 밸리로 거듭났다.

새롭게 구축된 산학 협동 환경 속에서 대학 연구진과 학생들은 산업 현장을 구체적으로 파악하는 기회를 얻었다. 산업 현장에서 실제로 진행되는 기술 개발 작업에도 직접 참여했다. 그 과정에서 졸업 후 진출할 산업 현장에 대한 구체적 감각을 미리 키울 수 있었다. 기업 입장에서는 필요한 기반 기술을 대학의 연구 인력과 공동으로 개발하는 기회와 환경을 가질 수 있었다. 이 같은 유기적 산학 협동의 환경 속에서 학생들이 실사구시 연구 풍토와 산업 현장의 현황을 체험한 결과, 산학은 윈윈 전략을 거둘 수 있었다. 이는 현재 진행되고 있는 산학 협동의 원초적 모델로 볼 수 있다.

터만은 산업공원에 유수 기업체를 유치하고자 노력했다. 유치 작업에 응해 첫 번째로 입주한 기업체는 베어리언Varian사였다. 베어리언은 고전압 고전력 장비를 주력 사업으로 하는 유수의 강전 업체였다. 뒤이어 이름만 들어도 알 수 있는 결출한 기업체가 줄줄이 영입됐다. 대학 주변의 과수원이 세계적인 과학기술의 중심지로 빠르게 변모할 수 있었던 비결이었다. 무엇보다도 쇼클리를 설득해 산업공원으로 영입한 것이 주효했다. 터만의 설득으로 미 대륙을 횡단해 산업공원에 입주한 쇼클리는 자신이 발명한 트랜지스터를 기반으로 새로운 반도체 산업의 둥지를 틀었다. 하지만 쇼클리반도체는 젊은 연구 인력의 집단 이탈로 곧 사업을 접게 된다.

역설적이게도 젊은 연구 인력의 집단 이탈은 창의적 분열을 가져왔다. 다시 말해 스탠퍼드산업공원에서 시작된 실리콘 밸리가 빠르게 조성돼 비약적 발전을 이룬 단초로 작용했다. 쇼클리로부터 이탈한 젊은 인력은 인텔을 비롯해 다양한 벤처기업을 창업함으로써 실리콘 밸리에 활력소를 제공했다. 특히 인텔은 오랫동안 역동적인 발전을 거듭해 초일류 반도체 기업으로 성장하면서 다수 산업체를 끌어오는 구심점 역할을 했다. 그뿐 아니라 HP에 비견되는 기술 집약적 벤처기업들이 우후죽순처럼 창업되면서 산업공원은 새로운 활기로 넘쳐났다. 덕분에 끊임없는 발전 속에서 세계적인 전자 산업과 IT 센터로 거듭날 수 있었다.

주목할 것은 실리콘 밸리의 발전과 함께 성장한 스탠퍼드대학과 캘리포니아주립대학이 역으로 실리콘 밸리의 발전에 크게 기여했다는 사실이다. 두 대학은 주변에 모인 벤처기업과 유기적으로 얽혀 새로운 기술 개발을 선도함으로써, 경제 발전의 활력소를 함께 창출해낼 수 있었다. 이는 이들 대학이 대학 사명의 새로운 패러다임인 창업의 온실 역할을 톡톡히 했음을 말해준다.

스탠퍼드대학을 창업의 온실로 성장시킨 터만

활기찬 산학 협동이 이뤄질 수 있었던 데엔 몇 가지 이유가 있다. 먼저 들 수 있는 것은 이들 대학이 지닌 뛰어난 지적 자산이다. 다시 말해 교수진의 뛰어난 실사구시 연구 능력과 학생들의 능동적이고 적극적인 학구열이다. 특히 학생들의 적극적인 학구열은 새로운 지식을 심도 있게 습득하고 그 활용의 활로를 스스로 구상하는 능동적인 사고방식을 가리킨다. 대학의 지적 자산은 인터넷의 형성 과정에서 이들 대학이 산업 활동에 직결돼 기여할 수 있는 원동력이 돼줬다. 지적 능력 못지않게 아니 그 이상으로 중요한 것은 지닌 능력을 발휘할 수 있는 환경과 연구 문화의 조성이다.

이 같은 핵심 요소들을 마련해준 주인공은 다름 아닌 터만 교수였다. 새롭게 조성된 산학 협동에 따라 빠르게 창출된 가시적 업적들은 터만 교수의 꿈에서 비롯됐다 해도 과언이 아니다. 여기에는 자신의 꿈을 실천으로 옮기고자 기울인 그의 헌신적인 노력이 주효했다. 이처럼 산학이 유기적으로 얽히며 돋보이는 업적을 만들어내면서 실리콘 밸리는 미래 산업을 창출하는 온상으로 거듭날 수 있었다. 아울러 과학과 산업이 접점을 이뤄 미래를 함께 개척하는 플랫폼이 될 수 있었다. 한마디로 실리콘 밸리는 국가 경쟁력을 가늠하는 실체이자 상징으로 자리매김했다.

전자 산업과 정보산업의 세계적 중심지로 부상한 스탠퍼드산업공원은 실리콘 밸리로 확장됐고, 급기야 인터넷 구축의 핵심 요소가 됐다. 산업공원 내에 활기차게 창업된 벤처 기업들은 인터넷의 빠른 확장을 선도하며 사물 인터넷 형성에 크게 기여했다. 흥미로운 것은 최첨단 기술을 토대로 창업돼 세계 굴지의 회사로 발전한 다수의 핵심 벤처기업이 스탠퍼드대학을 갓 졸업한 과학도와 공학도들이 빚어낸 작품이라는 사실이다. 스탠퍼드대학이 벤처기업의 활기찬 온실로서 대학의 사명을 새롭게 쓰는 역할을 하고 있음을 보여주는 대목이다.

시스코, 선마이크로시스템, 실리콘그래픽스 등이 대표적이다. 이 벤처기업들은 전자/전산공학과 소속 건물 안에서 층을 달리해 기반 기술을 동시에 개발하며 창업됐다. 같은 대학원 기숙사에서 창업된 구글도 빼놓을 수 없는 성공담에 속한다. 구글이 탐색 엔진을 기반으로 인터넷과 사물 인터넷의 핵심적인 주류 산업으로 등장한 사실은 창업 온실의 교육 문화와 연구 문화를 대변해준다. 또한 구글을 비롯한 유사 벤처기업들은 인공지능과 거대 데이터 처리 기술을 기반으로 4차 산업혁명을 선도하고 있다. 이는 스탠퍼드대학이 지닌 교육 콘텐츠의 유연성과 시대적 감각을 담은 우수성을 입증해준다.

이 같은 졸업생들의 가시적 활약상은 터만 교수가 성취한 업적의 정수다. 터만 교수의 공적과 능력을 인지한 미국 정부는 그를 정부의 교육 자문 위원으로 위촉하면서, 그에게 최고 국가 공로상인 대통령상President Medal of Science을 수여했다. 그의 탁월한 공적이 국경을 넘어 해외에까지 널리 알려지면서 모스크바대학, 레닌그라드대학, 키예프대학 등지에서 대학 발전을 위한 자문 위원으로 활동하기도 했다.

우리 정부가 터만에게 동백상을 수여한 까닭은?

터만의 명성은 우리나라에도 알려졌다. 그는 미국의 원조로 설립된 한국과학기술연구소Korea Institute of Science Technology 와 비슷한 시기에 설립된 카이스Korea Advanced Institute of Science, KAIS의 자문 위원으로 위촉됐다. 이 두 곳에서 1972년에서 1975년까지 자문 역할을 담당했다. 카이스는 이후 카이스트 Korea Advanced Institute of Science and Technology, KAIST로 개칭됐다. 터만이 제시한 자상하고도 미래 지향적인 자문 내용을 인정한 우리나라 정부는 그에게 동백상Korean Order of Civil Merit을 수여했다.

터만의 눈에 비친 우리나라 대학 교육의 현황과 실정은 다음과 같이 요약된다. 그는 우리나라 대학에서 사용되는 교재에 창업과 연계된 내용이 없다는 점에 우려를 표했다. 이는 1972년 '산업 발전에 개입되는 대학원 교육의 임무Role of Advanced Graduate Training in Industrial Development'라는 논제로 행해진 그의 강연에서 잘 드러난다. 그는 특히 공과 계열 과목을 국가의 근간 산업 활동과 긴밀히 접목할 것을 권유했다. 학과별로 시행되는 강의 내용에 학과의 기본 틀을 이루는 핵심 과목을 많이 포함할 것도 추천했다. 학과별 전문 지식의 폭을 넓히고 깊이를 심화해야 한다는 이유에서였다. 방계 과목 대신 학제 간 내용을 담은 과목을 추가할 것도 권유했다.

또한 교수들이 상아탑에 안주하기보다는 산업 현장에 깊은 관심을 보여야 함을 강조했다. 여기에는 훌륭한 공과대학일수록 대학의 상아탑 밖으로 시선을 넓혀 실질적이고 가시적인 업적을 실현하는 데 집중해야 한다는 그의 신념이 반영돼 있다. 아울러 교수의 명성은 그가 교내에 확보하고 있는 실험실 평수에 비례하지 않는다는 사실도 강조했다. 그보다는 제자들이 졸업 후 사회에 진출해 이루는 기여도에 달려 있다는 것이 터만의 생각이었다. 예나 지금이나 대학 내 논란거리인 공간 문제를 파악하고 서로 양보해 해결하기를 바란 것으로 보인다.

좀 더 근본적 차원에서 그는 우리나라를 비롯한 아시아 국가들에 엔지니어는 물론 응용에 정통한 과학자들이 필수적임을 역설했다. 특히 독창적으로 상품을 디자인할 수 있는 능력을 지닌 인재가 필요하다고 했다. 소재의 성능을 정확히 파악하고 양산에 필요한 지식과 능력을 겸비한 인재의 중요성도 강조했다. 이 모두 교재 내용에 대학 밖에서 진행되는 산업 활동을 포함할 것을 권유한 것과 상통한다. 나아가 상품의 품질과 생산 단가를 최적화할 수 있는 산업 현장의 인재도 필요하다고 했다. 지금보다 반세기 앞선 1970년의 제안임을 감안하면 시대정신에 부합하는 동시에 미래 지향적인 건의 사항이었음을 알 수 있다.

터만은 1965년 한평생 몸담았던 교수직에서 은퇴했다. 그로부터 6년 뒤 스탠퍼드산업공원은 실리콘 밸리로 정식 개칭됐다. 터만의 생애는 꿈과 철학을 지닌 교수가 이뤄낼 수 있는 최상의 업적과 파급 효과를 보여줬다. 더불어 미래 지향적인 안목을 지니고 품은 신념을 구현하고자 성심껏 노력하는 현대판 교수의 참모습을 행동으로 표현했다. 제자들에게 지향해야 할 보람찬 표적을 제시한 그는 그 표적에 도달할 수 있는 환경을 마련해주는 치밀함도 갖고 있었다. 자명한 원론적인 진술에 그치기보다는 실천에 역점을 둔 그의 교육 철학이 잘 드러나는 부분이다.

실리콘 밸리 3인방은 모두 MIT 박사 출신?

돌이켜 보면 터만이 뛰어난 교수로 세기적인 업적을 거둘 수 있었던 데는 그의 남다른 학구열이 크게 작용했다. 그의 학구열은 과학과 공학의 핵심 분야는 물론 다양한 인문 계열 분야에도 발휘됐다. 심지어 외국어를 수강 목록에 포함했다는 점에서 맞춤형 초학제 간 교육의 훌륭한 규범이었다. 주목할 것은 터만이 교육의 광범위한 폭만을 중시하지 않았다는 점이다. 그보다는 교육의 폭과 깊이의 균형을 갖추는 것을 중요하게 여겼다. 세분화된 분야의 심오한 전문 지식을 터득할 때라야 타 분야의 지식을 습득해 활용할 수 있는 가능성이 커지기 때문이다.

초학제 간 교육에 있어 깊이와 폭의 균형을 염두에 두며 습득하는 것은 꼭 필요하다. 세분화된 교육을 심도 있게 습득하며 타 분야들을 아우를 때 초학제 간 교육은 가시적인 업적으로 이어질 수 있다. 초학제적 교육은 스펙을 갖추기 위한 교육과는 차원을 달리한다. 살펴본 것처럼 스펙 충족과 무관하게 배움과 배움을 위한 가르침으로 일관한 그로브는 새롭게 터득한 지식을 기반으로 돋보이는 업적을 창출해냈다. 터만 역시 세분화된 분야에서 전문 지식을 깊이 다진 뒤 터득한 지식을 전자회로, 전파공학, 진공관 설계 등으로 확장했다. 그 결과 그의 전문 지식은 실리콘 밸리에서 역동적으로 개발된 사업들과 자연스럽게 얽힐 수 있었다.

터만의 교육 철학은 스탠퍼드대학의 교육 과정에 그대로 반영됐다. 학생들은 공학과 기초과학은 물론 인문 계열 학과목을 포괄하는 폭넓은 교육을 접할 수 있는 특전을 누렸다. 스탠퍼드대학에서 세계적 차원에서 돋보이는 업적을 거둔 졸업생들이 다수 배출된 것은 잘 알려져 있다. 이들은 최신예 기술을 토대로 벤처기업을 창업해 세계적인 초일류 기업으로 성장·발전시켰다. 아울러 새롭고 가치 있는 일자리를 창출함으로써 더불어 사는 삶을 선도하는 현대판 과학과 공학의 참된 엘리트로 거듭났다.

현재 대학의 서열은 교수 1인당 발표되는 논문 수와 피인용 지수 같은 통계 지수에 의해 결정된다. 하지만 궁극적인 차원에서 졸업생이 이뤄내는 가시적 업적의 폭과 질에 달려 있다고 봐야 한다. 가시적인 업적은 다양한 방식으로 표출될 수 있다. 그 가운데 기술과 기술을 연결해 새로운 기술을 창출하는 방식이 시대적 추세다. 이를 통해 기술 기반 벤처기업을 창업해 발전시킬 수 있기 때문이다. 이런 측면에서 스탠퍼드대학이 세계적으로 독보적인 위치를 점하고 있다는 것은 누구나 인정하는 사실이다. 동시에 새로운 대학의 사명을 선도하는 현대판 대학의 정점에 있다는 사실도 부인할 수 없다.

같은 맥락에서 MIT가 차지하는 독보적 위치도 간과해선 안 된다. 실리콘 밸리의 모세 쇼클리, 실리콘 밸리의 시장 노이스, 실리콘 밸리의 대부 터만 모두 MIT 박사라는 사실이 그 증거다. 과학기술의 측면에서 볼 때 현 시점은 팍스 아메리카나 시대에 속한다. 미국이 과학기술의 중심을 이루는 사실은 스탠퍼드나 MIT 등 대학의 사명을 새롭게 쓰고 있는 현대판 초일류 대학의 활약상에서 확인할 수 있다.

터만 교수가 은퇴한 뒤 HP를 창업한 휼릿과 패커드는 스승의 업적을 기려 그의 이름을 딴 공학센터Frederic Emmons Terman Engineering Center를 스탠퍼드대학에 기증했다. 제자들이 스승에게 바칠 수 있는 최상의 경의의 표시이자 스승이 받을 수 있는 최상의 영광이었다. 터만의 업적을 기려 당시 미국의 포드 대통령은 그에게 국가공로상National Medal of Science을 수여했다. 상장에는 전자공학 기술의 발전에 기여한 그의 역할과 함께 엄청난 분량의 교과서를 저술해 성심을 다해 가르침을 행한 공적이 기술돼 있다. 이야말로 스승이 받을 수 있는 최상의 선물이자 보람이 아닐까.

실리콘 밸리에 이민자 출신이 많은 이유

터만이 성취한 업적의 정점인 실리콘 밸리의 구축 또한 빼놓아선 안 된다. 실리콘 밸리는 그가 품었던 꿈이 구현된 실체다. 그의 꿈은 간결하고도 소박했다. 그는 학생들에게 유연하고 광범위한 교육을 마련해주고 졸업 후엔 창업해 성공하는 데 도움을 주고자 했다. 그를 포함한 실리콘 밸리 3인방은 여느 정치인들 못지않게 문화사적 혁신을 촉발하며 역사적 발자취를 남긴 과학과 공학의 진정한 엘리트들이었다. 과학도와 공학도들이 따라 활약할 수 있는 참된 진로를 보여준 현대판 과학과 공학의 선구자들이기도 했다.

이들은 자신들의 재능을 널리 펼칠 수 있는 과학 문화와 환경을 마음껏 누렸다. 각자 재능은 달랐지만 실용 위주의 과학관을 공유한 그들은 조화를 이뤄 공동 작품을 빚어냈다. 먼저 쇼클리는 기초과학의 위력을 산업 현장에서 이끌어냄으로써 미시적 자연현상을 창의적으로 활용한 규범을 보여줬다. 노이스의 과학관은 기술과 기술의 창의적 연결로 표출됐다. 창의적 연결은 기술의 선순환적 컨버전스의 위력을 이끌어내는 틀을 이룬다. 노이스는 기술과 기술을 창의적으로 연결하는 역할이 현대판 과학자와 공학자의 핵심 책무임을 제시하는 동시에 그것을 몸소 실천했다. 끝으로 터만의 과학관은 창업 지향적 교육의 도입을 통해 표출됐다. 모교 스탠퍼드대학을 현대판 대학의 최정점으로 끌어올림으로써, 과학과 공학의 진정한 엘리트들을 배출하는 건전한 교육의 틀을 제시했다.

결론적으로 3인방은 과학 지식의 슬기로운 관리와 활용이 지식의 창출 못지않게 아니 그 이상으로 중요하다는 사실을 보여줬다. 아울러 현대판 과학자와 공학자, 교육자들이 따라 활동해 나갈 수 있는 모범적 발자취를 남겼다. 그 결과 실리콘 밸리는 전 세계 과학자와 공학자들이 바라 마지않는 꿈의 무대로 자리매김했다. 무대의 주역은 미국 태생을 넘어 전 세계에 산재한 과학자와 공학자들에게까지 명단이 확대됐다. 이는 국적과 상관없이 꿈을 품은 과학자와 공학자들이 대거 실리콘 밸리로 입성한 사실에서 확인할 수 있다.

현재 실리콘 밸리에서 창업되는 벤처기업의 과반수는 미국으로 이주한 이민자들에 의해 설립되고 있다. 그곳에서 일하는 다수의 기술 전문인들 역시 이민자 출신이다. 이들은 참신한 기술을 습득한 뒤 자신들의 능력을 펼칠 수 있는 무대를 찾아 실리콘 밸리로 이주해왔다. 그 결과 실리콘 밸리의 기상과 역동적 활약은 모든 국가가 따라 하기를 원하는 모범적 사례가 됐다. 기초과학의 온상으로 오랜 전통을 자랑하는 영국의 케임브리지대학 주변이 실리콘 펜으로 변신한 것이 그 증거다. 실리콘 펜에서 창업된 벤처기업들은 이미 4차 산업혁명의 핵심인 인공지능 산업의 소프트웨어 기술을 석권하고 있다.

선전시, 중국 내 창업 활동의 온실

동양권에서도 실리콘 밸리에 비견되는 창업 센터가 새롭게 등장한 사실은 이미 언급한 바 있다. 중국의 선전시는 비교적 단기간에 기술의 혁신 센터로 굳게 자리매김한 창업의 온실이다. 1980~2016년 사이 매년 22퍼센트의 성장을 이루며 활기찬 발전을 거듭해온 결과 현재는 330조 원의 총 생산고를 보여준다. 또한 창업된 기업들 중 125개의 기업군은 400조 원이 넘는 시가 총액을 보유하고 있다. 이는 성공적인 창업 활동의 파급 효과를 수치화한 통계 지수들로, 선전시에서 진행되는 창업 활동이 궤도에 진입했음을 나타낸다.

선전시의 1인당 평균 수입은 자본주의 경제의 상징적 존재로 오랫동안 군림해온 홍콩의 평균 수입을 넘어섰다. 이는 새로운 기회와 도전을 찾아 대학생들이 선전시로 몰려드는 이유를 설명해준다. 선전시 거주 대학생 수는 이미 수도 베이징 거주 대학생 수를 능가하는 수준에 있다. 선전시에서 진행되는 창업 활동이 선순환적으로 한층 활발하게 진행될 것임을 예측케 하는 대목이다.

선전시의 괄목할 만한 성공담을 중국 정부는 국가의 과감하고 미래 지향적인 과학 정책이 창출한 결과물이라 주장하고 있다. 국가의 자문위원회는 다른 견해를 피력했다. 관치의 결과가 아니라 계획된 국가 경제 정책의 한계에서 벗어날 수 있도록 민초들에게 관용을 베푼 결과라는 것이다. 성공의 원인은 민초들이 보여주는 과감한 창업 열기와 함께 창업을 성공으로 이끌고자 기울이는 불굴의 노력에 있다. 다시 말해 정부의 역할은 인프라 조성에 집중하며 배경에 머무는 반면, 민초들의 활기찬 활동이 중앙 무대를 차지하며 결실을 거두고 있다고 볼 수 있다.

선전시는 총 생산고의 4퍼센트 이상을 기술 개발에 할당하고 있다. 전국적으로 시행되는 평균 할당 수준의 2배가 넘는 수치다. 흥미로운 것은 연구 개발비 대부분을 사기업체가 부담하고 있다는 사실이다. 이 같은 혁신적이고 적극적인 기술 개발 문화를 기반으로 중국은 기술 강국으로 빠르게 부상하며 활기찬 성장을 거듭하고 있다. 이런 사실은 매년 등재되는 양질의 국제 특허가 증명해준다. 중국의 국제 특허 수는 영국이나 프랑스를 이미 넘어섰다.

기술 개발 문화의 과감한 혁신은 중국을 저렴한 노동 인력 국가에서 유수의 두뇌 인력 국가로 변신시키는 중이다. 특히 중국의 핵심인 제조 산업은 중흥의 계기를 맞이하고 있다. 기술 개발 문화가 빠르게 혁신되면서 다양한 첨단 제조 기술의 개발이 촉진되고 있기 때문이다. 이런 점에서 선전시는 과학 굴기를 지향하는 국가의 과학 정책을 민초들이 활발하게 실행에 옮긴 사례라 하겠다.

터만의 업적과 중국의 사례가 남긴 교훈

터만의 업적과 중국의 활기찬 성공 사례에 비춰 우리나라의 산업화 과정을 되돌아볼 필요가 있다. 그동안 우리나라가 이뤄온 산업화의 성공담에는 민초들의 숨은 공로가 저변에 깔려 있다. 과학기술의 발전 역시 민초들의 땀과 노력을 통해 역동적으로 이뤄졌다. 중국과 마찬가지로 우리나라도 산업화 과정에서 국가의 역할이 주효했던 것은 어느 정도 사실이다. 하지만 성공의 중앙 무대를 차지한 것은 이름 없는 민초들의 피와 땀이었다. 덕분에 우리나라는 한정된 분야이긴 하지만, 세계적인 차원에서 최첨단 기술을 선도하며 성공적으로 운용한 업적과 경험을 갖출 수 있었다.

특히 20세기 산업의 백미인 반도체 산업에서 최첨단 공정 기술 개발을 전 세계적 차원에서 선도함으로써 4차 산업혁명에 적극 참여할 수 있는 기반 기술을 보유했다. 이는 우리나라를 제조 강국으로 이끄는 기술의 견고한 인프라가 구축됐음을 말해준다. 이 같은 돋보이는 성공담은 우리나라 기업체들이 기술이 전무한 상태에서 반도체 산업에 과감하게 동참한 결과라 할 수 있다. 그 결과 우리나라는 일본을 제치고 메모리 산업의 전 영역에서 세계 시장을 석권하기에 이르렀다.

하지만 여기서 그쳐선 안 된다. 관치 집중적 과학 정책에서 탈피해 정부는 배경에 머무르면서, 민초들에게 산업 활동 무대의 중심을 제공해주는 관용의 정책이 필요하다. 무엇보다도 중요한 것은 과학도와 공학도에게 국가의 참된 엘리트를 지향하는 동기를 부여해주는 교육 문화의 구축이다. 교육에 임하는 능동적인 자세를 유도하는 교육은 스펙 충족을 위한 교육과는 차원을 달리함을 다시 한 번 강조하고 싶다.

터만의 생애는 깊은 교훈을 남겨줬다. 그의 학구열은 초학제 간 교육의 초석을 이루며 현대판 대학 교육을 정립하는 데 큰 역할을 했다. 또한 유연한 실사구시 교육을 제공함으로써 수업생들이 졸업 후 성공적으로 창업하는 데 구체적인 도움을 줬다. 그에 따른 결과는 다름 아닌 실리콘 밸리였다. 4차 산업혁명 시대에 국가의 궁극적인 보루는 정예 인력이다. 이런 점에서 과학과 공학의 참된 엘리트들을 키워내는 기본 틀과 문화를 확립한 터만의 업적은 교수 활동의 이정표적 규범으로 길이 남을 것이다. 우리나라를 이끌 과학도와 공학도들이 그의 소박한 꿈을 음미해보기를 간절히 바란다.

4차 산업혁명과
미래 지향적인
초학제 간 교육

4차 산업혁명,
사물 인터넷 기술의
역동적 컨버전스로 촉발되다

현 시점의 화두는 단연 사물 인터넷과 이와 맞물려 진행되는 4차 산업혁명이다. 4차 산업혁명의 대두는 영국이 촉발한 1차 산업혁명과 독일이 선도한 2차 산업혁명이 역사의 뒤안길로 사라지고 있음을 말해준다. 이제 인공지능 기술이 근로자는 물론 의사, 교수, 금융가, 법관 등 전문 직업인의 임무를 대체하는 시대가 다가오고 있다. 동시에 새로운 기술로 새로운 일자리가 창출되는 새로운 기회도 열리고 있다. 한마디로 변화의 물결이 크게 요동치는 시대가 우리 눈앞에 놓여 있는 것이다. 새로운 기술의 컨버전스로 자연스럽게 촉발된 변화의 물결은 예기치 못한 변수도 함께 가져오고 있다.

4차 산업혁명, 국가 경쟁력을 판가름하는 도전이자 기회

과학과 공학 졸업생의 진로가 불투명해지는 현실은 4차 산업혁명의 부정적 측면이다. 반면 새롭고 다양한 지식을 습득해 변화에 과감히 대처함으로써 역경을 새로운 기회로 전환하고자 하는 이들에게 4차 산업혁명은 긍정적 의미로 다가온다. 변화의 물결에 적극 대응해 성공을 거둔 그로브의 생애가 그 증거다. 과학도와 공학도들이 새로운 기회를 포착할 수 있기 위해서는 교육의 혁신이 필수적이다. 초학제 간 교육의 의의도 이런 맥락에서 이해할 수 있다. 거세게 밀려오는 변화의 물결에 국가 차원에서 슬기롭게 대응할 수 있을 때 국가의 경쟁력이 크게 향상될 것은 자명하다. 반대로 변화의 물결에 대한 국가적 대처가 미진할 경우 기존 경쟁력마저 상실하게 될 가능성을 배제할 수 없다. 4차 산업혁명은 향후 국가 경쟁력을 판가름하는 도전이자 기회다. 삶의 양식과 환경을 결정짓는 핵심 요소이기도 하다.

4차 산업혁명의 대두는 저물어가는 2차 산업혁명의 체제에서 벗어나 새로운 산업 체제로 시급히 전환할 필요가 있음을 알려준다. 사다리 구조의 권위 집중적이고 자본 집중적인 산업 운영 체제가 그 효능을 상대적으로 상실해가고 있기 때문이다. 2차 산업혁명 시 수립된 사업 전략의 주효함이 줄어드는 것도 이유가 될 수 있다. 과감한 투자에 이어 첨단 기술을 빠르게 추격해 추월하는 방식이 이제는 크게 주효하지 않다는 뜻이다. 반면 새로운 기술을 앞서 개발해 상품으로 이어주는 것이 4차 산업혁명의 핵심 관건이 되고 있다. 이는 기업 운영이 수직적 환경에서 수평적 환경으로 전환되는 것이 시대적 요구 사항이자 추세임을 보여준다. 기업이 수평적으로 운영될 때 기술 개발은 자발적이고 역동적으로 이뤄질 수 있다. 수평적 운영 방식의 효능은 인텔을 창업한 노이스의 사례에서 이미 알아봤다.

인터넷 형성 과정에서 정부는 주로 배경에 머물렀다면 주도적인 역할은 민간 차원의 과학과 공학 엘리트들이 담당해왔다. 사물 인터넷 또한 국가 주도로 형성된 것이 아니다. 반대로 기업체들이 차세대 기술을 경쟁적으로 개발하면서 새로운 기술이 연이어 등장했고, 그에 따르는 동력에 힘입어 자연적으로 형성된 것이다. 사물 인터넷이 4차 산업혁명의 터전으로 공고해지면서 기업 간 경쟁은 물론 국가 간 경쟁이 첨예하게 벌어지고 있다. 국가의 정예 인력을 육성하는 교육 전략 역시 혁신돼야 하는 시점에 이르렀다. 특히 과학과 공학 엘리트가 최신예 과학기술을 다양한 분야에 걸쳐 초학제적 관점에서 습득하는 것이 중요해졌다. 기업가 정신을 키워내 더불어 사는 삶을 실현하는 마음 자세를 갖추는 것 또한 시대적 요구 사항으로 떠올랐다.

앞서 지적한 대로 현 시점에서 과학도와 공학도는 국가 경쟁력을 가늠하는 궁극적 보루다. 4차 산업혁명이 기술 집약적 산업을 촉발하고 있기 때문이다. 과학도와 공학도가 창업의 주인공으로 등장해 국력을 키워주는 엘리트로 거듭날 가능성이 점차 커지는 것도 중요한 이유다. 이는 가능성을 넘어 해외 엘리트들이 이미 입증해주고 있는 사실이다. 핵심 관건은 과학 교육의 폭을 넓히고 콘텐츠를 다양화하는 동시에 전문 지식의 깊이를 확보하는 것에 있다. 폭과 깊이의 균형을 강조한 터만 교수의 교육 철학이 여전히 유효함을 증명하는 대목이다.

과학 교육의 장벽 역시 급격히 높아지고 넓어졌다. 이를 능동적으로 극복하기 위해서는 교육 제도의 혁신 못지않게 교육에 임하는 자세를 혁신하는 일이 요구된다. 학습 자세의 혁신은 취업을 위한 스펙을 충족하는 관행에서 벗어나는 것을 뜻한다. 초학제 간 교육을 자신의 적성과 지향 목표에 따라 맞춤형 방식으로 스스로 구상해 습득하는 능동적 학구열을 지녀야 한다는 뜻이기도 하다. 이는 인터넷 형성에 주역을 담당한 해외의 현대판 과학과 공학 엘리트들이 보여준 공통된 학습 자세였다.

능동적인 학구열이 실사구시 과학관과 접목될 때 효능이 커질 수 있다는 사실은 노이스와 터만의 생애에서 잘 드러난다. 배움의 자세를 전 생애에 걸쳐 일관되게 유지하며 실천해야 한다는 것은 그로브의 생애에서 잘 알 수 있다. 배움과 배움을 위한 가르침으로 일관한 그로브의 혁신된 학습 자세는, 거세게 밀려오는 변화의 물결에 적극 대응할 수 있는 능력을 키워줄 뿐만 아니라 역경을 기회로 역전하는 저력을 제공해준다. 이런 점을 염두에 두고 아래에서는 4차 산업혁명을 다학제 및 초학제 간 과학 교육의 측면에서 고찰해보려 한다. 특히 사물 인터넷을 기반으로 창출되고 있는 산업들을 현재 새롭게 형성되는 과학과 공학 분야와 연계해 점검해볼 생각이다.

나노과학과 나노공학, 과학과 기술의 컨버전스

4차 산업혁명은 기술의 컨버전스로 자연스럽게 촉발됐다. 활기차게 이뤄진 기술의 컨버전스에 의해 기존 기술들이 유기적으로 얽히면서 기술의 폭발적인 위력이 발휘된 것이다. 폭넓게 가속적으로 이뤄지는 기술의 컨버전스는 초학제 간 교육의 필연성과 당위성을 입증해준다. 주목할 것은 21세기의 주류 과학으로 크게 각광받고 있는 나노과학과 나노공학의 등장으로 기술의 컨버전스가 보다 심화됐다는 사실이다. 나노과학과 나노공학이 다양한 과학과 공학 분야를 유기적으로 연결하는 촉매 역할을 한 까닭이다. 이로 인해 기존 분야들이 불가분하게 얽혀 분야 간 경계마저 모호해지면서 초학제 간 교육이 현대판 과학 교육의 핵심을 점하게 된 것이다.

나노과학과 나노공학에 공통적으로 포함된 용어인 '나노 nano'는 길이의 단위를 뜻한다. 1나노는 1센티미터의 1,000만 분의 1에 해당되는 극히 짧은 길이를 가리킨다. 우주에서 가장 작은 수소 원자 열 개가 어깨를 맞대며 나란히 일렬로 서 있는 길이와 같다. 비교해보면 20세기 과학의 백미인 DNA의 나선형 구조는 수백 나노미터의 길이를 갖고 있다. 나노과학은 원자와 분자 현상을 다루는 과학이다. 즉 나노 영역에서 발생하는 자연현상을 정량적으로 탐구하는 과학이라 할 수 있다. 반면 나노공학은 나노 현상의 활용에 초점을 맞춘 공학이다. 나노과학과 나노공학은 과학과 기술이 자연스럽게 연결돼 서로를 선순환적으로 이끄는 대표적인 사례로 볼 수 있다.

우리의 일상생활에서 드러나는 모든 자연현상은 거의 예외 없이 원자나 분자의 현상에 뿌리를 두고 있다. 천문학적으로 많은 원자와 분자의 역동적 현상이 집단적으로 표출되면서 가시적 현상으로 이어진다는 뜻이다. 이는 일상의 현상

모두 나노 현상에 뿌리를 두고 있음을 말해준다. 여기서 나노과학과 나노공학이 광범위한 과학과 공학 분야를 자연스럽게 아우르는 사실이 드러난다. 두 분야는 이미 물리, 화학, 생물 등 기초과학은 물론 환경공학, 전자공학, 기계공학, 재료공학, 화공학 등 다양한 분야의 교과 목록에 깊이 뿌리내리고 있다.

나노과학이 광범위한 분야를 아우른다는 사실은 그것의 기반을 이루는 기초과학이 과연 무엇인가 하는 물음으로 이어진다. 해답은 어렵지 않게 찾을 수 있다. 원자와 분자가 양자역학이 다루는 기본 대상인 까닭이다. 이런 점에서 유럽 과학의 백미인 양자역학이야말로 나노 현상을 정량적으로 파악할 수 있는 원리와 틀을 제시하는 기초과학임을 알 수 있다. 주목할 것은 나노공학 역시 광범위한 활용의 지평을 지닌다는 사실이다. 나노공학이 IT, 생명과학과 함께 21세기의 주류 기술로 기대를 모으는 것은 잘 알려진 사실이다.

나노과학의 의의를 명시한 물리학자 파인만

나노과학의 지평과 의의를 처음 명시해 그 기반 조성에 크게 기여한 과학자는 물리학자 파인만이다. 파인만은 MIT에서 물리학 학사를 받은 뒤 프린스턴대학에서 물리학 박사 학위를 받은 기초과학자다. 젊은 나이에 원자탄 개발을 위해 발족된 맨해튼 프로젝트에 초대받았을 만큼 두각을 나타낸, MIT가 배출한 수재 중의 수재였다. 2차 대전 후에는 칼텍의 물리학과 교수로 초빙돼 가르침으로 일생을 보냈다. 파인만은 독창성을 보유한 이채로운 물리학자로 물리학계의 두터운 존경을 누렸다. 물리학 원리를 자신만의 독창성에 의거해 간파한 그는 가르침의 내용과 양식 또한 지극히 독창적이었다.

파인만은 양자역학의 기반인 양자 전기동력학quantum electrodynamics 분야에서 노벨 물리학상을 받았다. 그가 양자역학의 세계적 석학이었음을 증명하는 대목이다. 양자역학의 전 영역에 걸쳐 그 정수를 파인만만큼 깊게 파악한 과학자는 찾아보기 어렵다. 나노과학과 나노공학이 지닌 활용의 지평은 파인만이 1959년 칼텍에서 개최된 물리학회에서 행한 기조 강연에서 처음 개진됐다. 그는 '밑에 충분한 방이 존재한다There is Plenty of Room at the Bottom'는 이채로운 제목으로 나노과학이 지닌 활용의 지평을 소개했다. 여기서 '밑'이란 원자나 분자 영역으로 공간 규모를 축소해 내려가는 것을 뜻한다. 이 같은 미세 공간을 적절히 활용하면 활용의 지평을 무진장하게 찾을 수 있다는 것이 파인만의 독창적인 안목이었다.

구체적으로 파인만은 원자와 분자를 그들 고유의 미세 공간 속에서 개별적으로 조절·제어하는 방식으로 엄청난 활용을 창출해낼 수 있다고 했다. 반도체소자 규모를 축소해 그 활용의 지평을 크게 확대할 수 있다는 것과 같은 맥락이었다. 특히 규모의 축소가 원자 영역에 이를 경우 활용의 지평이 엄청나게 확대될 수 있음을 파인만은 일찍이 간파했다. 기초과학자의 기본 책무는 자연현상을 있는 그대로 관조하고 그에 내재된 원리를 탐구·규명하는 데 있다. 특히 이론물리학의 경우 자연현상의 탐구는 자연철학으로 이어져 순수 학문적 영역의 정수를 접하게 될 수 있다. 기초과학자 중의 기초과학자라는 위치를 차지할 수 있다는 뜻이다.

이런 점에서 파인만은 경이롭고 이채로운 기초과학자가 아닐 수 없다. 그는 원자와 분자 현상의 신비로운 원리를 순수 학문적 관점에서 탐구하는 책무를 뛰어넘었다. 미세한 자연현상의 원리를 체계적으로 규명하는 한편 실제로 이용할 수 있는 가능성에 착안했다. 파인만의 독창적인 실사구시 과학관은 지식의 탐구와 활용의 균형을 갖춘 미국 과학 문화의 강점을 잘 보여준다.

　　예를 들면 파인만은 전자 빔을 이용해 원자 크기의 두세 배에 달하는 폭을 지닌 미세 선을 그릴 수 있는 가능성을 구상했다. 이 같은 이채로운 지적 호기심은 이후 반도체소자 공정의 표준 공법인 리토그라피로 이어졌다. 그는 또한 나노 규모로 축소된 미세 회로를 구상하기도 했다. 미세 회로를 이용해 컴퓨터의 기능을 크게 확대할 수 있는 가능성에 주목한 결과였다. 파인만의 구상은 이후 반도체 산업의 주류를 이룬 집적회로가 차세대 집적회로로 진화·발전한 동기를 미리 간파한 혜안이었다. 무어의 법칙이 장기간 보존돼온 동기와 일맥상통하는 지점이기도 했다. 다만 무어의 법칙이 반도체 산업 기술로 정립되기 훨씬 앞선 시점에 간파됐다는 점이 다를 뿐이다. 가히 경이로운 안목이 아닐 수 없다.

　　파인만은 생물체 내에 나노 구조들이 내재돼 있는 사실을 통해 나노공학의 정수를 간파했다. 나노공학의 핵심 콘텐츠가 나노 구조들의 경이적이고 이채로운 특성을 활용하는 데 있기 때문이다. 나노공학이 나노 구조에 수반되는 특이한 물성을 활용하는 것을 기반 골격으로 한다는 점에서 특히 그렇다. 나노 구조를 활용한 구체적 사례는 '양자 우물Quantum

Well'에서 찾아볼 수 있다. 한 방향으로만 나노 규모로 한정돼 있는 양자 우물은 고효율 LD 제작에 적합하다. 전자와 양공이 각각 가깝게 위치한 양자 우물에 갇혀 오래 머물면서 서로 결합될 수 있는 확률이 높아지기 때문이다. 전자와 양공의 결합 시 발생하는 에너지가 발광 즉 광 에너지로 이어지는 것이 LD와 LED의 기본 작동 원리다.

반면 나노와이어nanowire, NW는 모스펫과 동일하게 작동하는 전계 효과 트랜지스터field effect trasistor, FET 제작에 사용된다. NW는 단면적이 나노 구조로 축소된 와이어를 말한다. 따라서 전자나 양공이 NW 속에 갇혀 한 방향으로만 움직일 수 있는 점을 활용해 미세 FET를 제작할 경우, NW는 저전력 FET로 사용될 수 있다. 부피에 비해 넓은 표면 면적을 지니는 장점이 있어서 바이오센서 제작에도 적극 활용되고 있다. 센서로 사용되는 검사 분자와 피검사 분자가 표면에서 상호작용을 일으키며 센서 데이터로 이어지기 때문이다. 한편 세 방향 모두 나노 규모로 한정된 양자 점quantum dot, QD은 단일 전자 트랜지스터single electron transistor, 장파장 광센서infrared sensor, LD 등 다양한 소자 제작에 크게 활용되고 있다.

바이오산업이 4차 산업혁명의 주역으로
전망되는 까닭은?

파인만이 나노공학의 기본 개념을 제시하고 10여 년이 지난 뒤 일본의 타니구치 교수는 초정밀 기구를 연구하면서 'nanotechnology'라는 용어를 정식으로 도입했다. 이어 IBM의 비닝과 로러가 초정밀 현미경인 STM을 발명하면서 원자와 분자 규모를 식별해 관찰하는 것이 가능해졌다. 이렇게 이론과 실험의 초석이 마련된 결과 나노과학과 나노공학은 줄기찬 발전을 거듭하며 오늘에 이르고 있다.

초정밀 해상도를 지닌 STM은 전자의 터널링 현상에 의존해 작동하는 기구다. 이미 말했듯 터널링 현상은 마치 터널 속을 자동차가 질주해 높은 산을 관통하는 것과 같다 해서 붙은 이름이다. 여기서 전자는 자동차에, 높은 산은 에너지 장벽에 해당된다. 물론 터널링 현상은 실제 터널과 근본적인 차이가 존재한다. 미리 파놓은 터널이 없는데도 전자가 에너지 장벽을 관통할 수 있다는 점이 그것이다.

전자가 작은 에너지를 지니면서 높은 에너지 장벽을 관통하는 현상은 고전 이론의 관점에서는 상상할 수 없다. 터널링 현상은 전자의 이중성에 기반해 이뤄지는 엄연한 자연현상이다. 다시 말해 전자가 때론 입자성을 또 때론 파동성을 표출하는 신비로운 기본 속성에 의거해 발생하는 미시적 자연현상이다. 이런 점에서 STM을 발명한 업적으로 비닝과 로러가 노벨 물리학상을 받은 것은 충분히 이해할 수 있다. 나노과학은 기존 분야가 유기적으로 자연스럽게 얽히는 플랫폼을 형성한다. 이 같은 나노과학의 포괄성에서 초학제 간 교육이 현대판 과학 교육의 핵심으로 자리매김한 사실을 다시금 확인할 수 있다.

분야 간 얽힘을 좀 더 명확히 보여주는 것은 오랜 전통을 지닌 생물학이다. 생물학은 물리, 화학과 접점을 이루며 생명과학으로 거듭났다. 그 결과 파인만의 재치 있는 표현을 빌리면, 생명의 초창기부터 생물체의 기능을 구사해준 나노 구조들이 생물체 내에서 스스로 자연스럽게 조성돼 있다는 사실이 밝혀졌다. 이는 생명과학을 통해 생명체의 작동 원리를 정량적으로 파악하는 것은 물론, 생명현상의 저변에 깔려 있는 자연의 예지를 습득해 활용할 수 있음을 말해준다. 생명과학이 기초과학의 지평을 한 차원 넓히는 역할을 할 수 있음도 잘 보여준다.

　현재 다양한 공학 분야가 나노과학과 나노공학 속으로 깊이 스며들면서 새로운 분야가 속속 등장하고 있다. 그에 따라 창출되는 바이오산업은 4차 산업혁명의 주류 산업이 될 것으로 기대를 모은다. 기술의 컨버전스가 4차 산업혁명의 핵심이 된 결과, 새로운 기술이 끊임없이 창출되면서 그 파급효과가 위력적으로 표출되고 있다. 이로 인해 생활양식의 변화는 물론 삶의 판도마저 바뀌고 있는 상황이다. 이런 점을 염두에 두고, 변화와 혁신의 시대에 처해 있는 과학도와 공학도들을 위해 초학제 간 교육의 의의를 좀 더 넓은 관점에서 통찰해보려 한다. 이들이 거센 변화의 물결에 적극 대처하며 새로운 활로를 개척하는 데 도움이 되고픈 마음에서다.

사물 인터넷, 스마트 산업의 플랫폼

　앞서 지적했듯 컴퓨터 기능을 공동으로 사용하고자 창안된 컴퓨터 상호 간 소통 수단이 인간 상호 간 소통 수단으로 거듭나면서 인터넷 형성으로 이어졌다. 인터넷은 연이어 사물 상호 간 소통의 매체로 확장돼 차세대 인터넷인 사물 인터넷으로 빠르게 진화했다. 급기야 만물 인터넷Internet of Everything, IoE 시대가 열리면서 4차 산업혁명은 거센 속도로 팽창하고 있다. 이는 경제학자 애덤 스미스가 피력한 기술관을 새삼 상기시킨다. 일단 개발된 기술은 반드시 차세대 기술로 진화·발전한다는 스미스의 관점은 이미 산업 기술의 법칙으로 자리매김했다. 차세대 인터넷 격인 사물 인터넷은 새로운 산업을 지향하는 기업들의 끊임없는 노력으로 빠르게 등장했다. 스미스의 법칙이 한층 공고해지는 이유다.

사물 인터넷에서 '사물Thing'은 정보를 탐지하는 센서와 탐지된 정보를 소통시키는 시스템을 함께 묶어 부르는 용어다. 또는 이런 시스템을 장착한 사물을 가리키기도 한다. 사물 인터넷은 정보를 탐지하고 소통시키는 능력을 지닌 사물들이 연결돼 형성됐다. 다양한 작업이 자율적으로 수행되는 플랫폼 역할이 구축된 것이다. 이처럼 센서와 소자가 묶여 형성된 플랫폼인 사물 인터넷은 광범위한 활용 가능성을 지닌다. 특히 날로 새롭게 창안·확대되는 서비스 산업과 스마트 산업이 실제로 구현될 수 있는 인프라를 형성하고 4차 산업혁명의 터전을 제공하는 역할을 한다.

기술의 측면에서 사물 인터넷은 정보의 탐지, 처리, 발신/수신을 비롯해 거대 데이터 관리 등 다양한 기술이 접점을 이뤄 형성된 기술의 결정체다. 역동적인 발전을 거듭하는 소프트웨어 기술은 자동화 작업은 물론 날로 세련되고 있는 인공지능 능력을 구현하면서, 4차 산업혁명의 핵심 동력이 되고 있다. 2025년에 이르면 무려 1경 원 규모의 시장이 형성될 것이라는 매킨지Mekinsey사의 전망처럼, 사물 인터넷은 빠른 확장을 거듭하는 중이다.

사물 인터넷은 무선통신 기술과 미세 작동 시스템microelectromechanical system 기술을 기반으로 형성됐다. 이런 기술의 접점에 거대 데이터를 분석·관리하는 소프트웨어 기술이 도입돼 막대한 경제적 효과를 창출하는 플랫폼이 만들어진 것이다. 사물들이 컴퓨터에 연결되면 수행되는 작업들이 자율적으로 이뤄지는 유연성이 뒤따른다. 작업의 효율성이 높아지는 것은 물론이다. 여기에 사물들이 클라우드 컴퓨팅이나 중앙 처리 장치CPU와 연결되면, 소통은 스마트 소통으로 이어져 사물 인터넷은 스마트 인프라로 탈바꿈할 수 있다.

사물 인터넷은 2020년에 이르면 50억 개 이상의 사물들이 함께 묶여 작동될 것으로 예측된다. 기하급수적으로 늘어나는 사물 수에 스마트 소통 시스템이 접합될 경우, 사물 인터넷은 2차 정보혁명의 물꼬를 트기에 충분한 기능을 갖추게 될 것이다. 특히 작업의 자동화와 기술의 초연결성을 촉진해 4차 산업혁명의 활기찬 동력을 제공할 것으로 전망된다.

택시 인터넷과 드론 산업은 일자리를 줄이기만 할까?

사물 인터넷을 기반으로 새롭게 창출되는 기술들은 기존 직업을 소멸하는 위험성을 초래할 수도 있다. 반대로 새로운 산업을 창출해 새로운 일자리를 마련할 가능성도 있다. 일자리의 소멸과 창출 가운데 어느 쪽이 우세할지는 사물 인터넷의 활용 폭과 양상에 좌우될 것이다. 일자리를 확보하고 새로운 기회를 포착하기 위해서는 새롭게 창출되는 기술을 빠르게 습득할 수 있는 능력을 키워야 한다. 이에 못지않게 분야 간 경계를 넘나들 수 있는 능력을 배양하는 일도 필요하다. 기술과 기술을 엮어 새로운 기술을 창출할 수 있기 때문이다.

일자리가 소멸/창출되는 예로 서비스 산업으로 새롭게 등장하고 있는 택시 인터넷internet of taxi을 들 수 있다. 택시 인터넷으로 운전기사의 일자리는 사라질 가능성이 있는 반면 인터넷을 운용하는 서비스 직업은 새롭게 조성될 것으로 전망된다. 소비자는 원하는 장소와 시간에 자율 주행 택시를 편리하게 이용할 수 있는 특전을 누리게 될 것이다. 택시 인터넷은 이미 사회적 쟁점으로 부상하고 있다. 마찬가지로 드론 기반 스마트 전달smart delivery 사업 역시 일자리의 소멸과 창출이 극심한 경합을 벌일 것으로 예상된다.

사물 인터넷이 생활 주변에 미치는 진가는 스마트 홈smart home에서 단적으로 드러난다. 스마트 홈은 주거지 관리의 자동화 즉 밥솥, 세탁기, 환등 장치 등 다양한 기구들이 자동적으로 작동되는 편리한 일상생활로 나타난다. 가사에 따르는 에너지 소모를 최적으로 줄이는 것은 물론 화재와 도난 등의 위험 요소를 미연에 탐지해 방지할 수 있는 장점도 있다. 모든 기능을 원격에서 감지·관리할 수 있는 장점도 빼놓을 수 없다. 이처럼 경제적 효과와 함께 편리와 안전을 제공하는 스마트 홈이 실제로 구현되는 것은 시간문제다.

이뿐만이 아니다. 스마트 도시, 스마트 국가, 스마트 환경, 스마트 기업 등 스마트화 추세는 활기차게 전개돼 4차 산업혁명의 정수를 이루고 있다. 스마트 서비스 산업을 주도하는 소프트웨어 기술 역시 산업의 활력소로 활기찬 발전을 거듭하는 중이다. 그 결과 4차 산업혁명의 동력을 제공하는 동시에 문화사적 혁신을 촉진하고 있다. 스마트 기술로 기업체가 누릴 수 있는 혜택 또한 주목할 필요가 있다. 제조에 요구되는 장비를 자동 관리함으로써 최적의 환경 속에서 제조 작업을 진행할 수 있기 때문이다. 즉 '스마트 제조'를 실제로 구현할 수 있다는 뜻이다. 제조된 상품에 대한 수요를 실시간으로 탐지해 공급 물량을 최적으로 조절할 수 있는 강점도 따른다. 기업 운영의 혁신적 변화를 예시해주는 사례가 아닐 수 없다.

스마트 기업의 대두는 산업의 혁신은 물론 산업 활동의 판도마저 크게 바꿔놓을 전망이다. 발명왕 에디슨이 창업한 제너럴일렉트릭General Electric, GE사가 현재 진행되고 있는 혁신이 대표적인 사례다. 1892년에 창업된 GE가 프로메테우스의 불에 비견되는 전기 조명을 기반으로 사업에 진출한 사실은 널리 알려진 일화다. GE의 주력 사업인 전기 조명은 이후 송전, 전기모터 등으로 자연스럽게 이어졌다. 이에 따라 커진 저력에 힘입어 항공 장비, 에너지, 소프트웨어 심지어 금융으로까지 사업 영역이 확장될 수 있었다.

사물 인터넷 시대에 진입한 지금 GE는 사업의 영역과 방향을 혁신적으로 재조정하는 중이다. 재조정의 일환으로 스마트 공장을 설립하기로 회사의 경영 방침을 정했다. 즉 가스 터빈을 제조하는 스마트 공장을 설립해 운영하고 있다. 스마트 공장의 핵심은 자율 생산의 주축을 이루는 '생각하는 로봇autonomous robot'과 3D 프린팅이다. 여기에는 인터넷 망으로 연결돼 공장 내 모든 설비를 촘촘히 묶어 소통시키는 센서도 포함된다.

거대 데이터 관리 기술을 도입함으로써 GE는 완제품을

만들어낸 뒤 오류를 찾아내 개선하는 기존의 제조 양식을 크게 향상할 수 있었다. 시제품을 신속히 효율적으로 제조하고 실시간으로 가능한 오류 자료를 미리 제공받는 방식으로, 완성도를 보다 짧은 시간 내에 높일 수 있게 된 것이다. 이처럼 제조 시간을 크게 감소시켜 작업을 효율적으로 완성하는 방식으로 신속하고 효율적인 제조에 낮은 생산 단가를 겸하는 장점을 갖출 수 있었다. GE의 성공은 제조 작업의 주역이 달라지면서 기존 직업의 소멸과 새로운 직업의 창출이 경합을 벌인 결과 새로운 기술의 물결이 촉진되는 현대의 변화상을 대변한다.

스마트 에너지는 인간과 자연의 공생에 기여할 수 있다?

스마트 환경은 2차 산업혁명으로 훼손된 자연을 복원하는 것은 물론 인간과 자연이 공생하는 삶에 크게 기여할 것으로 기대를 모은다. 복원 작업의 핵심 관건은 자율 운용 능력을 지닌 사물을 활용하는 데 있다. 즉 사물 센서가 수질, 대기오염도, 토양 등을 수시로 탐색해 그 데이터를 전달하는 시스템을 구축하는 데 있다. 센서 시스템을 통해 실시간으로 전송되는 데이터는 친환경 유지에 필요한 정보를 구축하는 데 도움을 줄 수 있다. 이는 사물 인터넷이 인간과 자연이 공생하는 통로를 열어주는 유연성까지 갖추는 방향으로 진화하고 있음을 말해준다.

스마트 빌딩, 스마트 도시, 스마트 국가 역시 스마트 환경 못지않은 중요한 의의를 지닌다. 스마트화 작업은 궁극적으로 스마트 에너지로 귀결된다. 에너지의 관리와 소모야말로 도시나 국가 운영에 개입되는 핵심 관건인 까닭이다. 스마트 에너지는 푸른 무공해 에너지를 생산하고 그 관리와 사용을 최적화하는 것으로 요약된다. 무엇보다도 사물 인터넷을 운용하는 작업의 핵심 관건이 될 수 있다. 엄청난 숫자의 사물들을 연결해 작동하려면 막대한 양의 전력 에너지가 필수적이기 때문이다. 천문학적 숫자의 센서를 연결해 소통시키는 데도 막대한 양의 전력 에너지가 필요하다.

자율형 센서 시스템을 개발하는 것이 스마트 에너지 운용의 필수 요건이 되는 것은 이 때문이다. 태양광, 지열, 풍력 등 다양한 푸른 에너지원에서 에너지를 수확해 저장하고 이를 기반으로 자율적으로 작동하는 스마트 센서 시스템smart sensor microsystem을 구축할 필요가 있다. 기술의 측면에서 스마트 에너지는 센서 시스템의 자율 운용 기술과 무선통신 기술의 접점에서 구현될 수 있다.

에너지는 인류 역사의 핵심을 차지한다. 인류의 생존이 에너지의 소모 활동 자체라는 측면에서 에너지와 관련된 근본 쟁점을 이해해야 한다. 쟁점의 핵심에는 물리학의 기본 법칙인 열역학 제1 법칙과 제2 법칙이 자리한다. 열역학 제1 법칙은 우주에 존재하는 총체적인 에너지 양이 우주의 창조 시점에서 종말 시점까지 변함없이 고정된 값으로 유지되는 것을 가리킨다. 즉 에너지가 새롭게 창출될 수도 소멸될 수도 없다는 에너지 보존 법칙으로서 가장 기본적이고 보편적인 물리 법칙이라 할 수 있다.

역설적이게도 에너지는 다양한 형태로 존재하면서 한 형태에서 다른 형태로 끊임없이 변화하는 특징을 지닌다. 변화의 향방은 오직 한 방향뿐이라는 것이 열역학 제 2 법칙이 의미하는 바다. 이 법칙은 에너지가 사용 가능한 형태에서 사용 불가능한 형태로 바뀐다는 근본적인 사실을 말해준다. 에너지가 고온도에서 저온도로, 고밀도에서 저밀도로, 질서 잡힌 상태ordered state에서 무질서한 상태disordered state로 끊임 없이 변한다는 것이다. 열역학의 전문 용어를 사용해, 엔트로피entropy가 항상 증가하는 방향으로 에너지 존재 양식이 변화한다고 표현할 수도 있다.

미래학자 리프킨J. Rifkin은 열역학 제2 법칙을 '엔트로피 빌entropy bill'이란 용어로 명쾌하게 설명했다. 엔트로피 빌이 란 에너지를 소비하려면 항상 엔트로피를 늘려야 하고 따라 서 그 값을 지불해야 한다는 것을 뜻한다. 물이 높은 데서 낮 은 데로 흐르는 것처럼 에너지 형태는 엔트로피가 항상 증 가하는 방향으로 변화한다는 것이다. 열역학 제1 법칙과 제 2 법칙을 고려해볼 때 스마트 에너지는 사용 가능한 푸른 무 공해 에너지를 생산하는 것으로 요약할 수 있다. 생산된 에 너지 소모량을 최적으로 줄이면서 활용을 최적화하는 것도 중요하다. 에너지 소모 과정에 일부 에너지가 불가피하게 항 상 낭비돼야 하는 열역학적 법칙에 비춰 보면, 에너지 소모 의 최적화가 중요하다는 사실은 충분히 이해할 수 있다.

공해 에너지의 다량 생산에서
무공해 에너지의 무한 생산으로

인류의 삶은 에너지 소비 활동 자체다. 소비되는 에너지 양은 삶의 편의도와 맞물려 증가해왔다. 생활의 편익을 위해서는 더 많은 에너지가 소모돼야 하기 때문이다. 인류의 역사는 에너지를 더 많이 생산해 더 풍족하게 소비하는 삶의 양식과 맞물려 발전해왔다. 과학의 핵심 요소인 에너지가 역사와 문화의 핵심 요소가 될 수 있었던 이유다. 하지만 불행히도 인류 역사의 발전과 함께 소모된 막대한 양의 에너지는 심각한 부작용을 초래했고, 그 부작용은 현재 본격 노출되기 시작했다. 이를 극복하기 위해서는 새로운 기술의 개발과 함께 친환경적 과학 정책과 산업 정책이 꼭 필요하다.

돌이켜 보면 2차 산업혁명은 에너지를 다량 생산하는 데 초점을 맞췄다. 인류는 다량 생산된 에너지를 적극 소모하는 방식으로 경제 활성화와 삶의 편의를 도모했다. 이는 에너지를 다량 생산해야 할 필요성으로 이어지면서 자본 집약적인 거대 에너지 생산 기업체들이 등장했다. 거대 기업들은 에너지 생산 활동을 독점하며 산업계의 중심을 차지했다. 이들이 의존하고 있는 에너지 생산 기술은 석탄, 석유, 천연가스 등을 채취하는 기술로 요약된다. 이 에너지들의 원천은 바로 광합성을 매개로 지하에 화석으로 매장돼 있는 태양광 에너지다. 채취된 태양광 에너지는 거대 발전소에서 전력 에너지로 전환돼 먼 거리까지 운송되면서 다양한 방식으로 유용하게 소비되고 있다.

이와 맞물려 내연 동력으로 질주하는 천문학적인 수의 자동차와 다양한 제조 산업체는 생산된 에너지를 소비하는 하마 역할을 하고 있다. 그 결과 2차 산업혁명이 진행돼온 200여 년 동안 막대한 양의 석탄과 오일이 연소됐다. 이 과정에서 역시 막대한 양의 이산화탄소가 대기권으로 방출되면서,

천문학적인 시간 동안 유지돼온 자연의 숨결에 문제가 생겼다. 대기권으로 방출된 이산화탄소가 입사된 태양광의 반사를 저해하고 있기 때문이다. 이는 이미 오래전부터 누차 경고돼온 심각한 사항이다. 입사와 반사 사이에 정교히 설정돼 있던 자연의 균형이 파손됨에 따라, 적정 수준의 태양광 열이 대기권 밖으로 빠져나갈 수 없게 돼버린 것이다.

이는 곧 지구온난화 현상을 초래했다. 그에 따른 피해는 극심한 가뭄과 홍수, 열대야 등을 통해 표출되고 있다. 또한 질주하는 자동차들이 배출하는 미세 먼지는 대기를 심각하게 오염시키고 인간의 건강을 해치는 주원인이 되고 있다. 2차 산업혁명의 밝은 면과 어두운 면을 단적으로 드러내는 부작용들이다. 삶을 풍요롭고 편리하게 만드는 수단이 자연 파괴로 이어지는 모순을 보여준다는 뜻이다. 다행히 2차 산업혁명에 따른 자연환경의 파괴와 피해가 4차 산업혁명의 기술로 저지되면서 인간과 자연이 공생할 수 있는 길이 점차 열리고 있다. 공생의 핵심 관건은 새로운 기술의 끊임없는 개발과 개발된 기술의 유기적 얽힘에 있다. 푸른 무공해 에너지를 생산하는 기술과 이를 최적 조건으로 분배·관리·소모하는 기술이 접점을 이뤄야 한다는 뜻이다.

수소가 무공해 에너지원으로 각광받는 까닭은?

무공해 에너지를 생산하는 기술은 다양한 각도에서 빠르게 발전하고 있다. 솔라셀solar cell이 대표적인 예다. 앞서 지적했듯 솔라셀은 이산화탄소를 배출하지 않으면서 태양광의 푸른 에너지를 전력 에너지로 직접 전환하는 기술이다. 즉 광전기 효과에 기반한 기술로 이미 실용화 단계에 있을 만큼 성숙된 기술로 발전했다. 태양광 항공기와 자동차가 성공적으로 운용된 사례가 이를 증명해준다. 솔라셀은 태양이 존재하는 한 에너지를 영구히 재생할 수 있는 강점을 지닌다. 이를 발명한 과학자가 트랜지스터를 발명한 물리학자 쇼클리인 사실은 이미 말했다. 태양광 에너지 기술이 양자역학에 기반해 창안된 산물이라는 사실, 다시 말해 기초과학 지식과 직결돼 이뤄진 핵심 산업 기술인 점 또한 살펴봤다.

솔라셀은 과학과 공학의 접점이 넓어질수록 그 작동 성능이 향상될 것으로 전망된다. 흥미로운 것은 솔라셀 기술이 소규모 발전소에서도 에너지를 효율적으로 생산할 수 있는 장점이 있다는 사실이다. 솔라셀을 '태양광 전지 지붕'이라고 부르는 이유다. 솔라셀이 광범위하게 사용되는 시점에 이르면, 에너지를 독점 생산하는 기존의 거대 기업체와 대규모 발전소가 소규모 태양광 발전소와 경합을 벌이게 될 것이다.

일단 균형화돼 생산된 태양광 에너지는 엄청난 수의 소규모 에너지를 최적의 조건으로 관리하는 기술을 필요로 한다. 무공해 에너지를 생산·저장하는 기술과 저장된 에너지를 최적 조건으로 분배·관리하는 기술이 융합돼 에너지 인터넷이 만들어질 전망이 커지는 것은 이 때문이다. 에너지 인터넷의 운용 기술은 이미 사물 인터넷 구축을 계기로 발전해왔고 앞으로도 발전해갈 것이다. 현재 활발히 추진되고 있는 배터리 기술의 개발은 에너지 저장 기술에 밝은 전망을 전해준다. 이처럼 다양한 기술의 물줄기가 유기적으로 얽히면서 푸른 무공해 에너지 시대가 서서히 열리고 있다. 기술의 컨버전스 효과를 실감할 수 있는 대목이 아닐 수 없다.

푸른 에너지 생산 기술은 여기서 그치지 않는다. 솔라셀 못지않게 기대를 모으는 것은 수소 에너지 기술이다. 수소 에너지 역시 공해 물질을 배출하지 않고 연소돼 에너지를 생산할 수 있는 강점을 지닌다. 수소 에너지가 21세기 무공해 에너지의 원천으로 크게 각광받는 이유다. 특히 무한한 양의 수소가 존재한다는 강점이 있다. 수소는 우주 전체 질량의 75퍼센트에 이른다. 우주에 존재하는 분자의 90퍼센트는 수소 원자를 구성 요소로 간직하고 있다. 게다가 지구 표면의 70퍼센트를 차지할 만큼 우주 어디서나 거의 무진장하게 존재한다. 이런 사실은 석탄, 오일 등 화석 원료의 고갈이 기존 에너지 생산 기술의 주요 쟁점인 것과 근본적인 대조를 이룬다.

수소 원자는 독자적으로 존재하기보다 물이나 화석 연료에 함유돼 있다. 심지어는 생체 분자를 구성하는 핵심 요소를 이룬다. 이런 점에서 수소 원자를 효율적으로 추출하는 것이 수소 에너지 기술의 핵심 관건이라 할 수 있다. 다행히 추출 기술이 다양한 방법으로 빠르게 개발되고 있다. 천연가스에 스팀을 주입하는 방식이 대표적이다. 이는 천연가스가 스팀과 작용할 때 촉매 과정을 통해 수소 원자가 배출되는 현상에 의존하는 기술이다. 전기 분해를 활용하는 것 또한 유용한 추출 방식이 될 수 있다. 태양광, 풍력, 수력, 지열 등을 통해 생산된 전류를 기반으로 전기 분해를 촉발함으로써 물이 분해돼 수소가 추출되는 방식이다. 한마디로 무공해 에너지 생산 기술이 또 하나의 무공해 에너지 원료를 생산하는 원리라 하겠다.

위의 추출 방식들은 소규모 발전소에서도 수소 에너지를 생산할 수 있음을 전망케 한다. 수소 에너지 역시 소규모로 분산돼 생산될 수도 있다는 뜻이다. 이런 점에서 수소 에너지 역시 에너지 인터넷 기술로 관리되는 무공해 에너지 시대를 열 것으로 기대를 모은다. 무공해 에너지는 대기오염의 주범인 천문학적인 수의 자동차를 무공해 무소음 교통수단으로 전환하는 데 활용될 수 있다. 이 역시 빠르게 가능한 현실로 접어들고 있는 중이다. 이미 자동차 생산 업체들 간에 치열한 기술 개발 경쟁이 진행되고 있는 사실이 그 증거다.

2차 산업혁명 시대가 저물고 4차 산업혁명이 펼쳐지는 현 시점에서, 기존의 거대 에너지 기업체와 발전소는 산업사의 뒤안길로 사라질 가능성이 커지고 있다. 반면 엄청난 수의 소규모 발전소가 컴퓨터 기술과 통신 기술로 인터넷에 묶이면서 에너지 인터넷이 형성될 전망은 점차 짙어지고 있다. 특히 내연 동력으로 작동되는 자율 주행형 무공해 무소음 승용차가 대기오염의 주원인으로 지목되는 기존 승용차를 교체할 것으로 전망되고 있다. 이는 미세 먼지가 소멸되고 무공해 자연환경이 복원될 수 있음을 예측케 한다. 요컨대 푸른 에너지가 생산돼 최적 조건으로 관리되는 푸른 산업 시대가 열릴 수 있다는 뜻이다.

스마트 기술과 인공지능 기술, 4차 산업혁명의 핵심 동력

새롭게 창출된 기술이 새로운 생활양식을 촉발해온 역사의 사이클이 현 시점에서 다시금 폭넓게 반복되고 있다. 이는 엄연한 시대적 추세다. 미국의 전력연구소Electrical Power

Research Institute는 생활양식의 변화를 컴퓨터가 진화·발전함에 따라 그 사용 양식이 변화한 것에 비유했다. 즉 거대 발전소에서 생산된 에너지를 사용하는 것을 메인 프레임 컴퓨터를 모두가 함께 사용한 것에 비유했다. 반면 에너지 인터넷을 매체로 에너지를 사용하는 것은 소형화된 PC, 아이패드iPad, 아이폰 등을 사용자가 개별적으로 소유하거나 이용하는 것에 비견됐다.

현재 스마트 빌딩, 스마트 도시, 스마트 국가 등의 핵심 관건은 그런 에너지의 생산과 관리로 귀결된다. 그에 따라 '스마트'한 생활은 인류의 요원한 바람에서 가능한 현실이 돼가고 있다. 여기에 스마트 기술과 인공지능 기술은 4차 산업혁명의 핵심 동력으로 새로운 산업을 활기차게 창출해내고 있다. 주목할 것은 스마트 기술과 스마트 산업이 다양한 기술들의 초점점에서 형성될 수 있다는 사실이다. 표면적으로 스마트 기능은 소프트웨어 기술을 통해 관리·운용되는 것으로 인식될 수 있다. 스마트 기능이 실제 작동되려면 천문학적 수의 반도체소자가 집단적으로 차질 없이 작동돼야 한다. 집적회로 작동이 스마트 알고리즘을 스마트 기능에 연결해줘야 한다는 뜻이다. 스마트 소프트웨어 기술과 더불어 반도체 하드웨어 기술이 4차 산업혁명의 핵심 기술을 이루는 것은 이 때문이다.

그뿐 아니라 반도체소자들의 작동 성능은 스마트 기능의 폭과 질을 결정짓는 단초를 제공한다. 스마트 기술이 소프트웨어와 하드웨어 기술의 초점점에서 이뤄지는 이유다. 여기서 우리나라가 이미 구축해 보유하고 있는 최신예 반도체 기술이 4차 산업혁명에서도 크게 주효할 것임을 짐작할 수 있다. 날로 중요해지는 기술의 컨버전스는 현대판 과학 교육이 획기적으로 혁신·보완돼야 하는 필요성과 당위성을 설명해준다. 컨버전스의 지평은 특히 생명과학의 빠른 발전에 따라 한층 넓어지고 깊어졌다. 아래에서는 생명과학과 생명공학의 발전 과정을 따라가며 다학제 간 교육과 초학제 간 교육의 정수를 고찰해보려 한다.

DNA 구조의 발견이 생명공학과
분자 의료 산업으로 이어지다

오랜 전통과 역사 속에서 발전해온 생물학은 생명과학으로 진화·발전하면서 막강한 파급 효과를 지닌 기초과학으로 자리매김했다. 수학의 정교한 공통 용어로 정립된 물리학과 화학이 생물학과 유기적으로 얽힌 결과다. 생물학이 기존 분야와의 컨버전스를 이룬 결과 생명현상을 정성적으로 파악하는 틀은 정량적으로 파악하는 틀로 거듭날 수 있었다. 생명과학의 등장은 신비로운 생명현상을 분자물리의 관점에서 한 세기 앞서 바라본 슈뢰딩거의 슬기로운 혜안을 새삼 확인시켜준다. 우주의 역작인 원자와 원자의 역작인 분자가 천문학적 수의 집단을 구성해 함께 행동할 때 생명현상으로 이어질 수 있다는 그의 안목은 오늘날 정확히 적중했다.

생명과학의 등장으로 신비로운 생명현상은 물리나 화학현상과 동일한 자연현상의 일환으로 파악될 수 있었다. 이를 통해 생명과학은 21세기의 주류 기초과학으로 자리매김했다. 상대성원리와 양자역학이 20세기 과학의 백미를 이룬 것처럼, 생명과학은 21세기의 주류 과학으로 막강한 파급을 가져올 것으로 기대를 모은다. 이런 점에서 생명과학의 등장이 1차 생물학 혁명으로 간주되는 것은 충분히 이해할 만하다. 기초과학이 그에 내재된 활용과 선순환적으로 얽혀 발전해온 추세가 생명과학에도 적용되는 사실도 중요하다. 생명과학은 이미 생화학, 의학, 재료공학, 반도체공학 등 다양한 분야들과 접점을 이루면서 생명공학을 파생시켰다. 그 결과 이미 오랫동안 존속돼온 의료 산업은 보다 새롭게 발전할 수 있었다.

정밀 의료precision medicine가 대표적인 사례다. 정밀 의료는 거대 바이오 정보의 관리 기술이 기존의 의료 기술과 접점을 이뤄 새롭게 등장한 의료 방식이다. 질병의 맞춤형 처방에 초점을 맞춘 정밀 의료는 처방에 앞서 예방을 위한 진단에 방점을 두고 있다. 이는 정밀 의료의 등장이 다양한 미세 바이오센서를 비롯해 종합검진을 실시간으로 편리하게 시행할 수 있는 검진 시스템lab on a chip의 등장과 연계돼 있음을 말해준다. 의료 사업과 반도체 기술의 공생은 앞으로 더욱 확대될 전망이다.

의술의 기원은 무려 기원전 3,000년으로 거슬러 올라간다. 고대 이집트에서 수술이 처음 시도된 것이 그 증거다. 중세에는 핀셋이나 수술용 바늘이 제작되면서 수술 내용은 더욱 정교해졌다. 근세에 이르러 항생물질, 우두 접종, 시술의 고도화 등 다양하고 경이로운 처방이 창안돼 적극 활용됐다. 현재는 거대 데이터 관리 기술이 도입돼 건강 자료를 기반으로 스마트 그리드Smart Grid, 즉 차세대 의료 지능형 전력망이 형성되고 있다. 정밀 의료의 기반이 다져졌다는 뜻이다.

기술의 측면에서 정밀 의료의 핵심은 거대 바이오 정보의 관리 기술과 정보를 소통시키는 IT에 있다. 여기에 인공지능 기술이 도입돼 자율형 검진이 가능해졌다. 이에 따르는 검진 효과는 인공 의사인 IBM의 '왓슨Watson'이 잘 보여준다. 바이오 정보에는 인체 자원, 음식의 섭취 습관, 생활 습관 등 다양한 개인적 차원의 정보가 포함된다. 이 가운데 핵심적인 바이오 정보는 바로 유전자gene 정보다. 유전자 정보가 생물체가 생성된 시점부터 간직해오고 있는 DNA 구조로 조명된 것은 생물학의 2차 혁명을 촉발한 이정표적 업적이다.

유전자는 생명현상의 본질을 대변한다. 생명의 본질은 재생인데 재생의 비결을 바로 유전자가 지니고 있기 때문이다. DNA 구조가 슈뢰딩거의 혜안에 영감을 받은 생물학자 왓슨과 물리학자 크릭의 학제 간 공동 연구로 조명된 것은 이미 살펴봤다. 유전자의 신비로운 기능은 1900년 발표된 '멘델의 법칙Mendelism'에 의해 최초로 공개됐다. 이후 반세기가 지난 1953년 왓슨과 크릭은 유전자의 실체가 DNA라는 사실을 규명했다. 유전자의 본체가 세습적으로 특성을 재생하는 촉매 수준의 추상적 개념이 아닌 물리화학적 실체임이 증명된 것이다.

DNA가 이중 나선형 구조를 지닌 물리화학적 실체인 것은 이미 잘 알려진 사실이다. 물리학자 파인만이 지적한, 생물체 내에 존재하는 나노 구조의 대표적인 예가 다름 아닌 DNA다. DNA 구조는 소우주를 연상시킬 만큼 정교하고도 신비롭다. 이중 나선형 구조 내에는 염기nucleotide가 기본 단위를 이룬다. 즉 4개 종의 염기인 adenine(A), thymine(T), cytosin(C), guanine(G)가 자리해 있다. 흥미로운 것은 이들이 항상 짝을 지어 존재한다는 점이다. 그것도 임의로 짝을 짓는 것이 아니라 A는 반드시 T와, C는 G와 짝을 짓는다. 이 같은 짝짓기 현상은 양자화학의 기본 법칙인 화학결합chemical bonding 법칙이 생물체에도 적용되는 사실을 나타낸다. 짝을 짓는 두 분자가 서로를 인식해 구조적으로 가장 안정된 짝을 짓게 된다는 뜻이다. 구조적 안정성은 화학결합의 핵심 원리다.

그에 따라 형성된 2개 종의 짝들은 이중 나선형을 따라 사다리 층을 이룬다. 다시 말해 DNA 구조의 기본 단위인 베이스base를 형성한다. 유전자는 각자의 고유 기능에 따라 크기를 달리하며 100개에서 1,000개 수준의 베이스로 구성돼 있다. 한마디로 유전자는 체계적이고 정교하게 구축된 DNA의 일부로서, 생물체 내에서 스스로 정교히 조성된 전형적인 초대형 분자 구조라 하겠다.

유전자 외에 염색체chromosome 또한 DNA의 일부를 이룬다. 염색체는 유전자보다는 큰 규모로 한 개에서 1,000개에 이르는 유전자들을 지닌다. 한편 유전체는 주어진 생물체의 모든 DNA를 포괄한다. 생물체가 지닌 유전자와 염색체 전체를 포함한다는 뜻이다. 이렇게 DNA 구조가 밝혀지면서 유전자와 염색체, 유전체의 실체가 물리화학적 물체로 규명될 수 있었다. 생물체 내에 존재하는 나노 구조를 지닌 물리화학적 실체인 유전자는 바이오 정보를 베이스의 서열 코드에 담아 간직하고 있다. 이런 이유로 유전체는 생명의 책자

book of life 또는 물리적 코드를 지닌 생명체의 원초적 설계도 blueprint에 비유되곤 한다.

암세포 검출에도 기술의 컨버전스는 필요하다

역사적으로 깊은 뿌리를 지닌 물리학과 화학이 생물학과 유기적 접점을 이뤄 형성된 생명과학은 기초과학의 지평을 한층 넓혀주는 21세기의 과학으로 자리매김했다. 그에 따르는 파급 효과는 엄청날 것으로 전망된다. 특히 생명 시스템을 활용해 필요 생산품을 제조하는 기술인 생명공학의 파급 효과가 클 것으로 기대된다. 생명공학의 활용 범위는 건강과 작물 생산, 농업과 바이오 연료biofuel 등 광범위한 영역을 아우른다. 이는 생명공학이 바이오 정보학, 바이오 공정 공학bioprocess engineering, 바이오 로봇공학biorobotics, 화공학 등 다양한 공학 분야와 접점을 이루고 있음을 증명해준다. 한마디로 생명공학이 광범위한 영역에서 요구되는 핵심 기술들을 갖추고 있다는 뜻이다.

한편 생명공학에서 파생된 유전체 공학genetic engineering과 유전체학은 생명과학의 콘텐츠를 분자 영역으로까지 심화하고 있다. 두 분야의 핵심은 생명체의 비밀을 분자 현상의 맥락에서 파악하는 틀과 기반을 모색하는 데 있다. 즉 DNA 베이스의 순차 서열을 검증·제어하는 생명현상의 정수에 초점이 맞춰져 있다. 그에 따라 의료는 분자 의료로 빠르게 진화·발전하는 중이다. 여기서 생명과학과 생명공학이 기존의 과학과 공학 분야를 다수 포괄하고 있으며 그로부터 새로운 분야들이 파생되는 것을 확인할 수 있다. 이는 생명과학이 기술의 컨버전스는 물론 분야의 컨버전스로 형성돼 있음을 말해준다.

특히 바이오 정보학의 등장으로 컨버전스 효과는 생명과학 전반에 스며들고 있다. 생명공학의 일부로 새롭게 조성된 바이오 정보학은 명칭이 보여주듯 바이오 데이터를 분석해 바이오 지식을 추출하는 데 초점을 맞춘 분야다. 따라서 추출 소프트웨어를 개발하는 것이 핵심 내용을 이룬다. 바이오 정보학 역시 다수 분야를 아우르는 복합 전문 분야임을 알 수 있는 대목이다. 바이오 정보학은 전산과학, 수학, 통계학 등과 같은 다양한 분야들로 구성돼 있다.

바이오 정보학의 핵심은 핵산의 조직 원리와 유전자 서열의 탐색 등 생명현상의 분자적 기반을 규명하는 데 있다. 덕분에 당뇨와 불임, 유방암과 치매 등 심각한 질병을 유전체와 연계해 분자 의료적 차원에서 치료하는 길이 열릴 수 있었다. 여기서 생명공학의 한 분야에 불과한 바이오 정보학이 다양한 과학과 공학의 결정체라는 사실이 드러난다. 생명공학이 각 분야의 융합 차원을 넘어 각 분야의 네트워크가 되고 있음을 증명해주는 대목이다.

생명공학은 이처럼 기술의 컨버전스는 물론 분야의 컨버전스를 기본 골격으로 한다. 컨버전스 효과는 3차 생물학 혁명을 촉발한 핵심이다. 3차 생물학 혁명은 물리학, 화학, 생물학이 접점을 이뤄 생명과학을 등장시킨 1차 생물학 혁명과 차원을 같이한다. 왓슨과 크릭이 조명한 DNA 구조가 2차 생물학 혁명을 촉발해 분자 의학을 형성한 것과도 상통한다. 현재 DNA 구조는 유전체학으로까지 이어져 생명체의 본질인 유전 코드를 추출·조절하는 기반을 제시해주고 있다.

기술과 분야의 컨버전스는 의술의 발전에서 두드러진 효과를 보여준다. 극미세 암세포의 검출이 대표적인 예다. 이를 위해서는 암세포를 검출하는 센서들을 묶어 검진 칩을 제작하는 공학자가 필수적이다. 암세포를 지닌 혈액과 센서들 사이에 최적의 상호작용 면적을 창안하는 물리학자도 필요하다. 항체들을 칩에 부착하는 생물학자와 검증을 실제로 시행하는 기술자 또한 빼놓을 수 없다.

컨버전스는 또한 생체 기능을 지닌 조직체tissue를 제작할 수 있는 효과를 지닌다. 조직체를 제작하려면 3D 프린팅 기술이 꼭 필요하다. 잘 알려진 대로 3D 프린팅은 다양한 기술의 접점으로 이뤄져 있다. 3D 프린팅 과정에서 세포들이 생존을 유지할 수 있는 가능성을 가늠해주는 생물학 지식도 중요하다. 세포들을 받쳐주는 골격을 제시하는 소재공학과 함께 조직체를 실제로 설계하는 전자공학과 기계공학의 지식 또한 요구된다. 요컨대 조직체의 제작 역시 다양한 기술들의 결정체라는 뜻이다.

의술의 발전에는 이처럼 기술은 물론 분야의 유기적 얽힘이 필수적이다. 컨버전스는 다양한 전문 지식을 유기적으로 접합하는 데 초점이 맞춰져 있다. 문제의 해결 방안을 다각도에서 다양한 방법으로 모색하는 데도 도움을 준다. 컨버전스가 문제 해결의 강력한 수단이 될 수 있는 이유다. 무엇보다도 컨버전스의 궁극적 목적은 문제 해결을 넘어 원하는 품목을 실제로 생산하는 데 있다. 흥미로운 것은 문제 해결을 위한 기술의 융합이 최근에 등장한 새로운 해결 방식이 아니라는 사실이다. 그동안 기술의 융합은 산업 현장에서 시행되는 기술 개발에 필수 요소였기 때문이다. 이 지점에서 컨버전스 효과가 3차 생물학 혁명의 동력으로 여겨질 만큼 중요해진 이유가 궁금해진다. 해답은 컨버전스의 폭과 깊이에서 어렵지 않게 찾아볼 수 있다.

STEAM 교육, 현대판 공학 교육의 전형으로 자리매김하다

현 시점은 과학 기술의 진화·발전이 여느 역사적 시점보다 빠르게 진행되는 특징을 보인다. 역동적인 환경에서 발생하는 기술적 문제들은 대부분 해결책을 찾기가 어렵다. 이런 이유로 다양한 기술과 분야의 최적의 접점에 역점을 두는 컨버전스 방식이 문제 해결의 핵심 관건으로 부각될 수 있었다. 같은 맥락에서 유전체학의 등장은 컨버전스 효과를 보다 높은 차원에서 설명해준다. 현재 크게 각광받고 있는 유전체학 역시 기존 분야와 새롭게 조성된 분야가 유기적으로 얽혀 형성됐다. 구체적으로는 유전자학, 화학, 광학, 바이오 정보학 등이 얽혀 있다. 유전체학은 또한 분자 의학과 얽혀 선순환적인 발전을 거듭하며 그 파급의 지평을 날로 넓혀가고 있다.

이미 컨버전스 효과의 막강한 위력을 간파한 선진국들은 국가 차원에서 최적의 컨버전스를 구사해 돋보이는 결과를 이뤄내고 있다. 진행되는 연구 과제에 컨버전스 효과를 최적 조건으로 도입하는 방안을 연구하는 데도 노력을 아끼지 않고 있다. 미국의 에너지부에 속하는 고등기술관리부Advanced Research Project Agency, ARPA-E가 성취한 결과가 대표적이다. 구체적으로는 미생물을 이용해 재생 에너지 원료를 성공적으로 개발한 사례를 들 수 있다. ARPA-E는 합성 생물학synthetic biology, 미생 생물학microbiology, 화학 분야 등을 혼합해 미생물을 이용하는 이채로운 방식으로 푸른 에너지 원료를 생산해낼 수 있었다. 푸른 에너지 원료를 낮은 비용으로 생산하는 것이 가시적 성과의 규범이라는 사실은 부연할 필요가 없을 것이다.

컨버전스 효과에 따라 대학의 연구 문화 또한 혁신의 대상이 되고 있다. 전문 분야 중심의 연구 문화가 분야 간 경계를 낮춰 다양한 전문 지식을 함께 활용하는 융합 집약적 연구 문화로 바뀌고 있다. 이를 통해 대학의 연구는 구체적인 문제 해결에 집중해 가시적인 결과를 창출해낼 수 있었다. 마찬가지로 대학의 교육 체제 역시 분야의 컨버전스를 강화하는 방향으로 전환되고 있다. 사실 융합 교육은 이미 오래 전부터 진행돼온 교육 방식이었다. 일례로 과학science, 테크놀로지technology, 공학engineering, 수학mathematics 등으로 구성된 STEM 교육은 현대판 공학 교육의 전형적 체제로 자리매김했다. 현 시점에 와서는 예술이 추가되면서 초학제 간 STEAM 교육으로 거듭났다.

공학 교육의 새로운 추세는 문제 해결에 도움을 줄 수 있는 구체적 내용들이 대학 강의에 스며들어 있음을 말해준다. 새로운 교육 모듈의 개발에 노력을 아끼지 않는 현실도 보여준다. 그 결과 다학제 간 교육과 초학제 간 교육은 기술과 분야의 컨버전스와 유기적으로 얽히며 비중이 날로 커지고 있다. 교육의 지평을 온라인으로 확장한 이른바 무크

MOOCMassive Open Online Course 강의에서도 컨버전스 효과가 적극 강조되기 시작했다. 컨버전스 교육의 지평이 온라인 교육에서도 빠르게 확장되고 있음을 입증해주는 대목이다.

컨버전스는 과학과 공학 분야의 경계를 넘어 이공 계열과 인문 계열을 아우르며 광범위한 가시적인 효과로 이어지고 있다. 새롭게 등장해 역동적인 성장을 거듭하고 있는 핀테크 FinTech, 즉 금융 기술의 출현이 그 증거다. 핀테크는 금융 서비스와 테크놀로지를 연결 짓는 교량의 폭이 크게 확장되면서 새롭게 형성된 사업 종목이다. 즉 산업 활동의 심장인 금융 서비스와 테크놀로지가 묶여 이뤄진 새로운 사업이라 할 수 있다. 공식적으로 핀테크는 금융 서비스의 개선을 위해 테크놀로지를 활용하는 금융 사업으로 규정된다. 보험, 통상 거래, 위험도 관리 등 금융의 일반 업무들을 관련된 거대 데이터를 활용해 효율적으로 시행하는 데 초점이 맞춰져 있다.

핀테크가 시행된 결과 서비스의 질은 향상되고 업무의 경비는 축소되는 장점이 생겨났다. 서비스 질의 향상은 고객들에게 새로운 편의를 제공한다. 금융 대출 업무가 퇴근 시간 이후로 연장된 덕분이다. 아울러 거대 데이터 관리 기술로 위험도 관리가 안정화되고 융자 업무가 주관적 편견을 넘어 객관적으로 시행되는 장점도 생겨났다. 이런 다양한 장점을 감안할 때, 핀테크에 승부를 건 스타트업 기업들이 빠르게 약진해 기존의 금융 사업과 치열한 경합을 벌일 가능성을 예견해볼 수 있다. 이는 금융계에서 일자리의 소멸과 창출이 치열한 경합을 벌이는 것은 물론 삶의 양식 또한 크게 변화할 수 있음을 말해준다. 산업 활동의 심장은 다름 아닌 금융이기 때문이다.

문화사적 혁신을 촉발하는 기술과 분야의 컨버전스

이상으로 사물 인터넷과 맞물려 빠르게 진행되고 있는 4차 산업혁명을 기술의 측면에서 간략히 살펴봤다. 특히 기술의 컨버전스 관점에서 다양한 전문 분야가 자연스럽게 얽혀 선순환적인 발전을 거듭하며 새로운 분야가 등장하는 과정을 고찰해봤다. 이 과정에서 변화와 더불어 기술과 분야의 역동적 컨버전스가 핵심 결과물임을 확인할 수 있었다. 새롭게 창출되는 기술이 연이어 등장함에 따라 변화는 현재 문명사적 변혁으로 이어지고 있다. 기술의 발전을 촉발한 다양한 기술의 유기적 얽힘은 급기야 새로운 분야를 연이어 창출하고 있다.

새롭게 창출된 기술의 약진과 새로운 산업의 출현에 따르는 변화는 우리에게 도전과 기회를 동시에 제공해준다. 도전에 적극 대처하는 능력을 키우는 것이 날로 중요해지는 이유다. 대처 능력의 육성은 과학도와 공학도들이 반드시 행해야 하는 시대적 책무다. 이런 맥락에서 변화의 도전에 응전해 새로운 기회를 포착하는 원론적 방안이 다양하게 제시되고 있는 것은 충분히 이해할 수 있다. 다만 주효한 원론적 방안들이 아직 명확히 드러나지 않은 것이 지금의 현실이다. 다가오는 변화를 정확히 예측하기란 결코 쉽지 않기 때문이다.

그럼에도 불구하고 주효한 대응책의 핵심이 새로운 과학기술을 습득·관리하는 능력에 있다는 것은 자명하다. 변화의 물결은 새롭게 조성돼 연이어 등장한 과학기술에 의해 촉발된다. 새로운 지식을 활용·관리하는 능력을 키우는 일이 중요한 것은 이 때문이다. 다양한 분야를 아우르는 지식과 기술을 습득해 포괄적으로 파악하는 일이 특히 중요하다. 이는 대응의 저력을 키워내는 다학제 간 교육과 초학제 간 교육의 중요성을 새삼 확인시켜준다. 과학과 공학의 정예 인력들이 이미 보여준 것처럼, 다양한 분야를 맞춤형 방식으로 스스로 선택해 습득하는 적극적이고 능동적인 학구열이 날로 중요해지고 있다.

초학제 간 교육,
4차 산업혁명을 선도할 엘리트 육성을 위하여

4차 산업혁명은 상상을 뛰어넘는 변화를 가져왔고 앞으로도 그럴 전망이다. 아울러 문화사적 변혁마저 초래하고 있다. 거센 변화의 물결 앞에서 과학도와 공학도들은 능동적인 학습 자세로 적극 대처해야 한다. 특히 취업을 위한 스펙을 충족하는 학습에서 벗어나 높아진 초학제 간 교육의 장벽을 스스로 극복하는 것이 필요하다. 그래야 4차 산업혁명 시대에 새로운 기회를 포착·활용할 수 있기 때문이다.

머스크, 창의적이고 미래 지향적인 기술의 달인

흥미로운 것은 변화의 물결을 더 큰 변화의 물결로 키워주는 현대판 과학과 공학 엘리트들이 이미 탄생했다는 사실이다. 이들은 디지털혁명과 정보혁명의 주역을 담당하는 한편 인터넷 형성과 산업혁명을 선도했다. 나아가 과학과 공학의 장벽을 넘어 산업 현장으로 직진해 뛰어난 기술 집약적 경영인으로 거듭났다. 4차 산업혁명의 문턱을 넘어선 현 시점에서 이들이 이뤄낸 전통을 활기차게 이어가고 있는 과학 엘리트를 한 명 만나보려 한다. 바로 창의적인 벤처기업을 연이어 창업하며 맹활약을 펼치고 있는 일론 머스크Elon Musk다.

머스크는 1971년에 태어난 물리학자다. 그는 진정한 의미에서 창의적이고 미래 지향적인 기술의 달인이다. 기술의 달인이란 기술의 본질적 내용을 파악하고 그 실용성을 간파한 뒤 다양한 기술을 함께 엮어 가시적 업적을 창출하는 능력을 지닌 기술 전문인을 가리킨다. 머스크처럼 기초과학을 전공한 물리학자가 경영인으로 산업 현장에서 돋보이는 활동을 펼치는 것은 우리나라에서는 아직 생소하게 여겨진다. 반면 해외에서는 보편화된 기정사실로 자리매김했다. 소니를 설립해 일본을 가전 왕국으로 이끈 모리타가 물리학을 전공한 것은 잘 알려진 사실이다. 초일류급 반도체 업체인 인텔을 창업해 집적회로와 마이크로프로세서의 성공 신화를 쓴 노이스 또한 물리학 박사였음은 이미 언급했다.

흥미롭게도 머스크의 탄생지는 과학기술의 중심부나 그 근방에 위치한 선진국이 아니었다. 반대로 문명의 변방이랄 수 있는 남아프리카였다. 탄생지와 다르게 그의 혈통은 영국, 캐나다, 미국 등으로 거슬러 올라간다. 머스크는 어려서부터 독서와 컴퓨터에 열중하며 컴퓨터 프로그래밍을 스스로 익혔다. 열두 살 때는 비디오 게임 프로그램을 고안해 잡지사에 판매한 덕분에 500달러에 달하는 지적 재산권을 챙길 수 있었다. 어린 소년이 벌어들인 거액의 수입은 그 독창성과 사업적 재능을 짐작케 한다. 그런 한편 친구들에게서 왕따를 당하기 일쑤였고 심지어 친구들에게 떠밀려 의식을

3부. 4차 산업혁명과 미래지향적인 초학제 간 교육

잃기도 했다.

　머스크는 남아프리카에서 고등학교를 졸업한 뒤 캐나다로 이주해 온타리오주 퀸스대학에 입학했다. 2년 뒤에는 아이비리그에 속하는 펜실베이니아대학으로 들어가 문리과 대학College of Liberal Arts and Sciences에서 학사 학위를 받았다. 이어 같은 대학에 소속된 경영학의 명문인 와튼스쿨에서 경제학 학사 학위를 받았다. 스스로 구상해 습득한 맞춤형 교육의 사례를 다시금 확인할 수 있는 대목이다. 24세가 된 머스크는 응용물리학 박사 학위를 받고자 스탠퍼드대학에 진학하려 했다. 그런데 대학에 도착한 지 이틀 만에 박사 과정을 포기하고 자퇴를 했다. 산업 현장에 진출해 인터넷과 재생에너지 분야에서 승부를 걸어보기 위해서였다. 대기권 밖으로 진출하는 사업을 키우려는 꿈도 있었다. 이는 빌 게이츠가 마이크로소프트를 창업하기 위해 학부 과정을 포기하고 하버드대학을 떠난 것과 일맥상통한다.

인류의 푸른 환경을 위한 화성 진출 계획

　머스크의 창업 활동은 이채롭고 다양하다는 특징이 있다. 그는 대기권 밖으로 진출하는 수단으로 스페이스엑스SpaceX사와 무공해 자율 주행형 자동차 회사인 테슬라Tesla사를 창업했다. 무공해 재생에너지 생산 회사인 솔라시티SolarCity사의 동업자이기도 하다. 아울러 인공지능 기술을 개발하는 다양한 벤처기업과 합작해 활발한 활동을 펼치고 있다. 방대한 기술 분야에서 이뤄지는 활기찬 창업 활동의 본보기가 아닐 수 없다. 머스크는 46세의 젊은 나이에 무려 140억 달러의

부를 축적한 자수성가의 달인이 됐다.

부의 축적만이 창업 활동의 목적은 아니었다. 그는 인류 삶의 지평을 확장하고 푸른 환경을 마련하며 안전한 삶의 터전을 구축하려는 원대한 꿈에 사로잡혀 있다. 자신의 꿈을 구현하고자 창업한 회사가 스페이스엑스이고 테슬라이며 솔라시티라는 말도 남겼다. 특히 대기권 밖으로의 진출이 인류의 활동 영역을 확장하고 생존을 안전하게 보존하는 지름길임을 믿고 있다. 이를 위해 머스크는 화성에 식민지를 구축하는 구체적인 계획을 수립했다. 2040년까지 인구 8만 명의 식민지를 구축하는 계획을 세워놓은 것이다. 인류의 거주지를 지구 표면을 넘어 이웃 행성으로 분산한다면 인류의 총체적 소멸을 미연에 방지할 수 있다고 믿기 때문이다.

지구 표면에서 인류가 총체적으로 소멸할 가능성은 상상조차 하기 어렵지만 전혀 불가능하다고 할 수도 없다. 이미 오래전 공룡들이 지상에서 소멸한 사례가 있었다. 현재에도 지구가 소행성과 충돌하거나 초대형 화산이 폭발해 대대적인 참극이 일어날 가능성을 전적으로 배제할 수는 없다. 바이러스의 인위적 살포, 심각한 지구온난화, 핵무기의 무단 사용 등이 인류의 총체적 소멸을 인위적으로 초래할 가능성 또한 간과하기 어렵다. 인류는 적어도 30만 년 전부터 장기간에 걸쳐 진화·발전해온 생명체다. 하지만 20세기 후반에 발달한 기술들은 인류를 단시일 내에 소멸할 수 있는 위력을 갖고 있다.

머스크가 제2의 포드로 불리는 이유

머스크는 대기권 밖으로 진출하려면 로켓 발사 비용을 낮춰야 하는 사실을 간파했다. 이에 따라 스페이스엑스는 저비용으로 로켓을 발사할 수 있는 기술을 개발하는 데 초점을 맞췄다. 그 결과 주어진 무게당 최저 비용으로 로켓을 발사하는 기술을 이미 개발해놓은 상황이다. 발사 기술을 인정받은 스페이스엑스는 NASA가 추진 중인 국제우주정거장의 설치 작업에서 화물 운송 역할을 맡았다. 치열하게 전개되는 국제적인 우주 진출 경쟁에 민간 기업이 공식적으로 초청받은 첫 번째 사례다.

스페이스엑스의 저비용 로켓 발사 기술의 핵심은 발사된 로켓을 다시 연착륙시켜 회수하는 데 있다. 1단계 발사 로켓 제조에 가장 많은 비용이 들기 때문이다. 연착륙 기술은 발사 로켓을 회수해 재활용함으로써 발사 비용을 크게 줄일 수 있는 최적의 방안이다. 간결하고도 창의적인 발상인 이 기술의 핵심에는 발사된 로켓과 소통하는 기술 그리고 로켓의 작동을 제어하는 기술이 놓여 있다. 이처럼 저비용 발사 기술이 개발돼 우주 관광 시대의 관문이 열리면서, 대기권 밖을 향한 사업이 본격 등장할 가능성이 커지고 있다.

한편 테슬라가 제조한 무공해 자동차는 이미 시장에 출시돼 지대한 관심을 불러 모으며 양산 단계에 접어들고 있다. 머스크를 자동차의 대명사 격인 포드H. Ford의 이름을 따서 제2의 포드라고 부르는 것이 이해되는 대목이다. 대기오염의 주범으로 낙인찍힌 기존 자동차를 대체하는 무공해 자율 주행 자동차는 시대적 사명이 반영된 푸른 에너지 기술의 규범이다. 이뿐만이 아니다. 2006년 창업된 솔라시티는 태양광 전력 시스템을 공급하는 미국의 2대 기업으로 성장했다. 현재는 태양광 전지 패널을 효율적으로 양산하는 데 심혈을 기울이고 있다. 결론적으로 테슬라와 솔라시티는 지구온난화로 발생할 수 있는 인류의 총체적 재난을 미연에 방지하고자 창업된 기술 집약적 기업체로 볼 수 있다. 또한 시대정신을 간파한 기술 개발과 창업 활동의 전형적 사례이기도 하다.

인간의 뇌와 인공지능이 공생하는 방법

머스크의 활약상은 여기서 그치지 않는다. 그는 지구의 전 지역을 연결해 지구촌을 만들어내는 초고속 운송 시스템 개발에도 노력을 아끼지 않고 있다. 그가 역점을 두고 있는 것은 선형 유도 전동기와 공기 압축을 활용해 추진력을 형성하고, 공기쿠션 위로 공기 저항을 감소시킨 튜브 속을 질주하는 고속 전동차 시스템이다. 이에 발맞춰 거대 규모의 터널 망을 구축하고자 최적의 굴착 기술을 개발 중에 있다. 그런가 하면 머스크는 2015년 12월 인공지능의 발전을 겨냥한 오픈에이아이OpenAI사의 창설을 공표했다. 오픈에이아이는 인공지능 기술의 개발을 위해 창설된 비영리 연구소다. 뇌신경 기술neurotechnology 개발을 위한 뉴럴링크Neuralink사도 창업했다. 뉴럴링크는 인간의 뇌와 인공지능의 공생에 초점을 맞춘 벤처기업이다.

창안된 공생 기술의 핵심은 뇌 속에 인공지능 기구를 삽입하는 데 있다. 인간의 뇌와 인공지능 기술이 접점을 이룬다면 뇌의 메모리 기능이 크게 확장돼 기억 용량이 커질 가능성이 있다. 다양한 인공지능 능력이 뇌의 기능을 보완해 뇌의 전반적 능력을 향상할 수도 있을 것이다. 뇌와 인공지능 기술의 공생은 테슬라의 자율 주행 작동과 연계될 가능성도 있다. 이처럼 다양한 분야의 기술을 아우르는 머스크의 창업 활동은 기술의 컨버전스 효과를 최적으로 활용하는 모범적인 사례라 하겠다.

인공지능 사업을 통해 머스크가 바라는 것은 민초들을 거대 기업이나 정부로부터 보호하는 것이다. 그는 거대 기업들이 초거대 규모의 인공지능 시스템을 보유해 이용함으로써 지나친 이익을 챙기는 가능성을 차단하고자 한다. 또한 정부가 초거대 인공지능 시스템을 이용해 민초들을 부당하게 관리·지배할 가능성도 차단하고자 한다. 흥미로운 것은 머스크의 2014년 연봉이 단돈 1달러에 그쳤다는 점이다. 우리나라 화폐로 환산하면 약 1,000원밖에 안 되는 돈이다. 나머지 수입은 증권과 보너스 수입에서 충당한다. 이는 애플을 세계적인 아이폰 기업체로 성장시킨 잡스의 수입 양상과 일맥상통한다. 기술에 대한 확고한 자신감에 찬 경영인의 자세를 엿볼 수 있는 대목이다.

머스크를 통해 확인할 수 있는 초학제 간 교육의 위력

머스크는 시대정신을 간파해 시대적 사명에 충실한 과학자의 참된 모습을 보여준다. 기술은 양날의 칼과도 같다. 인류에게 편의와 이익을 제공하는 반면 해악을 끼칠 가능성도 있다. 참된 과학자와 공학자의 사명은 전자에 집중하고 후자를 차단하는 데 있다. 이런 점에서 머스크는 참된 과학자의 사명을 적극 실천하는 과학자이며 경영인이라 하겠다.

머스크의 활약상은 또한 역사를 이끄는 과학기술의 위력을 드러내준다. 그는 물리학과 경영학의 학사 학위만 있어도 산업 현장으로 직진해 돋보이는 업적을 달성할 수 있음을 몸소 보여줬다. 이는 산업 현장에서 새로운 필요 지식을 스스로 습득해 활용할 때 돋보이는 결과로 이어질 수 있음을 말해준다. 남아프리카 출신인 머스크는 과감하고 활발한 창업 활동을 통해 정예급 현대판 과학자와 공학자의 반열에 빠르게 다가서고 있다.

물론 역사가 머스크 같은 최정예급 엘리트들에 의해서만 발전해온 것은 아니다. 이름 없는 소영웅들이 보이지 않게 기여한 업적을 간과해선 안 된다. 한강의 기적으로 알려진 성공적인 산업화에 크게 기여한 우리나라 소영웅들의 값진 업적이 대표적인 예다. 무명의 과학과 공학 전문인들은 기술이 거의 전무한 상태에서 산업화의 무거운 책무를 묵묵히 충실하게 수행했다. 그 결과 우리나라는 최첨단 철강 기술과 조선 기술을 보유한 국가가 될 수 있었다. 아울러 최신예 가전 기술과 세계를 석권하는 최첨단 반도체 기술, 막강한 IT 기술을 지닌 국가로 부상했다.

축적된 기술의 인프라는 우리나라가 무역 강국으로 부상하는 기반은 물론 4차 산업 혁명을 선도하는 기술의 인프라를 제공했다. 이런 점에서 4차 산업 혁명 시대에도 우리나라의 전망은 밝은 편이다. 미래를 이끌 과학도와 공학도들이 산업화의 성공담을 재현할 수 있기 때문이다. 다만 낙관적인 전망은 막중한 조건을 전제로 한다. 과학도와 공학도가 현대판 공학자와 과학자로 거듭날 수 있는 능력을 지녀야 한다는 점이 그것이다. 이는 폭넓고 균형 잡힌 교육을 스스로 구상해 습득하는 능동적 학구열이 매우 중요함을 의미한다.

우리나라가 한강의 기적을 이룬 데는 과학과 공학의 소영웅들이 주어진 전공 분야의 지식을 습득한 것이 주효했다. 4차 산업 혁명의 문턱에 들어선 현 시점에서는 선택된 전공 분야의 지식은 물론 타 분야에 대한 전반적 식견도 갖춰야 한다. 다양한 분야의 기술을 연결 짓는 능력이야말로 현대판 과학과 공학 엘리트의 고유 특성이기 때문이다.

연구와 활용을 연결하는 평생교육의 중요성

이 같은 막중한 조건을 충족하기 위해서는 평생교육을 잘 활용할 필요가 있다. 평생교육은 이미 개별적인 차원을 넘어 조직화돼 집단적으로 이뤄지고 있다. 과학기술이 빠르게 발전하면서 대학 교육이 취업에 구체적인 도움을 줘야 한다는 시대적 요구가 촉발한 결과다. 현재 진행 중인 조직적인 평생교육은 GAGeneral Assembly사가 운영하고 있는 사례에서 잘 드러난다. GA는 교육 사업에 종사하는 벤처기업으로 대학 교정 없이 기업 사무실을 강의실 삼아 운용되고 있다. 사무실에 위치한 배움의 교정은 평생교육에 참여하는 수강생들로 넘쳐난다.

GA의 강의 내용은 컴퓨터 프로그램 작성 등 디지털 산업 체제에서 살아남기 위한 실질적인 지식과 능력을 키워주는 것으로 요약된다. 수강생 다수는 종사하던 직업을 버리고 새로운 직업과 생애를 찾고자 GA의 교육 프로그램에 참여하고 있다. GA가 제공하는 프로그램은 취업을 위해 서슴 없이 대화를 나누는 데 초점이 맞춰져 있다. 이를테면 기업체 고용주를 초청해 산업 현장에서 실제로 필요한 기술을 수강생들에게 직접 설명하도록 하고 있다. 이를 통해 수강생들은 산업 현장이 요구하는 기술들을 직접 듣고 이해할 수 있게 된다.

GA는 또한 취업을 위한 면접 기술을 키워주고 발표 능력을 향상하는 데도 역점을 두고 있다. 수강생들이 원하는 직장에 취업할 수 있도록 구체적인 도움을 제공하는 것을 중시한다는 뜻이다. 취업을 알선해주는 맥락에서 GA는 이미 큰 성과를 거두고 있다. 미국의 시애틀에서 호주의 시드니까지 20여 개의 도시에서 교육 사업이 활기차게 진행되고 있는 것이 그 증거다. GA를 통해 무려 3만 5,000명 가까이 배출된 졸업생들 대부분이 원하는 직장에 취업할 수 있었다.

GA가 빠른 성장을 한 배경에는 몇 가지 사실들이 놓여 있다. 먼저 기존 대학 교육 시스템의 경우, 수업료는 과중한 반면 산업 현장에서 실제 필요한 기술을 습득시키는 데는 미흡하다는 점이다. 대학 교육에 투입된 시간과 비용에 비해 보상 효과가 크지 않다는 뜻이다. 기업체들은 사내 교육 시스템을 통해 이를 보완할 수 있었지만, 기술 발전이 초고속으로 진행되면서 사내 교육 시스템은 효능을 잃어버렸다. 반면 졸업생들이 취업에 성공했다 해도 빠른 발전을 거듭하는 기술을 연이어 습득해야 할 필요성은 날로 커지고 있다. GA 교육 사업이 팽창하고 있는 것은 이 때문이다.

GA의 등장은 평생교육이 이미 개별적 차원을 넘어 조직적으로 이뤄지는 교육으로 자리매김했음을 말해준다. 평생교육은 4차 산업혁명 시대에 필수 교육이 돼가고 있다. 이런 점에서 우리나라의 미래를 이끌 과학도와 공학도들은 평생교육을 염두에 두고 긴 안목으로 학부 교육에 임할 필요가 있다. 주목할 것은 팽배한 평생교육이 기존의 대학 교육 시스템을 평가절하하지는 않는다는 사실이다. 반대로 기술 집약적 4차 산업혁명이 빠르게 진행됨에 따라 대학 교육의 중요성은 더욱 커지고 있다. 학부 교육이 평생교육의 내용을 스스로 습득할 수 있는 기반 지식을 제공해준다는 점에서 그렇다.

평생교육은 GA 교육이 잘 보여주듯 산업 현장이 실질적으로 요구하는 지식을 습득하는 데 초점이 맞춰져 있다. 이에 못지않게 새로운 분야의 지식을 습득하는 것도 중요하다. 균형을 갖춘 견실한 학부 교육이 평생교육의 필수불가결한 요소인 것은 자명한 사실이다. 특히 수학, 물리, 화학, 생명과학 등 기초과학 지식을 집중 터득해 기반을 튼튼히 다지는 일이 필요하다. 이를 통해 평생교육 내용을 스스로 소화할 수 있는 저력과 능력을 갖출 수 있기 때문이다. 4차 산업혁명에 대한 대비책이라는 점에서 깊이 있는 학부 교육 또한 간과해선 안 된다. 깊이 있는 학부 교육은 선택된 분야를 심도 있게 습득하는 동시에 다양한 타 분야에 대한 전반적 식견을 지니는 것을 뜻한다. 기초과학과 공학을 맞춤형의 맥락에서 함께 습득하는 것이 필요하다는 뜻이다.

4차 산업혁명의 관건은 기초과학과 공학의 공생

기초과학과 공학의 유기적 얽힘과 상호 공생은 4차 산업혁명에 수반된 과학 교육의 기본 속성이다. 산업 기술이 빠르게 차세대 기술로 진화·발전함에 따라 공학과 기초과학의 경계가 모호해지고 있기 때문이다. 공학이 산업 기술에 직결돼 있듯 기초과학 역시 산업 기술 개발에 직결돼 있다는 뜻이다. 트랜지스터의 발명이 대표적인 사례다. 트랜지스터 발명이 기초과학의 기초과학인 양자역학과 직결돼 이뤄진 사실은 이미 살펴봤다. 아래에서는 기초과학과 공학이 자연스럽게 얽혀 차세대 산업 기술을 창출해내는 과정을 다시 한번 강조해보려 한다.

그 대상은 다름 아닌 무어의 법칙이다. 무어의 법칙은 《뉴욕타임스》의 마르코프J. Markoff가 말했듯 '더 작게, 더 빠르게 더 저렴하게'라는 세 개의 화두로 요약될 수 있다. '더 작게'는 반도체소자 규모의 끊임없는 축소를, '더 빠르게'는 규모의 축소와 함께 작동 속도가 연이어 빨라지는 것을 뜻한다. '더 저렴하게'는 제작 단가가 규모의 축소로 계속 저렴해지는 것을 뜻한다. 소자 크기를 줄이면 작동 속도가 증가돼 성능이 향상되고 더 많은 소자를 동시다발적으로 공정할 수 있게 된다. 그 결과 개당 공정 단가를 낮출 수 있다. 주어진 칩 면적에 더 많은 소자를 포함함으로써 집적회로의 기능 또한 향상할 수 있다. 여기서 무어의 법칙이 소자 규모의 축소를 기반으로 차세대 집적회로를 연이어 등장시켜 산업 발전의 동력을 만들어내는 과정을 기술하는 법칙임이 잘 드러난다.

요컨대 무어의 법칙의 핵심은 소자 규모의 축소에 있다.

흥미롭게도 이를 맨 처음 간파한 사람은 엥겔바트였다. 엥겔바트가 마우스를 고안해 인간과 컴퓨터가 공생하는 필수품을 제공한 컴퓨터의 달인임은 이미 언급한 바 있다. 그는 1960년 펜실베이니아대학에서 개최된 고체회로학회Solid Circuit Conference에서 '규모의 축소'라는 창의적 개념을 개진했다. 즉 소자 규모가 축소되면 작동 속도는 빨라지고 전력 소모는 줄어든 결과 소자 제작 단가가 낮아진다는 것이다. 이 모든 강점이 가속적으로 빠르게 수반된다는 엥겔바트의 강연 내용을 청중석에서 주의 깊게 경청한 이가 있었으니 바로 무어 박사였다.

무어의 업적은 소자 규모가 실제로 축소되는 속도를 정량화한 점에 있다. 그는 주어진 칩 면적 위에 공정되는 소자 수가 18개월마다 두 배로 증가될 수 있고 10년 정도 지속될 수 있다고 보았다. 이로 인해 칩 위에 공정되는 소자 수가 기하급수적으로 증가돼 천문학적 수치에 이를 것으로 예측했다. 무어의 법칙은 소자 규모의 축소에 연쇄적으로 따르는 강점들이 차세대 반도체소자와 차세대 집적회로를 연이어 등장시킨 과정을 잘 보여준다. 다시 말해 산업 발전의 동력인 기술 발전의 역동적 현황을 정량적으로 기술하는 산업 법칙이라 할 수 있다.

무어의 법칙은 트랜지스터의 제작 단가가 개당 8달러에서 1센트보다 더 작은 값으로 낮아진 사실로 증명됐다. 나아가 그 파급 효과는 일상생활에서 끊임없이 나타나고 있다. PC와 아이폰의 등장이 그 증거다. 질주하는 자동차가 지니는 다양하고 편리한 전자기구도 빼놓을 수 없다. 한편 실리콘 밸리에서 창업된 반도체 벤처기업들이 활기찬 발전을 거듭할 수 있었던 데는, 무어의 법칙에 따라 연이어 등장한 일련의 차세대 소자와 집적회로가 한몫을 했다. 20세기 기술의 백미인 디지털 소통 기술 역시 차세대 소자의 연이은 등장에 발맞춰 진화·발전했다. 그 결과 인터넷이 형성돼 사물인터넷으로 확장됐고 급기야 4차 산업혁명의 플랫폼으로 이어지게 된 것이다.

흥미로운 것은 무어의 법칙이 애초에 예상된 10년의 한계를 넘어 다섯 배에 가까운 시간 동안 지속돼오고 있다는 사실이다. 칩 면적 위에 소자 규모를 비교적 손쉽게 축소해 공정할 수 있는 석판 인쇄술lithography 덕분이다. 석판 인쇄술의 초석은 평판 공정 기술이다. 평판 공정 기술이 노이스가 창업한 작은 FS사에서 개발된 사실은 이미 언급했다. 아쉽게도 석판 인쇄술은 현재 한계에 이르렀다. 당연히 무어의 법칙 또한 한계에 이르면서 집적회로의 작동 속도는 증가하지 못하고 거의 멈춘 상태에 있다. 차세대 소자가 등장하는 속도 역시 3년으로 지연되고 있다. 끊임없이 선형적으로 이뤄진 소자 규모의 축소가 이뤄지지 못해 초래된 침체 현상이다.

문제 해결에 초점을 맞춘 창의적 기술들

집적회로 공정의 핵심 기술인 사진 석판술은 광 리소그래피Photolithography에 의존한다. 광 리소그래피는 칩 면적 위에 집적회로 설계도에 맞춰 제작된 마스크를 접착한 뒤 마스크 위로 광을 입사하는 것을 말한다. 이 경우 접착된 마스크로 인해 입사된 광은 원하는 웨이퍼 면적 위에만 입사된다. 그 결과 설계된 회로 패턴을 따라 금속이나 반도체를 퇴적하거나 식각할 수 있다. 복잡한 집적회로 패턴을 동시다발적으로 각인할 수 있다는 뜻이다. 다만 집적회로 공정을 완성하려면 보통은 석판 인쇄 과정을 50여 차례 반복 적용해야 한다. 이는 천문학적 숫자의 미세 소자가 포함된 복잡한 설계도를 50여 차례 동안 한 치의 오차도 없이 거듭 각인해야 함을 뜻한다. 여기서 석판술에 요구되는 정밀도와 그에 따르는 난이도를 파악할 수 있다.

석판 인쇄술이 직면한 장벽은 이뿐만이 아니다. 장벽의 이면에는 극복될 수 없는 기본 물리 법칙이 놓여 있다. 즉 광의 입사로 각인되는 패턴의 정확도와 해상도는 입사되는 광 파장 아래로 좁혀질 수 없다는 것이다. 반면 지금까지 이뤄진 해상도는 가시광 파장보다 더 축소되는 단계에 이르렀다. 이는 석판술이 근본적 한계에 봉착했음을 나타낸다. 하지만 문제가 생기면 창의적 해결책이 마련되는 것이 산업 현장의 기본 속성이다. 이미 입사되는 가시광 파장보다 더 작은 소자 규모와 인터커넥트를 공정하기 위한 해결책들이 속속 등장하고 있다.

담금 리토그래피Immersion lithography가 좋은 예다. 이는 모종의 액체를 기판 위에 주입하고 광굴절 효과를 활용해 석판술의 해상도를 높이는 방안이다. 마스크 수를 필요한 수보다 임의로 더 늘리는 방안도 제시됐다. 필요 이상의 마스크를 도입하면 패턴의 해상도를 높일 수 있기 때문이다. 좀 더 근본적인 해법으로 작은 파장을 지닌 광원을 모색해 광 리소그래피 방법을 계속 이용하는 방안도 제시됐다. 작은 파장으로 회로의 해상도를 보다 세밀하게 증가시킬 수 있는 방안이다. 이 같은 광원의 대표적인 예로 극 자외선Extreme ultraviolet, EUV을 들 수 있다. EUV 기반 광 리소그래피는 이미 최신 석판술의 주류를 이루고 있다.

창의적 해결책은 여기서 그치지 않는다. 2차원적 집적을 3차원으로 확장하는 것도 유력한 해결책이다. 3차원적 집적으로 소자 규모를 축소하지 않으면서도 더 많은 소자를 집적회로에 포함할 수 있기 때문이다. 이 방법으로 보다 향상된 기능을 지닌 차세대 집적회로를 등장시킬 수 있다. 3차원적 집적은 특히 메모리 회로에 두드러지게 활용되고 있다. 이는 우리나라 반도체 기업들이 3차원적 집적 기술을 선도하고 있음을 말해준다.

아울러 회로 기능을 지시하는 프로그램 코드 자체를 단순화하는 방안도 제시됐다. 단순화된 프로그램 코드를 기반으로 기존 규모의 소자로 구성된 집적회로가 한층 향상된 기능을 구사할 수 있기 때문이다. 저전력 소자가 활발히 개발되는 점도 빼놓을 수 없다. 소자 규모의 축소는 멈췄으나 전력 소모 수준을 감소시킬 수 있는 강점을 별도로 활용할 수 있다는 이유에서다. 이에 따라 가까운 미래에 다기능 집적회로가 태양광 에너지, 진동 에너지, 라디오 전파 등으로 운용될 수 있는 가능성이 점차 커지고 있다.

이상과 같이 모색된 해결책들은 산업 기술이 진화·발전하는 역동적인 면모를 여실히 드러낸다. 다양한 기술의 측면에서 특히 기술 간 접점에서 해결책이 강구되고 있다는 점에서 그렇다. 해결책의 모색은 여기서 더 나아가고 있다. 기초과학 자체 또한 산업 현장의 기술적 문제를 해결하는 데 직결되고 있기 때문이다. 분자 전자공학molecular electronics, ME이 대표적인 예다. ME는 기초과학의 핵을 이루는 양자화학과 양자물리가 차세대 전자소자의 창출을 겨냥해 활용될 수 있는 사실을 나타낸다. 기술의 측면에서 ME는 분자의 고유 특성을 이용해 전자소자 기능을 구현하는 것이 기본 내용이다. 이를 통해 소자 규모의 축소가 아예 분자의 크기에서 달성될 수 있다. 빛이나 전자장을 분자에 입사하면 분자의 쌍 안전 상태bistability가 유도되면서 분자가 스위치 역할을 담당할 수 있는 기반이 마련된다.

유기 분자의 특성을 활용해 분자 도체를 만들어낼 수 있는 가능성 역시 집중 연구되고 있다. 분자 스위치와 분자 도체가 접점을 이룰 경우 로직 회로의 기반 회로들이 구현될 수 있기 때문이다. 그뿐 아니라 분자에 광이나 전자장 펄스를 입력해 분자 메모리 소자를 창출하는 가능성도 활발히 연구되고 있다. ME는 이처럼 분자 자체를 전자소자로 활용할 수 있는 장점이 있다. 다만 이런 특이한 장점을 실제로 사용하기 위해서는 기존 반도체소자의 작동 신뢰성에 비견되는 분자 소자를 양산해야 하는 부담이 있다. 중요한 것은 기초과학이 차세대 전자소자를 창출하는 데 직결돼 있다는 사실이다. 즉 양자역학의 심오한 기초 이론이 차세대 전자소자의 창출에 직결되고 있다는 뜻이다.

기존 컴퓨터를 뛰어넘는 차세대 양자 컴퓨터

양자역학의 창의적 활용은 ME에 한정되지 않는다. 일례로 이미 오랫동안 연구돼온 스핀 소자를 들 수 있다. 스핀 소자는 전자의 고유 특성인 스핀 즉 자전 특성에 기반한 전자 소자다. 작동 원리는 트랜지스터와 같은 맥락에서 이진 비트 binary bit를 구현하는 것으로 요약된다. 소자 내 전류가 흐르는 상태와 차단된 상태로 구분되는 이진 비트를 제어하는 데 전자스핀이 활용되고 있다. 다시 말해 스핀 소자의 채널에 주입되는 전자들의 스핀 상태를 그대로 방치 또는 변경함으로써, 전류의 흐름을 허용하거나 차단하는 것이 스핀 소자의 기본 작동 원리다.

스핀 소자는 이처럼 간결한 작동 원리로 운용될 수 있는 장점이 있다. 다만 작동의 신뢰도와 정밀도는 여전히 입증되지 않았을뿐더러 양산을 위한 충분한 배려가 필요할 것으로 보인다. 그렇다 해도 양자역학의 원리에 기반해 차세대 소자를 창출할 수 있는 접근 방안인 것은 부인하기 어렵다. 이런 점에서 스핀 전자공학은 ME와 일맥상통한다고 할 수 있다.

양자역학은 이처럼 기존 트랜지스터를 비롯해 다양한 차세대 전자소자를 창출하는 데 광범위하게 활용되고 있다. 원론적인 면에서 양자역학은 기초과학의 핵심으로 원자와 분자, 천체 현상, 초전도 현상, DNA 구조 등 방대한 자연현상을 정량적으로 기술할 수 있는 능력이 있다. 이를 통해 방대한 자연현상을 활용으로 이어주는 기반을 제공해준다. 차세대 전자소자의 개발과 연계된 양자역학의 파급 효과는 더욱 확대될 것으로 기대를 모은다. 무어의 법칙을 한계에 이르게 한 기술적 문제를 근본적으로 해결할 수 있는 방안을 양자역학이 제시해주기 때문이다. 양자역학은 소자 규모의 축소와는 무관하게 뛰어난 성능을 지닌 차세대 전자소자를 구현할 수 있는 비결을 간직하고 있다. 이를 증명해주는 것이 바로 양자 컴퓨터다.

컴퓨터는 산업 기술의 정수를 이룰 뿐만 아니라 문화사적 혁신을 초래하는 핵심 기술이다. 트랜지스터가 세기적 발명품으로 각광받는 주된 이유 역시 컴퓨터 기능을 확대·발전시키는 최적의 하드웨어 기술을 제공하는 사실에서 찾을 수 있다. 특히 새로운 패러다임에 기반해 작동하는 양자 컴퓨터는 소자 규모의 축소와는 무관하게 뛰어난 기능을 지닌 차세대 컴퓨터라 할 수 있다. 양자 컴퓨터는 고전 물리법칙에 기반하기보다는 양자역학의 고유 특성에 의존한다. 여기에는 여러 강점이 따른다. 그중 양자 암호 통신의 강점은 강조할 가치가 있다. 양자 암호 통신은 정보 누설을 차단하고 안전한 통신 시스템을 구축하는 기능을 한다.

양자 컴퓨터의 강점은 양자가 지닌 특유의 중첩성을 활용해 기존 대형 컴퓨터에 비해 수만 배나 빠른 연산이 가능하다는 사실에 있다. 이는 소자 규모의 축소에 따르는 연산 속도의 증가와는 차원을 달리한다. 이런 강점 덕분에 양자 컴퓨터는 오랫동안 집중적인 연구가 이뤄져왔다. 기울인 노력에 비해 발전은 상대적으로 더뎠지만 다행히 양자 컴퓨터는 빠르게 실용에 근접하고 있다. 활용의 전망 역시 급격히 확장되는 추세다. 양자 컴퓨터가 주류 컴퓨터가 되기 위해서는 양산 가능성을 비롯해 작동의 신뢰성을 입증할 수 있어야 한다. 새롭게 등장하는 기술은 유사한 기능을 지닌 기존 기술과 치열한 경쟁을 극복해야 하는 부담을 안고 있게 마련이다.

이스라엘의 탈피오트, 창의적 교육 시스템의 모범

이상으로 무어의 법칙의 과거와 미래 그리고 산업 기술이 차세대 산업 기술로 진화·발전하는 역동적인 과정을 살펴봤다. 역동적인 과정의 중심에는 발생한 문제의 해결 방안이 놓여 있다. 문제의 해결책이 산업 발전의 핵심 동력을 이루는 까닭이다. 주목할 것은 산업 현장의 실질적 문제를 해결하는 데 공학과 기초과학이 함께 개입돼 있다는 사실이다. 이는 오랫동안 구분돼온 기초과학과 공학의 역할이 마침내 얽히고 있음을 뜻한다. 즉 산업 발전의 동력을 기초과학과 공학이 함께 제공하고 있다는 뜻이다. 이런 점에서 폭과 깊이의 균형을 갖춘 초학제 간 교육의 중요성은 보다 자명해진다.

무어의 법칙을 상세히 알아본 데는 이유가 있다. 구체적인 문제의 해결책을 강구해낼 수 있는 현대판 과학과 공학 엘리트들 그리고 이들을 키워내는 교육 시스템이야말로 국가 경쟁력을 가늠하는 핵심임을 강조하기 위해서다. 미국 교육의 강점을 다각도로 살펴본 것도 이 때문이다. 특히 정예 인력의 능동적인 학습 자세와 이정표적 업적을 교육 문화와 연계해 고찰해봤다. 유연하고 우수한 과학 교육 시스템은 미국을 비롯한 최첨단 과학 강국들의 독점적 소유물이 아니다. 현재 몇몇 강소국이 창의적인 교육 시스템을 도입해 돋보이는 성과를 거두고 있기 때문이다.

가장 눈길을 끄는 것은 이스라엘의 엘리트 교육 시스템이다. 이스라엘은 1948년 건립된 강소국이다. 이스라엘 민족은 정든 옛 조상들의 고장을 떠나 해외로 흩어져 오랫동안 유랑의 삶을 살았다. 2차 대전의 참극을 당한 뒤 조상들이 거주했던 옛 터전으로 돌아와 종교와 문화를 달리하는 주변 국가들의 틈바구니에서 이스라엘 국가를 건립했다. 이스라엘 민족의 두드러진 특징은 지적 우수성이다. 이를 기반으로 철학에서 최첨단 공학까지 광범위한 분야에서 걸출한 역사적 인물이 다수 배출됐다. 일례로 공산주의의 기반 철학을 제시한 칼 마르크스는 유대인 철학자다. 인구 600만 명으로 170여 명의 노벨 수상자를 배출한 민족 역시 유대 민족이다. 20세기의 세기적인 물리학자인 아인슈타인이 유대계 물리학자임은 널리 알려진 사실이다. MIT의 수재로 나노과학의 지평을 제시한 파인만 역시 유대계 물리학자다.

이스라엘은 작은 국토를 지닌 전형적인 작은 국가에 불과하다. 작은 국토에는 풍요로운 자연의 보고도 거의 존재하지 않는다. 그런데도 이스라엘은 강한 국력을 지닌 국가로 인정받고 있다. 방대한 국토와 무한한 자연의 보고를 지닌 주변 아랍 국가들과 힘을 겨루는 데도 부족함이 없다. 강력한 힘의 원천에는 과학 지식의 힘이 깊이 뿌리내리고 있다. 이스라엘의 뛰어난 과학 교육은 정예 인력을 육성하는 교육 시스템과 현대판 과학과 공학 엘리트를 배출하는 교육 철학으로 요약된다. 국가 차원에서 진행되고 있는 '탈피오트Talpiot' 교육 프로그램이 그것이다.

정부는 매년 전국적으로 50명의 뛰어난 자연 계열 고등학교 졸업생을 선발한다. 선발된 졸업생들은 탈피온Talpion이라고 부른다. 이들은 히브리대학에서 물리, 수학, 컴퓨터 과학 등 기초과학 분야를 4년 동안 집약적으로 습득해야 한다. 동시에 실질적 문제들을 해결하는 데 항상 집중해야 하는 책무가 부여된다. 이처럼 탈피온은 집약적인 학부 교육을 습득하고 구체적인 문제들을 다뤄본 뒤 군에 입대해 6년간의 복무를 마친다. 그런 다음 이들 중 다수가 창업에 직접 임하거나 벤처기업에 취업하는 것이 보통이다. 이 같은 실사구시의 견고한 학부 교육에서 육성된 현대판 과학과 공학 엘리트들은 이스라엘을 스타트업 국가로 발전시키는 데 중추적인 역할을 맡고 있다.

강소국 이스라엘의 앞날이 밝은 이유

그 결과 이스라엘의 경제는 벤처기업을 위주로 성장해가고 있다. 국가 경제의 14퍼센트가 창업 활동을 통해 이뤄지는 사실이 이를 증명한다. 수출의 과반을 스타트업 회사들이 담당하는 것도 중요하다. 그런가 하면 애플을 비롯한 해외의 유수 기업체는 이스라엘의 정예 인력을 활용하고자 기술 개발 센터를 이스라엘에 설립·운영하기도 한다. 이들 센터에 이스라엘 소재 5,000여 개의 스타트업 업체가 혁신적인 기술을 창안해 공급하면서 역동적인 발전을 거듭하고 있다. 하지만 고임금에 따른 인력난 탓에 스타트업 기업의 신규 채용은 줄어들고 국가의 교육 시스템은 부진에 빠져 있는 것이 지금의 현실이다. 이런 문제점이 있기는 하지만 탈피오트 정예 교육 시스템이 이뤄낸 눈부신 업적은 결코 간과해선 안 된다.

탈피오트 교육의 배경에는 간결한 교육 철학이 놓여 있다. 교육 철학의 근본은 기초과학에 대한 깊은 신념이다. 다시 말해 기초과학 지식을 터득함으로써 새롭게 등장하는 기술의 콘텐츠를 스스로 습득해 활용할 수 있다는 신념이다. 값진 문제를 선별할 수 있는 능력에 대한 깊은 신념 또한 중요하다. 이는 올바른 문제를 선택해 그 해결책을 강구하는 것이 가시적 업적으로 이르는 지름길임을 믿는다는 것을 뜻한다. 한마디로 시대가 해결을 요구하는 실질적 문제를 선택해 해결책의 강구에 도전하도록 유도하는 것이 과학과 공학 엘리트를 육성하는 최적의 방안이라는 것이다.

시대적 문제를 간파해 해결책을 모색하는 것이야말로 이정표적 업적을 성취하는 지름길이다. 트랜지스터 발명이 단적인 예다. 트랜지스터는 스위치 속도를 높이는 구체적 방안이었다. 패킷 스위칭 역시 안전한 분산형 통신 시스템을 위한 해결책이었다. 그 밖의 모든 이정표적 업적은 실질적이고 구체적인 문제의 해결책이라는 의미를 지닌다.

언급한 것처럼 탈피오트 교육 시스템은 새로운 지식을 스스로 습득할 수 있는 저력을 육성하는 것을 기본 철학으로 한다. 시대정신에 걸맞고 실질적이고 구체적인 문제를 간파하는 안목을 키워내는 것도 중요한 교육 철학이다. 지적 저력과 예리한 안목이 접점을 이룰 때 기술로 한판 승부를 걸어보려는 과감성이 발휘될 수 있다. 우리나라의 미래를 이끌 과학도와 공학도들이 탈피오트의 학습 철학을 공유하기를 절실히 바란다.

맺는말

4차 산업혁명은 분명 시대적 화두다. 본질 규명에서 응전 방안까지 국가 차원에서 심도 있게 논의되는 것은 이 때문이다. 특히 전략적 기술의 개발과 인프라 구축에 관한 기사가 신문지상에 자주 등장하곤 한다. 원론적 제안들은 당위성을 지니게 마련이지만, 그에 따르는 구체적인 효과는 거세게 다가오는 변화의 물결에 가려질 가능성이 없지 않다. 반면 초학제 간 교육의 구체적 파급 효과는 충분히 입증됐다. 맞춤형 학제 간 교육을 자청한 해외의 과학과 공학 엘리트들이 국가 경쟁력을 크게 향상했다는 사실이 그 증거다.

동서양에서 증명된 초학제 간 교육의 효능

새로운 교육 체제가 다양한 방식으로 도입·시행되면서 다양한 원론적 방안들 또한 다각도로 제시되고 있다. 이런 상황에서 무엇보다도 중요한 것은 새로운 교육 체제에 임하는 과학도와 공학도의 적극적인 학습 자세다. 이 같은 능동적인 학습 자세는 원론적 차원에서 논하기보다는 고증을 통해 알아볼 필요가 있다는 것이 필자의 생각이다.

이런 맥락에서 짧지 않은 고증의 목록을 통해 초학제 간 교육의 참된 면모와 효능을 다각도에서 살펴봤다. 먼저 유럽 대학을 선정해 무려 4,000여 년 동안 발전해온 과학의 뿌리와 정수를 탐색했다. 즉 뉴턴의 고전역학, 맥스웰의 전자기학, 양자역학, DNA 구조 등 찬란한 과학 발전의 이정표를 둘러봤다. 이 과정에서 과학 활동의 기본 특성이 새로운 지식의 창출은 물론 그 실용적 측면을 활성화하는 데 있음을 확인할 수 있었다. 과학기술의 위력이 국가의 궁극적 보루이면서 이웃 국가들과의 분쟁에서 살아남을 수 있는 핵심 관건이란 사실도 알 수 있었다. 이는 과학기술이 유럽의 세계 제패에 원동력을 제공한 점에서 잘 드러난다.

아울러 과학의 위력을 일찍이 간파한 이웃 일본의 발전상을 과학기술의 측면에서 살펴봤다. 탈아 입구를 통해 근대화 과정을 동양권 국가들 중 가장 먼저 성취하며 과학 문화를 공고히 다진 면모와 함께, 그들이 지닌 기술의 강점을 통해 패전의 폐허에서 제2 경제 대국으로 부상할 수 있었던 저력을 점검했다. 이 과정에서 기술의 추세를 예리하게 간파한 일본 엘리트들의 집단적 혜안이 주효했음을 알 수 있었다. 덧붙여 구한말 과거에 급제한 우리나라의 수재들이 가까운 이웃 국가의 발전상을 거의 외면하거나 방관한 사실도 짚어봤다. 과학의 위력과 그에 대한 식견의 중요성을 간파하지 못한 것은 당시 엘리트 집단의 전반적 실상이었다. 이것은 일제 식민지라는 참담한 역사적 수모와 민초들의 고통으로 귀결됐다. 구한말 엘리트들은 후손들에게 역사 바로 세우기의 중차대한 과제를 남기며 소리 없이 역사의 뒤안길로 사라지고 말았다.

한편 2차 대전 시기에 과학의 중심권은 유럽 대륙에서 북미 대륙으로 빠르게 이동했다. 유럽에서 싹튼 과학이 미국의 실용 위주의 철학과 접점을 이룬 결과 테크놀로지 시대와 팍스 아메리카나 시대가 활짝 열렸다. 자유 진영과 공산 진영 사이에 치열하게 벌어진 냉전의 긴장 속에서 스푸트니크가 돌연 발사되는 역사적 사건도 있었다. 스푸트니크 발사 기술은 차세대 기술로 이어져 인류를 대기권 밖으로 진출시키는 동력으로 작용했다. 다시 말해 인류의 활동 무대를 지구 표면에 한정된 2차원에서 대기권 밖을 향한 3차원으로 확대하는 단초를 제공했다. 그 결과 이웃 행성에 인류의 새로운 식민지가 구축될 가능성이 날로 커지고 있다. 전쟁과 쌍두마차를 이루며 빠른 발전을 거듭해온 과학기술의 위력이 단적으로 드러나는 대목이다.

무엇보다도 스푸트니크 발사의 주된 파급 효과는 디지털 정보혁명의 단초를 제공한 데서 찾아야 한다. 정보혁명은 컴퓨터 상호 간 소통을 촉발했고 급기야 인터넷 구축을 이끌어냈다. 인터넷은 이어 사물 인터넷으로 탈바꿈하면서 4차 산업혁명의 플랫폼으로 거듭나고 있다.

4차 산업혁명의 주역은 바로 과학과 공학 엘리트들

활기찬 발전의 주역은 단연 과학과 공학 엘리트들이었다. 선진 열강들이 국가 차원에서 수립한 과학 정책이 주효했던 것은 부인할 수 없는 사실이다. 하지만 발전의 주역은 어디까지나 현대판 과학과 공학 엘리트들이었다. 이들은 실사구시 과학 철학을 기반으로 시대가 요구하는 문제를 간파해 해결책을 모색하고자 자발적인 노력을 기울였다. 물리학자 쇼클리가 좋은 예다. 그는 산업 현장에서 기초과학의 심오한 이론을 트랜지스터 발명에 창의적으로 연결했다. 그 결과 디지털 기술이 활기를 띠면서 컴퓨터의 빠른 발전이 촉진될 수 있었다. 기초과학자 쇼클리는 산업 현장에서 다양한 공학 영역에 걸쳐 이정표적 발명품을 연이어 창안한 초학제 간 업적의 중심인물이었다.

물리학자 노이스 역시 엘리트 명단의 윗부분에 올라 있다. 미래 기술을 예리하게 간파하는 혜안을 지닌 노이스는 트랜지스터 발명을 세기적 발명품으로 이어줬다. 특히 집적회로의 기발한 착상으로 20세기 산업의 백미인 반도체 산업의 창출에 핵심적인 기여를 했다. 그는 또한 반도체 산업을 촉발한 뛰어난 경영인이기도 했다.

화학자 무어도 엘리트 명단을 장식한다. 50여 년에 걸쳐 주효했던 무어의 법칙은 차세대 반도체 산업이 진화·발전하는 역동적 과정을 정량적으로 기술하는 능력을 보여줬다. 이에 못지않게 주목을 끄는 것은 바로 그의 실사구시 연구 철학이다. 그는 정부 과제의 수행 과정에서 양산되는 논문들에 포함된 단어들 모두를 세어보며 단어당 소모된 국민의 납세액을 계산해보기까지 했다. 소박한 과학자의 실용적 과학관을 여실히 보여주는 대목이다.

초학제 간 교육에 스스로 임하며 활기찬 활동을 매일 펼친 그로브 역시 엘리트 명단에서 제외해선 안 된다. 그는 인텔에 입사해 백지 상태에서 반도체 물리와 전자공학을 스스로 익히며 뛰어난 활약을 펼친 화학공학의 전문인이었다. 최고 경영인으로 활약한 경험을 경영학의 전문 지식으로 체계화한 초학제 간 공학자이기도 했다. 그의 진가는 무엇보다도 배움을 위해 가르침을 즐긴 진정한 맞춤형 교육자라는 점에서 찾아볼 수 있다.

터만 교수의 업적 역시 주목할 가치가 있다. 실리콘 밸리는 과학자와 공학자의 메카이자 미국이 지닌 막강한 긍지다. 그것은 정부 주도로 이루어진 것이 아니라 공학자 터만 교수가 품었던 소박한 꿈이 실현된 결정체였다. 터만의 교육 철학은 초학제 간 교육의 기반 틀을 제시한 것은 물론, 더불어 사는 삶을 선도하는 대학의 새로운 사명을 다시 써줬다. 전 지구적 차원에서 뛰어난 업적을 성취하는 과학 엘리트를 연이어 배출하고 있는 스탠퍼드대학에는 터만 교수가 남긴 발자취가 지금도 뚜렷이 새겨져 있다.

맞춤형 초학제 간 교육을 구현하려면

과학기술 발전을 선도한 현대판 엘리트들은 이들뿐만이 아니다. 수많은 과학과 공학 엘리트들이 인터넷 형성에 이정표적 업적을 이뤄냈다. 이들은 모두 시대가 해결을 요구하는 기술적 문제를 적기에 간파해 해결책의 모색에 도전하는 결단력을 갖췄다. 결단을 내린 뒤에는 그것에 천착하는 엄청난 집중력과 인내심을 발휘했다. 필자는 앞으로 우리나라를 이끌 과학도와 공학도들이 이들과 공통점을 나누기를 바란다.

그럼으로써 우리나라의 참된 엘리트로 성장해 역사 바로 세우기의 주역이 되기를 진정으로 소망한다.

역사 바로 세우기는 결코 쉬운 책무가 아니다. 이웃 일본은 이미 기술 강국의 고지를 점한 지 오래됐다. 미래를 바라보는 예리한 안목으로 다양한 첨단 산업의 고지마저 점해놓은 상황이다. 또한 이웃 중국은 과학기술 굴기의 기치 아래 제2 경제 대국의 자리를 굳혀가고 있다. 중국 엘리트들의 창업 열기는 세계의 이목을 집중시키기에 충분하다. 기술 집약적 창업 활동은 더불어 사는 삶의 핵심 터전을 개척하고 국가 경쟁력을 키우는 핵심 관건으로 작용한다. 이를 감안할 때 중국 엘리트들이 보여주는 창업 열기의 의의는 자명하다.

다행히도 지난 반세기 동안 우리나라가 써 내려간 산업화의 성공담은 역사 바로 세우기에 필요한 저력을 충분히 키워줬다. 4차 산업혁명에 수반되는 도전을 새로운 기회로 반전시킬 수 있는 능력도 함께 키워줬다. 관건은 미래를 바른 방향으로 이끄는 과학 정책이다. 그보다 더 중요한 것은 미래를 이끌 과학도와 공학도들이 실사구시 과학 문화와 연구 문화를 지니는 것이다. 높아지고 넓어진 초학제 간 교육의 장벽을 능동적으로 극복하려는 의지와 함께, 맞춤형 초학제 간 교육을 스스로 구상해 실천하는 적극적인 학구열이 필요하다는 뜻이다.

맞춤형 교육은 선택된 분야를 심도 있게 파악하는 능력의 배양을 기본 내용으로 한다. 관련 분야에 대한 전반적인 식견을 터득하는 것도 중요하다. 이를 통해 현재 강력한 추세를 이루고 있는 기술 간 컨버전스에 효과적으로 대응할 수 있기 때문이다. 과학도와 공학도의 관점에서 초학제 간 교육의 정수는 뭐니 뭐니 해도 모국어 수준에 버금가는 영어 실력을 습득하는 데 있다. 영어를 깊이 습득해야 과학기술 발전의 세계적 추세를 넓은 안목으로 탐지해볼 수 있기 때문이다. 영어 습득에는 신문지상의 광고가 주장하는 요령이나 기법이 중요하지 않다. 그보다는 헝가리 태생 그로브의 삶이 보여줬듯 끊임없이 독서에 매진하는 것이 필요하다. 특히 인문 계열을 아우르는 폭넓은 독서로 안목과 지식의 지평을 넓힐 필요가 있다.

배우는 방법을 배우는 것이야말로 최상의 배움

경영학의 구루 드러커의 명언은 초학제 간 교육의 기본 철학을 간략히 요약해준다. 그의 명구는 세 개의 간결한 단어로 표현된다. 'LEARN TO LEARN', 배우는 방법을 배우는 것이 최상의 배움이란 뜻이다. 이는 기초과학의 습득에 역점을 두고 문제 해결에 초점을 맞춘 이스라엘의 탈피오트 교육 철학과 일맥상통한다. 창조적 실패에 역점을 둔 쇼클리의 연구 철학과도 연결되는 부분이 있다.

4차 산업혁명에 접어든 현 시점에서 현대판 과학도와 공학도들은 우리나라의 궁극적 보루를 이룬다. 이는 부인할 수 없는 엄연한 사실이다. 기술의 창출과 활용이야말로 국가의 위상을 가늠하는 핵심 관건인 까닭이다. 이런 점에서 과학도와 공학도는 역사 바로 세우기를 선도할 수 있는 유일하고도 참된 주역이라 할 수 있다. 이들이 이공계 분야를 선택한 데서 진정한 자부심을 느끼는 동시에 막강한 의무를 깨달아야 하는 것은 이 때문이다. 막강한 의무는 개별적인 차원에서 스스로 모색해 실천에 옮겨야 한다. 지금까지 해외의 과학과 공학 엘리트들의 활약상을 알아본 것은 우리나라 엘리트들에게 의무의 실천을 위한 참고 자료를 제공하기 위해서였다.

초일류 과학기술 국가를 생각한다
4차 산업혁명을 준비하는 초학제 간 교육

© 김대만, 2018. Printed in Seoul, Korea

초판 1쇄 찍은날	2018년 8월 17일
초판 1쇄 펴낸날	2018년 8월 31일
지은이	김대만
펴낸이	한성봉
편집	안상준·하명성·이동현·조유나·박민지·최창문
디자인	전혜진·김현중
마케팅	박신용·강은혜
기획홍보	박연준
경영지원	국지연
펴낸곳	도서출판 동아시아
등록	1998년 3월 5일 제1998-000243호
주소	서울시 중구 소파로 131 [남산동 3가 34-5]
페이스북	www.facebook.com/dongasiabooks
인스타그램	www.instagram.com/dongasiabook
전자우편	dongasiabook@naver.com
블로그	blog.naver.com/dongasiabook
전화	02) 757-9724, 5
팩스	02) 757-9726

ISBN   978-89-6262-241-6   03400

이 도서의 국립중앙도서관 출판예정도서목록(CIP)은
서지정보유통지원시스템 홈페이지(http://seoji.nl.go.kr)와
국가자료공동목록시스템(http://www.nl.go.kr/kolisnet)에서
이용하실 수 있습니다.(CIP제어번호: CIP2018025920)

만든 사람들

편집	박정희·하명성
디자인	전혜진
본문 조판	김경주